データ分析と
データサイエンス

柴田 里程 著

DATA ASSAY &
DATA SCIENCE
by RITEI SHIBATA

近代科学社

◆ 読者の皆さまへ ◆

平素より，小社の出版物をご愛読くださいまして，まことに有り難うございます．

㈱近代科学社は 1959 年の創立以来，微力ながら出版の立場から科学・工学の発展に寄与すべく尽力してきております．それも，ひとえに皆さまの温かいご支援があってのものと存じ，ここに衷心より御礼申し上げます．

なお，小社では，全出版物に対して HCD（人間中心設計）のコンセプトに基づき，そのユーザビリティを追求しております．本書を通じまして何かお気づきの事柄がございましたら，ぜひ以下の「お問合せ先」までご一報くださいますよう，お願いいたします．

お問合せ先：reader@kindaikagaku.co.jp

なお，本書の制作には，以下が各プロセスに関与いたしました：

- 企画：小山　透
- 編集：小山　透
- 組版：藤原印刷 (LaTeX)
- 印刷：藤原印刷
- 製本：藤原印刷 (PUR)
- 資材管理：藤原印刷
- カバー・表紙デザイン：川崎デザイン
- 広報宣伝・営業：山口幸治，東條風太

- 本書の複製権・翻訳権・譲渡権は株式会社近代科学社が保有します．
- JCOPY 〈(社)出版者著作権管理機構 委託出版物〉
  本書の無断複写は著作権法上での例外を除き禁じられています．
  複写される場合は，そのつど事前に(社)出版者著作権管理機構
  (https://www.jcopy.or.jp, e-mail: info@jcopy.or.jp) の許諾を得てください．

まえがき

　本書は，初歩のデータ分析からビジネスや研究で必要となる高度なデータ解析まで，読者が的確に行えるようになるための手助けを目指している．したがって，執筆にあたっては厳密さより直観的な理解の助けとなることを重視した．また，自習する読者のため，随所に演習問題を配置した．

　本書は2部構成となっている．第I部は，2012年度から高等学校の一年次必修科目「数学I」に単元「データ分析」が導入されたことを踏まえ[18]，その内容に沿ったものとした．最近の高等学校の教科書は驚くほど薄い．これではどうしても要点だけの説明になりがちで，まじめに考える生徒ほどわけがわからなくなってしまうのではないだろうか．特に単元「データ分析」は，その意味や背景まで理解することなしに形式的な理解に終始するだけでは，無味乾燥で退屈な内容としか思われないだろう．したがって，本書の第I部は，教師の方々だけでなく，意のある生徒にもぜひデータの面白さ，奥深さを味わっていただきたいと思い執筆した次第である．

　新たな事実の発見には的確なデータ解析が欠かせない．他人に対し，それを本当に納得させようとしたときも同じである．さらに，データからわかったことに一般性を持たせるには，モデルの形に昇華することも必要になる．残念ながら，その過程は平坦な一本道ではない．解析できるようにデータを整えることから始まり，可視化によって人間の感性を呼び覚ますことでデータの裏にある現象を探ること，その結果を数式の形のモデルで表現し，他人にうまく伝えることなどさまざまな要素があり，そのいずれにも多くの選択肢がある．

　言い換えれば，このような，データから新たな価値を創り出す「データサイエンス」は，さまざまに考えを巡らせ新たな価値を創りだす芸術の側面が強い．英語では科学を Art of Science というが，まさにそれを実践することになる．日本にはこのような芸術家肌の科学者が圧倒的に不足している．本書が，多くの方が実践に取り組んでいただくきっかけとなり，数多くの先進的なデータサイエンティストが育つことにつながれば，望外の幸せである．

　第II部はデータ分析からデータサイエンスへの橋渡しとなることを目指している．慶應義塾大学理工学部で実施してきた演習つきの講義科目「統計科学同演

習」の内容をベースとし，大学院総合教育科目「データリテラシー」や学部科目「生命科学のための確率論」の講義内容，さらには早稲田大学理工学術院での講義内容も適宜取り入れた．そのためデータサイエンスの最終目的である，新たな価値の創造まで十分踏み込めてはいないが，データサイエンスの一つの入口にはなるに違いない．

　この第II部は著者が20年来提唱してきた「データサイエンスの入門と実践」でもある．まず第6章でデータサイエンスを概説する．ここを一通り理解していただければ，「データサイエンティスト」への道が開けるものと信じている．さらに第7章以降では，さまざまな分野にわたる実データの解析を紹介している．つまりデータサイエンスの実践例である．したがって，興味のある章から始め，必要に応じて他の章を参照しながら，ぜひ実際に手を動かしてみていただきたい．

　また，2013年に設立した（株）データサイエンスコンソーシアムの事業展開に伴い，お付き合いさせていただいた数々の日本を代表する企業から，企業におけるデータサイエンス実践の現状もいろいろ教えていただいた．この貴重な経験を踏まえ，本書，とりわけ第II部が各企業でのスムーズなデータサイエンス実践の助けにもなるよう十分配慮した．

　この内容をマスターすれば，データサイエンスの基礎は身に付けることができるに違いない．つまり，実データを解析することのむずかしさや厄介さを理解し，それを乗り越えるために必要なスキルを身に着けた，底力のあるデータサイエンティスト誕生の助けとなるだろう．ぜひ「生兵法は大怪我のもと」は頭に留めておいてほしい．

データは現象の放つ光である．

現象の放つ光をどれだけうまくとらえ，結果に結び付けるか，それがデータ解析の神髄であることは，本書を読み進むうちにきっとおわかりいただけるに違いない．

　 丸い囲み記事 はコメント， 四角い囲み記事 はトピックの解説，影つきの四角い囲み記事はその節の簡単なまとめであるので，最初は読み飛ばしても差し支えない．読み進んでいくうち，あるいは読み終えたあとで，必要に応じて参照していただければ幸いである．

　なお実際にデータを扱うにはソフトウェアを必要とする．もちろんExcelなどの表計算ソフトでも，工夫次第である程度のことまではできるが，より柔軟にデータを探索するにはそれなりのソフトウェアを用いることをおすすめする．ここでは，探索的データ解析を提唱したJ.W. Tukey [50]の弟子たちが，ベル研究所を拠点に柔軟なデータ解析環境を一から作り直したソフトウェアS [6,43]のパブリックドメイン版であるRを基本的なソフトウェアとして用いる．

このRは，だれでも自由に (http://www.r-project.org) あるいはそのミラーサイトからダウンロードし利用できる．Rに関してはさまざまなレベルの入門書やRWikiなどWebアクセスできるサイトも存在するので，使い方に習熟するのには特に問題はないだろう．

関連する，Rの関数，データなどのオブジェクト名あるいはファイル名を，欄外にタイプライタ文字で記した．関数の場合は名前の後にカッコが続き，必要に応じて追加引数がその中に置かれている．また，波カッコが続いていれば，その名前のライブラリをインストールする必要があることを示している．ただしDSCはデータサイエンスコンソーシアム (http://datascience.jp) から入手できるRダンプファイルに含まれる，RオブジェクトやZipファイルである．区別のため，DSCから入手したオブジェクトには，すべて，大文字ではじまる名前が付いている．

ライブラリーのインストールはRのメニューバーのパッケージで「パッケージのインストール」を選択した後，ミラーサイトを選択し，ライブラリー名のパッケージを指定すればよい．インストールしたライブラリーを用いるには関数libraryでライブラリーを指定する必要がある．一方，ファイル名に拡張子Rが付いたRダンプファイルの場合は関数sourceで読み込むだけで，すぐ使えるようになる．なお，本文中の>で始まる式は，そこに示された図などを描くためのR式である．

索引での太字の数字は，参照頁のうちでも基本的な説明のある頁を示している．本文中では，このような用語は，太字になっているだけでなく，カッコ書きで英語も付されているので区別は容易である．ぜひ活用していただきたい．

執筆にあたっては読みやすさを重視し，『科学技術系のライティング技法』[23]の著書もある近代科学社の小山透氏に厳しくチェックしていただいた．また，慶應義塾湘南藤沢中高等部の馬場国博君，一橋大学大学院国際企業戦略研究科の横内大介君，St Andrews大学の島津秀康君，村田事務所の村田恵君，(株)データサイエンスコンソーシアムの仲真弓君，早稲田大学国際教養学部の力丸佑紀君，東京大学経済学研究科の菅澤翔之助君，早稲田大学理工学術院の飯島泰平君にも校閲をしていただいた．また，近代科学社の小山透氏と高山哲司氏には，出版にこぎつけるまで辛抱強くご支援いただいた．

本書がすこしでも読みやすくなっているとすれば，それは，いずれも上記諸氏のご尽力の賜物である．ここに深く感謝する．

2015年11月
湘南国際村にて
柴田里程

カバーデザイン

本書のカバーには，著者の両親と長年親交のあった画家，中神潔氏が1991年に描かれた『いまきたこの道』と題する油彩を使わせていただいた．中神潔氏が，富士山麓の別荘地に建てた小屋を拠点として，スケッチを重ねた作品の一つがこれである．小屋の脇の急な坂を上り切ったところで，いまきた道を振り返っている少女の目にとまったのは小さなタンポポの花であろうか．そんなメルヘンが氏の作品の特徴である．

情熱を込めたものでなければ感動を生まない．

一つの作品が出来上がるまでには長い道のりがある．すこしずつ絵具を重ねるだけでなく，納得いかなければ描き直す．その繰り返しで，ようやっと一つの作品が完成する．それを支えるのは，確実な技能と尽きることのない情熱であろう．

裏カバーには，同じ中神潔氏の1983年の作品『富士夕景』を使わせていただいた．いまや，さまざまなツールをうまく使いこなせば，それなりの作品を作り出すこともできる時代である．しかし，そんな道具に頼り切らず，ぜひ高みを目指してほしい．

著者の似顔絵

奥付に使わさせていただいた著者の似顔絵は，慶應義塾大学理工学部で20年以上の歴史を持つデータサイエンス研究室の卒業生で，研究室の秘書も長年勤めていただいた宮澤美紀君の作である．

目 次

第 I 部　データ分析

第 1 章　データ　　3
- 1.1　変数と変量とデータ　　5
- 1.2　関係形式　　8
  - 1.2.1　湿度吸収実験データ　　10
  - 1.2.2　複式簿記データ　　13
- 1.3　データの代表値　　16
  - 1.3.1　最小値, 最大値　　18
  - 1.3.2　平均値　　18
  - 1.3.3　標準偏差　　21
- 1.4　偏差値　　24

第 2 章　データ分布　　27
- 2.1　1次元散布図　　27
- 2.2　度数分布表とヒストグラム　　29
- 2.3　度数分布多角形　　32
- 2.4　ひとこと　　33

第 3 章　データ分布の代表値　　35
- 3.1　データ分布の中心　　35
  - 3.1.1　平均値　　35
  - 3.1.2　中央値　　37
- 3.2　データ分布の広がり　　41
  - 3.2.1　標準偏差　　41
  - 3.2.2　平均絶対偏差　　42
  - 3.2.3　四分位数　　43
- 3.3　データ分布の要約値　　44
- 3.4　データ例　　45
  - 3.4.1　春の訪れ　　45

| | | | 3.4.2 | 音楽アルバム . . . . | 48 |

第4章 箱ひげ図 51
4.1 ネットワークの応答速度 51
4.2 箱ひげ図とロウソク足 54
4.3 ひとこと 59

第5章 2変量データ 61
5.1 変量の相関関係 61
5.2 2元度数分布表と2次元散布図 63
5.3 2変量同時分布の代表値 64
5.3.1 共分散と相関係数 64

第II部 データサイエンス

第6章 データサイエンス入門 69
6.1 データに語らせる 70
6.2 ストラテジー 70
6.3 モデル 72
6.4 データサイエンス 75
6.4.1 データの上流から下流まで 79
6.4.2 データリテラシー 89
6.5 データサイエンティスト 95
6.6 データファイル 97
6.6.1 フラットファイル 98
6.6.2 マークアップファイル 99
6.6.3 バイナリーファイル 100
6.7 関係形式データベース 101
6.7.1 テーブルに対する演算 101
6.7.2 SQL 102
6.7.3 キー 103
6.7.4 ドメイン 107
6.8 関係形式データベースを超えて 108
6.8.1 2次データ 108
6.8.2 テーブル間の関係 112
6.8.3 さまざまなレベルでの属性 114
6.8.4 DandD 115

6.9	ソフトウェア	119
	6.9.1　表計算ソフトウェア	120
	6.9.2　統計解析ソフトウェア	120
	6.9.3　汎用なデータ解析環境 S と R	121
6.10	データ行列と線形代数	122
	6.10.1　データ行列	123
	6.10.2　個体空間と変量空間	123
	6.10.3　中心化	124
	6.10.4　尺度規準化	125

第 7 章　個体の雲の探索　　129

7.1	クラスタリング	129
	7.1.1　ウイルス RNA 変異データ	132
7.2	主成分分析	142
	7.2.1　新しい座標軸の求め方	143
	7.2.2　都道府県の力	148
	7.2.3　特異値分解	153
7.3	高次元個体空間の可視化 —TextilePlot—	156

第 8 章　変量間の関係　　167

8.1	回帰モデル	167
	8.1.1　放射性物質拡散データ	173
	8.1.2　湿度吸収実験データ	179
	8.1.3　脊柱後弯症データ	183
	8.1.4　真鯛放流捕獲データ	186
8.2	非線形回帰モデル	187
8.3	正準相関分析とコレスポンデンス分析	188
	8.3.1　正準相関分析	188
	8.3.2　コレスポンデンス分析	193

第 9 章　変量間の相関　　199

9.1	相関係数と偏相関係数	199
9.2	相関と独立性	205
9.3	偏相関と条件付き独立性	210

第 10 章 確率モデル   215

- 10.1 地震データ 215
  - 10.1.1 マグニチュードの分布 216
  - 10.1.2 地震の発生間隔の分布 229
- 10.2 真鯛放流捕獲データ 232
- 10.3 株価収益率データ 236
- 10.4 心拍データ 239
- 10.5 ひとこと，ふたこと 241
  - 10.5.1 連続収益率と複利 241
  - 10.5.2 正規分布 242
  - 10.5.3 ブラウン運動 243
  - 10.5.4 地震の予測 244
  - 10.5.5 多変量正規分布 246
  - 10.5.6 ガンマ分布 247

参考文献 249

索引 252

第 I 部

データ分析

第 I 部を執筆するにあたっては,「データリテラシー」[39], つまりデータを分析するときに最低限心得ておく必要のある常識を, スムーズに習得できるよう留意した. データは現象の放つ光であり, さまざまな色合いで輝いている. 決して無味乾燥なものではない. いかにうまくその輝きをとらえるかがデータ分析の価値を大きく左右する. 第 I 部を読み進むことでデータをより深く理解できるようになれば, それは成功への第一歩である.

データに含まれるランダム性を考慮することも重要であるが, それは第 II 部に譲り, ここではもっぱら, データ, 特に大量なデータを扱うときに心得ておくべき基本的な事柄を習得していただくことを主眼にする. そのため, あまり具体的な問題やデータをそのままの形で取り上げることはしない. 内容がいくぶん単調に感じられたら, 第 I 部を途中でスキップして第 II 部を覗いてみるのもよい. その手がかりを随所にコメントとして付加することに努めた. 第 I 部の内容がまた違って見えてくるに違いない.

第 I 部は高等学校の一年次必修科目「数学 I」の最後の単元「データ分析」の内容に沿って話を進めるので, それまでの「数学 I」の各単元の内容と連携することにも留意した. たとえば, この単元に至るまでに, 実数, 1 次不等式, 集合と論理, 関数とグラフ, 2 次関数などさまざまな単元をすでに習得しているはずであるが, 必ずしもそれが血となり肉となるところまでには至っていないかもしれない. この第 I 部では, それらを総動員して話を進める. ただし, 高校生の範囲を超えている部分もあるので, そのような箇所は適宜読み飛ばしていただきたい.

第1章　データ

ちかごろ「データにもとづく客観的な判断が必要」と耳にすることが多い．また「データサイエンス」，「データサイエンティスト」などという言葉がマスコミにしばしば登場している．[1]　そのため，データ主導型 (data-driven) の経営やマーケティング，意思決定が重要であると強調されることも多い．最近では，安価なコンピュータを多数連結することで，きわめて大量なデータの蓄積や処理が可能になってきたこともそれを後押ししている．使い道がはっきりしていないデータでもとりあえず貯えておけば何らかの形で役立つだろうという期待から，いわゆる**ビッグデータ**[2] の取扱い技術も注目されている．

しかし，同じ「データ」といってもそれが具体的に何を指し示すのか，場合により人により大きく異なり，混乱の元になっていることが多い．そこで，まず，本書で「データ」といったとき，何を指し示すのかはっきりさせておくことにしよう．たとえば『新明解国語辞典 (第 7 版)』(以下『新明解』と略記) [42] では，「データ」は

1. 推論の基礎となる事実
2. その事柄に関する個々の事実を，記号（数字，文字，符号，音声など）で表現したもの（もっとも狭い意味では，数値で表現したものを指し，広義では参考となる資料や記事のこともいう．また，コンピュータの分野では，処理できる対象すべてを指す．したがってプログラム自体もデータであるが狭義では除外する）

となっている．
第 1 義は「データを示す」あるいは「万全のデータがそろった」といった使い方の場合で，「根拠を示す」あるいは「完璧な根拠がある」ことを意味している．第 2 義はより具体的に，推論の根拠となる報告書などの文書あるいはファイルを「データ」としており，「推論の根拠となる資料 (material)」の言換えである．音声データ，画像データなども当然ここに含まれる．いずれにせよ，この辞典の説明のポイントは，データは推論の根拠となるものであると強調している点にある．

---

[1] 第 6 章が密接に関係する．

[2] 典型的な規模の大きなデータとしては，衛星から連続的に送られてくる各種センサの示す値や画像・レーダーデータ，ゲノムデータ，原子炉などの複雑な実験データ，インターネットを流れるパケットデータ，電力のスマートグリッドデータなどがあるが，英語の big には「規模の大きな」という意味だけでなく「扱いの大変な」あるいは「重要な」という意味もあり，ビッグデータはこの二つを合わせて意味している．

―― 何でもデータ？ ――

『新明解』[42] の第 2 義にあるように，コンピュータサイエンスの分野では，コンピュータで扱えるものは何でもデータとみなすという割り切りが行われ，対象の抽象化に大いに役立った．「データ駆動型プログラミング (data-driven programming)」はその成功例である．しかし，このことによってデータの重要な側面である「推論の根拠」が忘れ去られ，データは何ともとりとめのないものになってしまった．データという言葉の乱用のもたらした副作用である．

　本書では守備範囲を明確にするため，第 2 義の「数値，記号で表した推論の根拠」を広義のデータと呼ぶことにする．音声でも画像でも結局，数値あるいは記号で表せるので，一般性は失わない．しかし，これでも扱う対象が数値や記号に絞られただけで，分析の対象としてつかみどころがないことに変わりがない．もう少し，何に注目してどう推論するのか枠組みをはっきりさせた上でのデータ分析でない限り，的確な分析は望むべくもないし，新たな価値を生みだすこともかなわない．特に大量で複雑なデータの場合はそうである．

　データの構成を明確にするのに **変量** (variate) の概念が役立つ．たとえば，ある地区に登録されている車のデータを考えてみよう．この場合，車検証にある登録番号，登録年月日，初年度登録年月日，種別，自家用・事業用の別，…，使用の本拠の位置，有効期間の満了する日，備考の項目が変量と考えられる．さまざまな車について，車検証に記載されている変量の値を集めたものが，その地区に登録されている車のデータである．

　このように，変量を導入すれば，対象とするデータがどのような値からなる記録かを簡潔に表現できるだけでなく，どの変量とどの変量に注目して分析すればよいのか，その方向性を明確にするのにも役立つ．これらの変量のなかには，「型式」と「長さ」，「幅」，「高さ」のように，ある変量の値が他の変量の値を定めてしまう，いわば主従関係にある変量や，「登録番号」のように記録全体を一意に定めてしまう **ID** の役割を果たす変量もあり，その性格はさまざまである．さらに，「備考」のように値の形式が定まっていない変量すら存在する．このような各変量の特徴をよく理解することが分析の方向性を定めるのに大いに役立つ．

　一般的にどのような変量を導入したらよいかは，現象とそこから得られるデータがどのようなものか，どのような目的でデータ分析を行いたいかなどに大きく依存し一意ではない．また解析する人間の考え方も反映される．したがって，ごく単純な場合は別として，一般的にはこの変量の導入の段階で大いに頭を悩まし時間を費やすことになる．しかし，それで得るものは大きく，現象や問題の見方

を整理して現象解明の方向性を明確に定めることにつながる．データをそのままの姿で眺めての直観的な判断も重要であるが，それを他人に伝えたり，より深い洞察を得るには，このような整理の段階を省くわけにはいかない．

変量が導入されれば**データ** (data) も明確に定義できる．[3]　もちろん，変量の値は，実数，整数，文字など型が同じなだけでなく，単位や意味も同じであるなど**等質** (homogeneous) でなければならない．

本書では，『新明解』[42] の「推論の根拠となる資料」を広義のデータあるいは単に資料と呼び，

> 分析の対象となる変量の値の並び，あるいは，その集まり

を**データ**と呼ぶ．次節で述べるように，変量は変数の概念に近いが，分析の対象として，より具体的な存在であり，さまざまな**属性**も付随する点が変数と異なる．

[3] 英語の data の単数形は datum であるが，複数形 data を単数の場合にも用いることが多い．同様に，日本語でも「データ」が一つの変量の値の並びを表すことも複数の値の並びを表すこともある．

1.1　変数と変量とデータ

「変量とは何か」をもう少し詳しく説明するには，「**変数** (variable) とは何か」から始めたほうがよいだろう．例として等加速度運動を考える．[4]　具体的には，ボールを投げたときの鉛直方向の動きである．鉛直方向の加速度を a, 初速度を b, 運動の開始時刻を 0, 初期位置を c とすれば，時刻 t での速度が 1 次式 $at+b$

[4] 高校一年次の物理基礎で落下運動についてはすでに学んだに違いない．ただ，式 (1.1) のような 2 次式でなかったかもしれない．そのギャップを埋めるのは微分の概念であり，力学を開始したニュートンは，同時に微積分学も創始した．微積分学も同時に学んで初めて，力学の真髄が理解できるはずだが，現在の高校のカリキュラムがそうなっていないのは残念である．

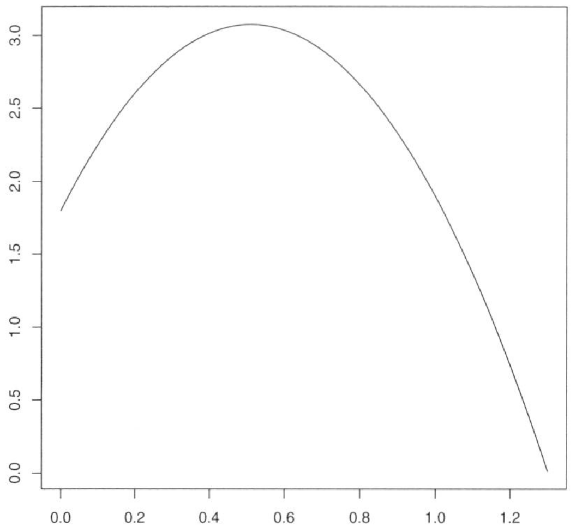

図 1.1　投げたボールの運動 ($a = -9.806, b = 5, c = 1.8$)

で，ボールの位置 y が 2 次式

$$y = \frac{a}{2}t^2 + bt + c \tag{1.1}$$

で表される．[5] ボール投げの場合なら，a は重力の方向に合わせて負の重力加速度 $-g$ にとり，初速度 b は鉛直軸方向の成分にとればよい．たとえば $a = -9.806$，$b = 5$，時刻 0 での位置を $c = 1.8$ とすれば，ボールの高さは時刻に対して図 1.1 のような 2 次曲線を描く．

この例では，t を「変数」と考え横軸にとっているが，それは t に 0.5 とか 1.0 とか具体的な時刻を与えれば 2 次式 (1.1) の値がその時刻の具体的な位置を与えるからである．[6] なお，水平方向に加速度がなければ，水平方向の初速度を h，時刻 0 での位置を 0 とすれば，時刻 t での水平位置は $x(t) = ht$ となるので，この図は横軸の**尺度**を h 倍する，つまり目盛りを付け替えるだけで実際のボールの動きを示す図にもなっている．

問題 1.1.1 このボールが地面に衝突する時刻を求めなさい．

問題 1.1.2 $h = 0$ のとき，ボールはどのような軌跡を描くか．

変数は抽象的な存在である．上記の例では仮に t を時刻としたが，2 次式そのものは t が時刻でなくても意味を持ち，t は値段でも年齢でも一向に構わない．このように，数式や変数が具体性から離れた存在であることは一見とりとめがなく思えるが，数学が汎用性を獲得した理由はまさにこの「抽象性」にある．しかしデータを扱うとなると，変数といった抽象的な概念で済ますわけにはいかない．その具体性を忘れては意味のあるデータ分析はできないからである．

いま，ボール投げの実験をして，その x 座標（水平位置），y 座標（垂直位置）を 0.01 秒ごとに時刻 t とともに記録して，表 1.1 にある**ボール投げの実験データ**が得られたとする．最上段に置かれた各列のラベルは記録番号である．

[5] a, b, c は，等加速度運動を規定する定数なので変数ではなく**パラメータ** (parameter) と呼ばれる．もちろん，a, b, c を変化させたとき軌跡がどう変化するか調べるときには，これらを「変数」とみなすこともある．

[6] つまり，y や x を変数 t の関数 $y(t), x(t)$ と考えている．

表 1.1 記録された値

	1	2	3	4	5	6	7	8
t	0.010	0.020	0.030	0.040	0.050	0.060	0.070	0.080
x	0.000	0.041	0.078	0.118	0.157	0.197	0.236	0.276
y	1.850	1.899	1.944	1.992	2.039	2.084	2.126	2.169

これまで変数と考えてきた t は，時点という「具体性」を獲得し「秒」という単位属性も持つようになった．つまり同じ t で表していてもいまや変量と呼ぶべき存在であり，第 1 行は変量 t の値の並び，つまり「データ」である．

では，もともと変数ではなかった x や y も変量と呼んでもよいだろうか？ いずれも「m（メートル）」という単位属性[7]を獲得しているからには変量と呼ぶのが自然であるが，2 次式 (1.1) の値である y も変量と呼ぶのは少々違和感があるかもしれない．すこし硬い話になるが，ここには推論の**帰納** (induction) と**演繹** (reduction) の違いが絡んでくる．

[7] 単位以外の代表的な**属性**には，値の型，精度，確度，欠損値の種類とその表現，取りうる値の範囲，測定限界，中途打ち切り情報などがある．

―― 帰納と演繹 ――

『新明解』[42] によれば，帰納は「個々の特殊な事柄から一般的原理や法則を導き出すこと」であり，演繹は「一般的な原理から，論理の手続きを踏んで個々の事実や命題を推論すること」とある．この定義からも明らかなように，基本的に**データ分析** (data assay) は帰納の積み重ね，数学 (mathematics) は演繹の積み重ねである．したがって，数学では変化させるものを変数と考えるのに対し，データ分析ではすべて変量と考えることになる．もちろん，データ分析はこのような推論の単純な積み重ねだけでは済まない．データから何かを発見したいという強烈な意欲がなによりも必要となる．

$(t_1, x_1, y_1), (t_2, x_2, y_2), \ldots, (t_8, x_8, y_8)$ $\xRightarrow{\text{帰納}}$

個々の事柄　　　　　　　　　　　　　　一般原理

$\xLeftarrow{\text{演繹}}$ $y = \frac{a}{2}t^2 + bt + c$

―― 数学的帰納法[8] ――

数学の論理手法の一部である**数学的帰納法** (mathematical induction) は，命題 p がすべての自然数 n について成立することを示すために用いられる．つまり「命題 p が $n=1$ で成立することを示したうえで，命題 p が $n=k$ ($k \geq 1$) で成立したら $n=k+1$ でも成立することを示せば，すべての自然数 n について成立する」という論理にもとづく証明法である．「一般的原理や法則を導き出す」という意味から帰納という名前がついているが，数学的帰納法はあくまでも「数学という演繹推論体系の一部」である．

[8] 広い意味での数学は，帰納推論も含む．実際の現象をモデル化するには帰納推論するしかないからである．同様にデータ分析でも，帰納推論だけでなくさまざまな場面で演繹推論も必要となる．

さて，式 (1.1) は力学という原理から演繹によって導かれたものであるが，表 1.1 はこれから行う帰納の出発点を与える．その裏には，漠然と力学の原理は頭にあるものの，それはとりあえず忘れて一般的な原理を導きたい，あるいは確かめたいという意図が存在する．

9) 変量は具体的な対象を示し,その値は記録のたびに変化するのに対し,変数は値を変化させてどのような影響が生まれるかを調べるための道具である.値を添字つきの小文字で表したのは,今後,さまざまな代表値の計算式でこれらを変数として用いることがあるからである.

したがって t, x, y をとりあえず同等に「変量」$^{9)}$ と呼ぶことにする.なお,本書では,変数との区別,値との区別がしやすいように,変量は T, X, Y のような大文字で表し,対応する値の並び,つまりデータは $t_1, t_2, \ldots, t_8$, $x_1, x_2, \ldots, x_8$, $y_1, y_2, \ldots, y_8$ のように記録番号を添字とした小文字で表し,t, x, y のような添字なしの小文字で,値の並びつまり「データ」を代表させることにする.

表 1.2 変量 T, X, Y のデータ (t, x, y) の組

	1	2	3	4	5	6	7	8
t	t_1	t_2	t_3	t_4	t_5	t_6	t_7	t_8
x	x_1	x_2	x_3	x_4	x_5	x_6	x_7	x_8
y	y_1	y_2	y_3	y_4	y_5	y_6	y_7	y_8

10) ここでは,高校の教科書にならって,記録番号を横方向に取った表の形で示しているが,変量数が一定で記録が追加される場合を考えると,縦方向に取った表として扱ったほうが便利である.第 6 章も参照.

表 1.2 は表 1.1 の値をこれらの記号で置き換えた,ひな形 (stylized table) である.$^{10)}$ 変量 T, X, Y それぞれについて 8 個の値からなるデータ t, x, y の組になっている.なお,変量の値は数値に限らず文字などもありうるが,とりあえずは,実数あるいは整数を中心に扱うことにする.値が文字の場合は第 6 章以降で扱う.

変量とデータ

データ分析の対象を明確に定める役割を果たすのが「変量」であり,その値の並び,あるいは複数の変量の値の組の並びを「データ」と呼ぶ.

1.2 関係形式

表 1.2 のようなデータの集まりが,**関係形式データベース** (relational database) を構成する.現在では大規模なデータベースのほとんどがこの形式を採用している.一見すると,この形式はそんなに一般的であるとは思えないが,冗長性を増すことさえ覚悟すれば,どのような場合でもこの形式 (の集まり) に帰着できることがわかっており,その基礎は「集合論」にある.$^{11)}$ また,管理上必要になる操作も,関係形式データベース管理システム (**RDBMS**, relational database management system) として ISO (国際規格) が確立している.

11) 授業では無味乾燥に思えたであろう集合論がこんなところで生きてくる.詳しくは 6.7 節を参照.

関係形式データベースの基礎を確立した E.F. Codd [12] は,表 1.2 のような表を**テーブル** (table) と呼び,集合
$$R = \{(t_1, x_1, y_1), (t_2, x_2, y_2), \ldots, (t_8, x_8, y_8)\}$$
と同一視することにした.集合 R の各要素は**記録** (record) と呼ばれる.

> **関係形式データベース管理システム**
>
> よく知られた RDBMS として Access, Oracle などがある．無料で利用できる管理システム MySQL, PostgreSQL などもあるので興味のある方は試してみるとよい．なお，RDBMS では変数のことを**属性** (attribute) と呼んでいる[12]．「記録の対象が有する属性」という意味からであるが，本書では他の属性との混乱を避けるため，もっぱら変数という用語を用いる．

> **関係**[13]
>
> 数学では，集合 A と B の間の 2 項関係 (binary relation) は直積集合 $A \times B = \{(a,b) | a \in A, b \in B\}$ の部分集合 R として定義され，$(a,b) \in R$ のとき $a \in A$ と $b \in B$ は R-関係を持つといい，$a \sim b$ と表す．これを一般化して，集合 $D_1, D_2, \ldots, D_n$ の要素間の n 項関係は，直積集合 $D_1 \times D_2 \times \cdots \times D_n$ の部分集合 R で定義される．このような集合 R を，**関係グラフ** (relation graph) と呼ぶ．関係形式データベースの名前は，各テーブルがこのような関係グラフを与えていることに由来する．ただし，テーブルで示される**関係** (relation) は，本来の関係すべてではなく，記録された範囲に限った関係である．関係形式データベースでは，集合 $D_1, D_2, \ldots, D_n$ は**ドメイン** (domain) と呼ばれ，変数の値域を規定するだけでなく，その属性が変数の名前，値の単位などの情報を与える．テーブルとしては $D_1, D_2, \ldots, D_n$ の順序には意味がなく，順序を変えても同等なテーブルである．

R が集合である以上，重複した要素があってはならないし，要素の順番に意味があってもならない[14]．もとの表に戻ってみれば，重複した記録があってはならないし，記録順に依存した記録であってはならないことになる．もし，記録順に依存するならば，それも記録の一部に含めることによってその依存性を解消することが必要になる．このような依存性を解消し，集合として形式化すれば，和，差などの集合演算がそのままテーブル間の演算となる．和はテーブルの記録の併合であり，差は，あるテーブルから他のテーブルに含まれる記録を削除することを意味する．

関係形式データベースの詳細については第 6 章に譲るが，以下の小節で，さまざまな形式のデータをどのように関係形式データに直したらよいか例示する[15]．

---

[12] 関係形式データベースでは，テーブルでの，属性の値の並び，つまり列を**カラム** (column) と呼ぶ．

[13] この囲み記事は，高校数学の範囲を超えているが，「関係」を厳密に数学で表現するとこうなるという参考までに記した．R が関係グラフと呼ばれるのは，ある関数 f を用いて $R = \{\boldsymbol{x} | f(\boldsymbol{x}) = 0\}$ のように表現でき，この形で結び付いている変数の値（の組）の集まりだからである．変数間の関係は第 8 章で本格的に扱う．

[14] 要素に重複がある集合は**マルチセット** (multiset)，順序に意味のある集合は**順序集合** (ordered set) と呼んで区別する．

[15] これまで**データ**と呼んできたものは，関係形式のテーブルとして形式化できることがわかったが，混乱を避けるため，関係形式データベースを離れたときには**データテーブル** (data table) と呼ぶことにする．

関係データベース？

関係形式データベースを短縮して「関係データベース」と呼ぶことも多いが，英語からもわかるとおり，「関係形式データベース」と呼ぶほうが適切であろう．また，関係グラフは「変量の関係」を定めるのに必要なすべての値の組の集合であるので「関係データ」であるが，テーブルは実際に記録された値の組にすぎない．テーブルが変量の関係を完全には定めない以上，関係データと呼ぶのは混乱のもとになる．「関係形式データベース」と呼ぶべきであろう．

1.2.1 湿度吸収実験データ

表1.3は，冊子の湿度吸収メカニズムを探るために行われた実験の記録である．冊子の折を定着させるためには，ある程度の湿度が必要であるが，どの程度の圧力と時間が必要なのか探りたい．それがこの実験の目的である．

表 1.3 湿度吸収実験結果の記録

		24h	24h	72h	72h	72h	72h
		箱1-1	箱1-2	箱2-1	箱2-2	箱3-1	箱3-2
上	開始時	1630	1635	1635	1630	1640	1635
	経過後	1635	1640	1655	1655	1665	1665
	差	5	5	20	25	25	30
	変化率%	3.07	3.06	12.23	15.34	15.24	18.35
中	開始時	1630	1640	1610	1635	1635	1640
	経過後	1640	1635	1620	1655	1650	1655
	差	10	-5	10	20	15	15
	変化率%	6.13	-3.05	6.21	12.23	9.17	9.15
下	開始時	1630	1630	1605	1610	1640	1635
	経過後	1635	1635	1620	1620	1655	1655
	差	5	5	15	10	15	20
	変化率%	3.07	3.07	9.35	6.21	9.15	12.23

この表は，表計算ソフトなどで記録されたデータでは，よく見かける形式である．二つに折った冊子の束を積み重ね，箱に2列に詰めたときの，冊子の実験開始前の重量（グラム）と，一定時間経過後の重量が記録されている．24h, 72hは経過時間であり，箱1-1は1番目の箱の1列目，箱1-2は1番目の箱の2列目などを意味している．また，上，中，下は箱の中の上部，中部，下部に収められた冊子を意味している．確かにこのような記録は人間にはわかりやすいし，記録するのも楽である．[16] しかし，どの要因がどのような効果を与えているかなどを理

[16] 人間が記録しやすいことを優先させると，どうしてもこのような記録になりがちである．表計算ソフトはメモ帳のように使えて便利ではあるが，分析したいとなったとき，その便利さの代償はそれなりに払うことになる．

解しようと思っても，このままでは扱いにくい．その主な問題点を列挙すれば，以下のようになる．

1. 明示的に変量が導入されていないため，どれとどれが条件であるか明確ではない．

2. 一つの記録が，「時間」，「箱の列」，「位置」の組合せ，つまり3次元的な広がりをもった空間上の四つの値として表現されており，人間にはわかりやすくても，処理は厄介である．

3. 箱1-1，箱1-2のように箱の番号と列番号という二つの条件を複合した条件になっている．

4. 差や変化率といったいつでも計算し直すことのできる値，つまり加工データ (cooked data) と，開始時の重さ，経過後の重さといった基本的な記録である**生データ**が混在している．

5. 「24h，72h」の時間単位 h，「変化率%」の%といった単位がラベルの一部になっていて，単位だけを取り出すのには別途処理が必要．

そこで，このデータをデータテーブルに直してみよう．まず，どのような変量を導入する必要があるのか考える必要がある．加工データはいつでも計算することができるので削除し，なにが実験の本質的な条件か，結果はどのように表されているのかなどを考え合わせれば，次のような変量を導入すればよいことになる[17]．

1. 処理時間：処理時間（単位：時間） 2. 箱：箱番号
3. 列：列番号 4. 位置：上，中，下
5. 処理前：重量（単位：グラム） 6. 処理後：重量（単位：グラム）

これら6つの変量を導入することによって，表1.3は表1.4のようなデータテーブルに書き直すことができる．この例でのドメインは，たとえば

$$D_1 = \{24, 72\}, \quad D_2 = \{1,2,3,4,5,6\}, \quad D_3 = \{1,2\},$$
$$D_4 = \{上, 中, 下\}, \quad D_5 = \{x \mid x > 0\}, \quad D_6 = \{x \mid x > 0\}$$

である．ドメインは出現する可能性のある値の集合なので，まだ記録として現れていない値も含んでいる[18]．それぞれのドメインの「名前属性」は"処理時間"，"箱"，"位置"，"処理前"，"処理後"であり，D_1 は「単位属性」"時間"を持ち，D_5，D_6 は「単位属性」"グラム"を持つ．また，D_5，D_6 以外のドメインは「型属性」がカテゴリ型である．

[17] ここでは変量名として日本語を用いているが，コンピュータと対話しながら分析するには，アルファベットだけからなる**短縮名** (short name) を設定し用いたほうが操作性がよい．変量名や短縮名はドメインの属性の一つなので，データ本体とは関係なく自由に設定できる．

[18] 実際には追加実験をおこなったので，箱 4,5,6 も D_2 のドメインに含まれている．

19) この湿度吸収実験データの解析は第8章で行う．

表 1.4 関係形式に直した記録 [19]

	1	2	3	4	5	6	7	8
処理時間	24	24	72	72	72	72	24	24
箱	1	1	2	2	3	3	1	1
列	1	2	1	2	1	2	1	2
位置	上	上	上	上	上	上	中	中
処理前	1630	1635	1635	1630	1640	1635	1630	1640
処理後	1635	1640	1655	1655	1665	1665	1640	1635

9	10	11	12	13	14	15	16	17	18
72	72	72	72	24	24	72	72	72	72
2	2	3	3	1	1	2	2	3	3
1	2	1	2	1	2	1	2	1	2
中	中	中	中	下	下	下	下	下	下
1610	1635	1635	1640	1630	1630	1605	1610	1640	1635
1620	1655	1650	1655	1635	1635	1620	1620	1655	1655

20) 一般に，カテゴリ型のデータを**カテゴリカルデータ** (categorical data)，あるいは**類別データ** (classification) と呼ぶ．また，このような値をとる変量のことを**カテゴリ変量** (category variate) といい，その取りうる値は**水準** (level) と呼ばれる．これは実験条件の設定値がカテゴリ型であることが多かった時代の名残である．ちなみに，関係形式のドメインは**水準の集まり** (levels) にほかならない．さらに，原因となる値という意味を強調するときは，カテゴリカルデータを**因子データ** (factor data) と呼ぶことも多い．R では，カテゴリカルデータをすべて factor クラスのオブジェクトとして扱っているが，前身の S では category クラスも存在した．

型属性

ドメインの重要な属性に型がある．大きく分けて，実数のように連続的にどんな値でも取りうる型，つまり**連続型** (continuous) と，特定の値しかとらない**離散型** (discrete) がある．離散型でも，値そのものより「その値であること」に意味があるとき，特に**カテゴリ型** (category)[20]と呼ぶ．文字あるいは文字列の場合には，カテゴリ型となることが多いが，実験条件のように，数値であっても，あえてカテゴリ型として扱うこともある．なお，記録を区別するために付けた番号やコメントはカテゴリ型ではなく**ID 型** (id) あるいは**文字型** (character) と区別したほうがよい．

湿度吸収実験でいえば，「処理前」や「処理後」は重量なので連続型，その他の「処理時間」以外はカテゴリ型である．しかし「処理時間」は微妙で，たとえば1時間単位で設定しただけならば単なる離散型で，24hか72hしか可能ではなく，そのどちらかを選ばなければならなかったら，カテゴリ型である．さらに，あらかじめいくつかの値に設定したのではなく，結果的にこれらの処理時間になったのなら，連続型にもなりうる．

このように型属性には，データの取得状況やデータのとらえ方が反映されている．各ドメインは各変量に対応しているため，これらの型は**変量の型** (type of variate) でもある．

1.2.2 複式簿記データ

複式簿記 (double-entry bookkeeping) [21] は，どんな取引にも「原因」と「結果」があるはずなので，単独の勘定科目たとえば現金勘定科目だけを記帳するのではなく，複数の勘定科目の残高の増減を同時に記帳する必要があるとの考え方から生まれた記帳方式である．複式簿記は貸借対照表や損益計算書などを作成するときの基本にもなっている．実際，いわゆる大福帳式の単式簿記は「現金」という一つの勘定科目についてだけの経理なので，正式な簿記とは認められないことが多い．複式簿記の記録は「会社・組織などの経理状態を推論する根拠」となるという意味で（広義の）データの一つであるが，読み解くには少し知識が必要になる．表 1.5 に複式簿記の簡単な例を示す．説明を簡単にするため，ここでは

表 1.5 複式簿記データの例

	日付	借方	貸方
1	6/5	水道光熱費 50,000	現金 50,000
2	6/7	仕入 50,000	未払金 50,000
3	6/11	現金 80,000	売上 80,000
4	6/15	現金 100,000	借入金 100,000
5	6/18	未払金 50,000	支払手形 50,000
6	6/22	現金 10,000,000	土地 10,000,000

架空のデータ例を用いることを，お許しいただきたい．記録を順に説明すると，

1. 水道光熱費 50,000 円支払

2. 商品を仕入れたが，その代金 50,000 円は未払

3. 商品の売上 80,000 円

4. 100,000 円借入

5. 未払金 50,000 円を手形の振出しで支払

6. 土地が売れて 10,000,000 円の収入

となる．なぜこのように読めるかというと，あらかじめ勘定科目が本来的に借方に属する科目と本来的に貸方に属する科目に 2 分類されているからである．[22] この例ならば，水道光熱費，現金，仕入，土地が「本来的に借方に属する科目」で，未払金，売上，借入金，支払手形が「本来的に貸方に属する科目」である．表 1.5 のような仕訳表では，「本来的に借方に属する科目」が「貸方」に，あるいは逆

[21] 日本での複式簿記は，明治 6 年（1873 年）に福澤諭吉がアメリカの簿記教科書の翻訳『帳合之法』で紹介したことに始まる．**借方** (debit) や**貸方** (credit) という訳語も福澤によるものであるが，これが，かえって複式簿記のハードルを高くしていることは否めない．この単語の意味は忘れ，単なる 2 分類の呼称と思ったほうがわかりやすい．

[22] 勘定科目は，勘定を整理して記録するために設けられた区分で，売上，現金，仕入，負債，土地，未払金など多岐にわたる．また，場合によって区分も微妙に異なる．なお，負債などの勘定科目であっても正の金額で表現する．

に，「本来的に貸方に属する科目」が「借方」に現れれば，その科目の残高を減少させる金額，つまりマイナスの金額として扱うという約束事がある．

たとえば，表 1.5 の 1 番目の記録ならば，水道光熱費は「本来的に借方に属する科目」であるので，水道光熱費を 50,000 円だけ増加させ，現金は「本来的に借方に属する科目」であるので，現金残高を 50,000 円だけ減少させる．これが取引「水道光熱費 50,000 円の支払」の複式簿記である．原因と結果という観点からみれば，「水道光熱費の発生」が原因，「現金 50,000 円の減」が結果であるが，いつでも原因が借方，結果が貸方に現れるわけではない．当然，逆のこともある．

すべての取引がこのような方式で記帳できるためには，同じ借方あるいは貸方に属する勘定科目間ではプラスマイナスの関係，借方と貸方をまたがる勘定科目間ではプラスプラスあるいはマイナスマイナスの関係になっていなければならないが，次のような勘定科目の借方と貸方への分類がそれを可能にしている．

一般的に，借方に属する勘定科目は「資産」あるいは「費用」として考えられる科目，貸方に属する勘定科目は「負債」，「資本」，「収益」として考えられる科目である．言い換えれば，「借方」に属する勘定科目は土地や現金など取引の実体を表す科目であり，「貸方」に属する勘定科目は，負債や資本，収益など，その組織の資金状況を計上する科目である．したがって，借方，貸方それぞれの中での資金の移動はプラスマイナスであるが，借方と貸方にまたがる記録は，資金の移動ではなく取引を計上する操作であるので同符号，つまりプラスプラスあるいはマイナスマイナスとなる．

このように複式簿記では，借方と貸方の組の記録だけで複数の勘定科目の同時処理を可能にしている．[23] 一方，単式簿記の場合には，勘定科目一つだけに注目することになるので，複式簿記のすべての取引を記帳することはできない．たとえば，単式簿記の代表格である現金出納帳は「現金」という勘定科目だけに注目した記帳なので，表 1.5 で現金が絡まない 2 番目と 5 番目の記録は記帳できず，表 1.6 のようになる．

[23] ここでは，一つの記録は借方に記された勘定科目と貸方に記された勘定科目の二つの勘定項目だけで構成されている場合だけを取り上げているが，借方，貸方それぞれに複数の勘定科目を記すこともある．その場合でも借方に記入された金額の和と貸方に記入された金額の和は等しくなければならない．

表 1.6 現金出納帳

	日付	摘要	入金	出金	残高
1	6/1	前月からの繰り越し			150,000
2	6/5	水道光熱費		50,000	100,000
3	6/11	売上	80,000		180,000
4	6/15	借入	100,000		280,000
5	6/22	土地売却	10,000,000		10,280,000

さて，データ分析を行う上で，表 1.5 のような**仕訳表** (journal) の問題点は何

だろうか？すでに述べたように，仕訳表での「借方」,「貸方」は極めて便宜的なもので，「本来的に借方に属する勘定科目が貸方に現れればプラスの値でもその勘定科目としてはマイナスとして扱う」といった一種のトリックを含んでいる．また，仕訳表の借方，貸方をそれぞれを変量とみなしたとしても，値が科目と金額の組合せになっており処理しにくいことは明らかであろう．簿記本来の目的を考えれば，勘定科目ごとに変化を記録していく，つまり各勘定科目を「変量」と考えるのが自然であろう．いまの例ならば，

1. ID：連番
2. 日付：月-日
3. 水道光熱費：金額（単位：千円）
4. 現金：金額（単位：千円）
5. 仕入：金額（単位：千円）
6. 土地：金額（単位：千円）
7. 未払金：金額（単位：千円）
8. 売上：金額（単位：千円）
9. 借入金：金額（単位：千円）
10. 支払手形：金額（単位：千円）

の10変量を考えるとよい．ただし，簿記では取引の順序が重要であるので，記録に連番つまり通し番号を付けている．[24] また，日付はISOにのっとって，2桁の月，日をハイフンでつなげた形式を採用している．このときドメイン D_1 は整数の集合，D_2 は日付の集合，D_3 以下は，千円単位での勘定しか行わないなら整数の集合，円単位の勘定なら小数点以下3桁の実数となる．

これらの準備のもとに表1.5は表1.7のようなデータテーブルに書き換えられる．左側の四つの科目が「本来的に借方に属する勘定科目」，残りの科目が「本来的に借方に属する勘定科目」である．たしかに，このような関係形式のデー

[24] 連番はIDとして便利ではあるが，記録を更新したり，データテーブルを併合したりするときに一貫性が保たれるように，気をつける必要がある．連番の代わりに，同時刻がありえないぐらい精密な日付時刻を用いるのもよい．

表 1.7 表1.5に対応するデータテーブル [25]

ID	日付	光熱費	現金	仕入	土地	未払金	売上	借入金	支払手形
1	06-05	50	−50	0	0	0	0	0	0
2	06-07	0	0	50	0	50	0	0	0
3	06-11	0	80	0	0	0	80	0	0
4	06-15	0	100	0	0	0	0	100	0
5	06-18	0	0	0	0	−50	0	0	50
6	06-22	0	10000	0	−10000	0	0	0	0

[25] 表1.7は各記録が各行を構成しており，ちょうど表1.4を転置した形になっている．

タテーブルのほうが，各勘定科目ごとの残高の推移がわかりやすいだけでなく，勘定科目間の資金の流れもつかみやすい．反面，0がかなり多く冗長になっている．特に，勘定科目すべてを考えればかなり多くの列を持つデータテーブルとなる．また，仕訳表のように「一つの記録で貸方と借方に入る金額は同一でなければならない」といった制約，あるいは「プラス，マイナスの組合せ」の制約など

を明示的には示すことができないといった欠点もある．しかし，実際の計算は別にして，データをこのような形で見直すことは，データ分析の方向性を見定めるため大いに役立つ．

---- 関係形式 ----
多くのデータベースの基礎となるデータ形式で，各行（記録）の集合とみなすことができるデータテーブルを，関係形式データと呼ぶ．また，その集まりが関係形式データベースである．

1.3 データの代表値

この節では，1.1 節でも取り上げた変量 T, X, Y の**ボール投げの実験データ**を例として用いることにする．[26]　まず，ボールが式 (1.1) に従っているかどうか検証するため，ボールが地面にぶつかるまで 0.01 秒おきに観測した値の組 $(t_1, y_1), (t_2, y_2), \ldots, (t_{130}, y_{130})$ を座標とする白丸[27] で表したのが図 1.2 である．図 1.1 と同じく，横軸を時点，縦軸をボールの高さに取っている．図 1.1 と比較すればすぐわかるように，ボールは式 (1.1) のとおりに動いているように見える．実際，縦軸の値の差は 0.0023 以下に収まっている．

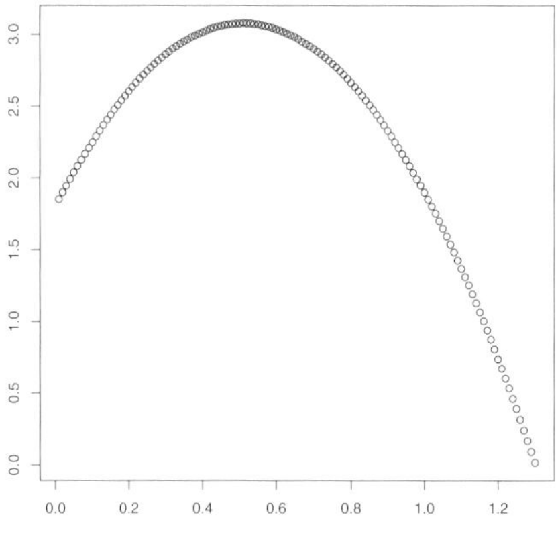

[26] ここで分析するデータは Ballobs{DS} である．

[27] 教科書などでは点を黒丸で表しているが，重なりが多い場合は白丸のほうがわかりやすい．また，この散布図は，正確には 1 次元散布図に対比して **2 次元散布図** (two dimensional scatter plot) と呼ぶべきものである．

また，図表は多くの情報を伝えるのに有効な手段であるが，それだけに，誤解も招きやすい．特に，**図** (figure) に横軸と縦軸があるときは，それらが何に対応した軸か，丁寧に説明する必要がある．また，「横軸が原因，縦軸が結果」の原則に従って描かないと，相手と話がかみ合わない恐れがある．plot()

図 1.2 各時点でのボールの高さ　　　　**図 1.3** ボールの軌跡

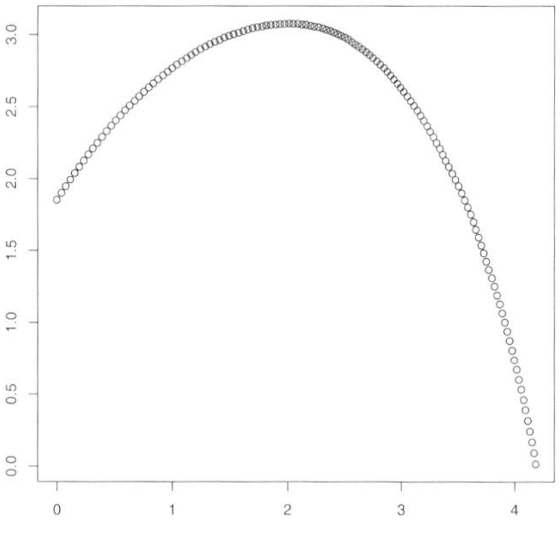

しかし，図 1.2 の横軸は時間であり，ボールの軌跡そのものではない．念のため，横軸を水平方向の位置，縦軸をボールの高さに取り，実際のボールの軌跡を変量 X, Y に関するデータにもとづいて描いて見ると，図 1.3 のように少し歪んだ形になっていることがわかる．すでに 1.1 節で注意したように，ボールの水

平方向の速度が一定ならば横軸の目盛りが変わるだけで，曲線としては図1.1と同じ曲線になるはずなので，この歪みは水平方向の速度が一定ではなかったことを示唆している．

そこで，さらに変量 T, X に関する図である図1.4で，水平方向の動きをチェックしてみると，たしかに速度一定の運動をしてはいないことがわかる．その様子をさらに詳しく眺めるため，速度

$$v_i = (x_i - x_{i-1})/0.01, \quad i = 2, 3, \ldots, 130 \quad {}^{28)}$$

を求め，横軸に時点，縦軸に v をとって図示してみれば図1.5のようになる．

なお，観測時間間隔である 0.01 で割っているので，v_i の単位は m/s となる．図1.5から，全体的に，このボールは水平方向に徐々に速度を落としていること

[28) 厳密には 0.01 秒間隔での平均的な速度である．また，「式$_i$, $i = 1, 2, \ldots, n$」は 式$_i$ がどの $i = 1, 2, \ldots, n$ について成立すると読む．]

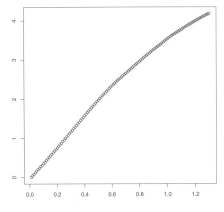
図1.4 ボールの水平位置の推移

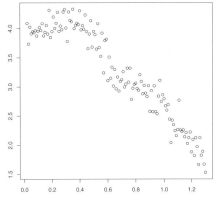
図1.5 ボールの水平方向の速度の推移

がわかる．したがって，向い風などの影響があったのではないかとの推測も成り立つ．このように**散布図**は，値の組の様子を探るのに役立つ，ごく単純な視覚表現である．[29)] データ分析の初期段階ではデータの値そのものを眺めることが重要であり，適切な視覚表現を用いれば人間の直観を掘り起こすことができる．しかしその反面，視覚表現はかさばり，大量になればなるほどその組合せも膨大になり，扱いにくくなる．また，とりあえずデータの概略がつかめれば十分なときや，異なる状況でのデータの比較をしたいときなどには，このような図の羅列はかえって煩雑さを増すだけかもしれない．

そこで，データの特徴をいくつかの値で代表することが古くから行われてきた．そのような目的で用いられる値が**代表値** (summary) である．データが実数値の場合のもっとも代表的な代表値に，最小値，最大値，平均値，さらには範囲幅や標準偏差がある．

[29) 変量のすべての組合せでの散布図を一枚に収めて描いた図が，第9章で用いる対散布図 pairs() である．]

1.3.1　最小値，最大値

min(), max()

変量 X の n 個の値，つまりデータ $x_1, x_2, \ldots, x_n$ の最小値 (minimum) はいうまでもなく，これらの値のうちで最小の値であり

$$\mathrm{Min}(x)$$

で表す．最大値 (maximum) も同様に

$$\mathrm{Max}(x)$$

で表す．最小値，最大値は得られたデータの値の範囲を示すもので，負にならないはずのデータで最小値が負になったり，**欠損値**があってこれらの値が求まらなかったりすれば，もとのデータに何らかの問題があることが即座に判明する．

上記の例の場合

$$\mathrm{Min}(t) = 0.0, \quad \mathrm{Max}(t) = 1.3$$

であり，確かに 0 秒から 1.3 秒までの観測結果であることが確認できる．一方

$$\mathrm{Min}(y) = 0.0957, \quad \mathrm{Max}(y) = 3.509$$

であり，最小値はボールが地面に衝突する直前まで観測されたことを示し，最大値はボールが 約 3.5m まで上昇したことを示している．

最小値，最大値はいろいろな生産現場でも重要な役割を果たす．たとえばネジは太すぎても細すぎても役立たない．通常は目標値に対して**公差** (tolerance) [30] を設定してその範囲に収まらなかったネジは不良品として出荷しない．つまり，最大値，最小値が「目標値 ± 公差」内に収まらなければそのロット (1 生産単位) は廃棄されるのである．

[30]「共通な差」という意味では同じであるが，高校二年次で習う，等差数列の「公差 (common difference)」と混同しないこと．

1.3.2　平均値

データ $x_1, x_2, \ldots, x_n$ の**平均値** (mean, average) あるいは**算術平均** (相加平均，arithmetic mean) [31] は

$$\bar{x} = \frac{x_1 + x_2 + \cdots + x_n}{n}$$

で計算される値 $\bar{x}$ であり，n は**記録数** (the number of records) である．ここでは，平均値がデータ $x_1, x_2, \ldots, x_n$ から求められた値であることを明示するために，x の頭にバーを付けた記号 $\bar{x}$ を用いている．[32]

図 1.6 は**垂線プロット** (vertical line plot) と呼ばれる図で，横軸にデータの順番をとり，垂線の高さでボールの水平方向の速度 $\{v_i, i = 2, 3, \ldots, 130\}$ を表し

[31] 平均値は n 個の変数 $x_1, x_2, \ldots, x_n$ の関数とみなすこともできる．
mean()

[32] $\bar{x}$ の代わりに，記号 $\bar{x}.$ がより明示的に用いられることもある．
plot(type="h")

ている．この図からもわかるとおり，平均値 $\bar{v}=3.243$ は値を均したときのレベルである．

平均値はその名のとおり，図 1.6 の水平線で示されるような「データの値を平(たいら)に均(なら)した値」である．$\bar{x}$ のバーも「平(たいら)」を意味しているのは，世の東西を問わず同じ感覚を共有しているからであろう．

もし，これがボールの速度ではなく，一か月間の各一日の売上ならばどうだろうか．そのときの平均値は平均的な一日の売上であり，これを比較することにより月ごとの売上を比較できる．しかし，平均値ではなく一か月間の総売上で比較すると，月による日数の差異が反映されず，常に 2 月は販売努力が足りないといった誤解を生むもとになる．平均値を用いれば，このような日数の違いには惑わされない販売努力の正確な評価が行える．

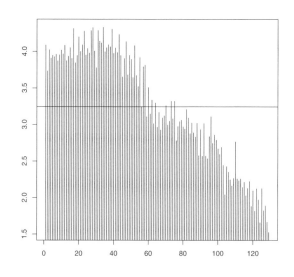

図 1.6 ボールの水平方向の速度の垂線プロットと平均値

問題 1.3.1 $\bar{x}$ は
$$(x_1-m)^2+(x_2-m)^2+\cdots+(x_n-m)^2$$
を最小にする m であることを示しなさい．

問題 1.3.2
$$\mathrm{Min}(x) \leq \bar{x} \leq \mathrm{Max}(x)$$
であることを確かめなさい．

平均値を求める演算はデータ $x_1, x_2, \ldots, x_n$ の単位を保つだけでなく，次のような**線形性** (linearity) と呼ばれる性質を有している．
$$y_i = ax_i+b, \quad i=1,2,\ldots,n \tag{1.2}$$

のような演算をデータの要素それぞれに適用すれば新たなデータ $y_1, y_2, \ldots, y_n$ が得られるが，それぞれの平均値の間には $\bar{y} = a\bar{x} + b$ の関係がある．

> **―― 線形変換 ――**
>
> 1次式による変換 (1.2) をデータの**線形変換** (linear transformation) という．座標 $\{(x_i, y_i)| \ i = 1, 2, \ldots, n\}$ の点を平面上に置くと直線上に乗る．つまり変換前の値と変換後の値が「線を形づくる」のでこう呼ばれる．線形変換 $y = ax + b$ はデータ x を a 倍つまり定数倍 (scale transformation, **尺度変換**) し，b だけ平行移動 (location shift, **位置移動**) して新しいデータ y に**変容** (transfiguration) させる変換であるが，$a \neq 0$ である限り可逆な変換である．今後紹介する中心を表す代表値はいずれもこのような性質を持つ．これを**位置尺度共変性** (location-scale equivariant) と呼ぶ．
>
> 　線形変換の具体例としては，温度の摂氏 (Celsius, °C) から華氏 (Fahrenheit, °F) への変換がある．[33] この場合 $a = 9/5, b = 32$ である．もちろん，メートル単位の値をセンチメートルに直す変換，インチをセンチメートルに直す変換なども線形変換であるが，値の原点を変えないので $b = 0$ の特殊な線形変換である．ほとんどの国がメートル法に移行した現在でも米国ではいまだにポンド，フィート，ヤード，マイル，ガロンなどと共に華氏が用いられている．

[33] 摂氏と華氏の間の変換が定数倍で済まない理由は，絶対零度が発見されるまでは温度の原点をどこに置いたらよいか定まっていなかったことによる．摂氏が水が氷る温度である氷点を 0 度としているのに対し，ファーレンハイト氏が定めた華氏は，その当時の室外の最低気温 $-17.8°C$ を 0 度としている．

> **―― 相加平均と相乗平均 ――**
>
> 値がすべて正の場合に限られるが，算術平均以外に，平均と呼ばれる演算には
> $$x^* = (x_1 x_2 \cdots x_n)^{1/n}$$
> がある．数学では $\bar{x}$ を**相加平均**（算術平均, arithmetic mean），x^* を**相乗平均**（幾何平均, geometric mean）と呼んで区別するが，データの代表値としては，すぐ後で説明するように，位置尺度共変性を持つ $\bar{x}$ のほうが自然である．なお，不等式 $\bar{x} \geq x^*$ が成り立つが，これは高校で習う「相加相乗平均の関係」の一般化である．また，$\log(x^*) = \overline{\log(x)}$ のように，相乗平均の対数は対数変換したデータの相加平均になっている．[34]

[34] 高校一年次では $1/n$ 乗や log は，まだ履修していないであろう．今後出会ったら，相加平均と相乗平均を密接に関連づける演算であることを思い出してほしい．

　データを代表する値として，最小値，最大値，平均値だけでは不十分な場合も多い．平均的なレベルである平均値からどの程度離れた値がデータに含まれているかも知っておくとよい．もちろん，**範囲幅** (spread) = (最大値 − 最小値) も

データの値の広がりを表す量ではあるが,[35] この値だけからでは,最大値と最小値の間にどんな値がどのように存在するのかまったく見当がつかない. そこで登場するのが次の標準偏差である.

1.3.3 標準偏差

平均値に対応した, **データの広がり** (dispersion) を表す代表値が**標準偏差** (standard deviation) である. 平均値からの隔たり, **偏差** (deviation) の平方の平均

$$s^2 = \frac{(x_1-\bar{x})^2+(x_2-\bar{x})^2+\cdots+(x_n-\bar{x})^2}{n} \tag{1.3}$$

が**分散** (variance) と呼ばれる値で,標準偏差は分散の正の平方根 s である.

[35] 高校の教科書では最大値と最小値の差を範囲と呼んでいるが,「限定された部分」という範囲本来の意味からすると, **範囲** (range) は最小値と最大値の組であって, 差ではない. 実際 R の関数 range() は最大値と最小値の組を返す. scale()

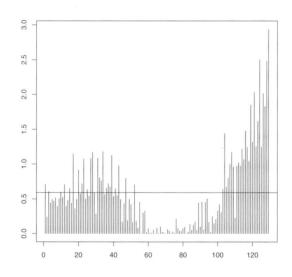

図 1.7 ボールの水平方向の速度の偏差平方の垂線プロットと分散

分散自身もデータの広がりを表す代表値の一つであるが,もとのデータと単位が同じである標準偏差のほうが理解しやすいので,データの広がりを表す代表値としては標準偏差を用いることが多い. 平均値を $\bar{x}$ と表記したのと同じように,もとのデータ x への依存性を明記するため本書では分散を $s^2(x)$, 標準偏差を $s(x)$ と表記する.

図1.7は図1.6と同じようにボールの水平方向の速度の偏差の平方 $\{(v_i-\bar{v})^2, i=2,3,\ldots,130\}$ を図示したもので,値の平均値つまり分散 $s^2(v)=0.5905$ が水平線で示されている. その平方根が標準偏差 $s(v)=0.7684$ である. しかし, この

データの場合，観測の後半で広がりがかなり大きく，一つの標準偏差で代表するには無理がある．これは平均値についても同様で，もしこのような記録順に依存した代表値，つまり今の場合，時刻に対する依存性も反映した代表値を求めるなら，データの値を観測順に区分して平均と標準偏差を求めることや，平滑な曲線で表すことなども考える必要がある．

なぜ偏差平方和の平方根?

広がりを表すのになぜ偏差平方和の平方根を基本にするのかという疑問をもたれるかもしれないが，これは n 次元ユークリッド空間における，原点から n 組の偏差を座標とする点への距離であり，数学的にはごく自然な量になっている．第3章でまた別の解釈も与える．なお，標準偏差であることをより明確に表すため，s の代わりに記号 $\mathrm{sd}(x)$ が用いられることも多い．

問題 1.3.3 データ $1, 2, \ldots, n$ の平均値と標準偏差を求めなさい．

問題 1.3.4
$$s(x) \leq \mathrm{Max}(x) - \mathrm{Min}(x)$$
が成立することを示しなさい．

問題 1.3.5 $n = 2$ とする．$a \leq x_1, x_2 \leq b$ の条件のもとで分散を最大にするデータは $x_1 = a$，$x_2 = b$ あるいは $x_1 = b$，$x_2 = a$ のときで，最大値は $\frac{(b-a)^2}{2}$ であることを示しなさい．

問題 1.3.6 制約 $x_1 + x_2 + \cdots + x_n = 1$ のもとでデータ $x_1, x_2, \ldots, x_n$ の分散を最大にするデータはどのようなデータか，それを求めなさい．

問題 1.3.7 任意の実数 m に対して
$$s^2(x) \leq \frac{(x_1 - m)^2 + (x_2 - m)^2 + \cdots + (x_n - m)^2}{n}$$
が成り立つことを示しなさい．

問題 1.3.8 データ x を $x_1, x_2, \ldots, x_n$，y を $y_1, y_2, \ldots, y_n$ とし，$x + y$ を和 $x_1 + y_1, x_2 + y_2, \ldots, x_n + y_n$ としたとき
$$s(x + y) \leq s(x) + s(y) \tag{1.4}$$
が成立することを示しなさい．

不等式 (1.4) は，データ x とデータ y を足し合わせた $x + y$ の広がりのほうが，それぞれの広がりの和より小さくなることを示している．たとえばファイナンス分野では，値の変動が大きければ大きいほど損失の可能性も大きくなるので，標

準偏差を一つのリスクの大きさの指標として用いることが多い．このとき，不等式 (1.4) は二つの金融商品 X, Y を個々に扱う（取引する）より，合わせて $X+Y$ の形で扱ったほうがリスクが小さくなることを意味している．[36]

36) ファイナンスの分野では，標準偏差のことをボラティリティ (volatility) と呼ぶ．

── 分散，標準偏差の別の定義 ──

分散が

$$s^2 = \frac{(x_1-\bar{x})^2+(x_2-\bar{x})^2+\cdots+(x_n-\bar{x})^2}{n-1} \quad (1.5)$$

で定義されることもある．式 (1.3) の定義との違いを強調し**不偏分散** (unbiased variance) と呼ばれることが多い．違いは n で割るか，$n-1$ で割るかだけなので，ある程度 n が大きければあまり違いは生まれない．たとえば本文の例の場合，式 (1.5) で計算すれば分散は 0.595 標準偏差は 0.771，式 (1.3) で計算すればそれぞれ 0.590 と 0.768 である．

なぜ (1.5) による定義が導かれたかというと，偏差 $\{d_i = x_i - \bar{x}, i = 1, 2, \ldots, n\}$ の間には常に $d_1+d_2+\cdots+d_n=0$ の関係が存在するからである．$n-1$ 個の偏差が定まれば残り 1 個の偏差は定まってしまうため，実質的に値が自由なのは $n-1$ 個の偏差だけになる．これが $n-1$ で割る理由である．さらに厳密な議論をするには，それなりの準備と仮定が必要であるが，すくなくともデータの広がりを表す代表値としては，定義さえ明記すればどちらを使ってもかまわない．極端に記録数が少ないときには，代表値を用いること自体にあまり意味がなく，直接データそのものを議論したほうが早い．なお，R の関数 var, sd では特に指定しない限り，式 (1.5) で計算しているので注意が必要である．

標準偏差はデータ $x_1, x_2, \ldots, x_n$ の単位を継承するだけでなく，**位置不変** (location invariant)（平行移動で不変），**尺度共変** (scale equivariant)（定数倍で共に変化する）の性質をもつ．[37] つまりデータ x を

$$y_i = ax_i + b, \quad i = 1, 2, \ldots, n$$

でデータ y に線形変換したとき，

$$s(y) = a\, s(x)$$

が成り立つ．

var(), sd()

37) 位置 (location) と尺度 (scale) はデータの概略をつかむための基本的な概念である．本章のデータの代表値は，このいずれかを表す値である．

問題 1.3.9

$$s^2(x) = \frac{x_1^2 + x_2^2 + \cdots + x_n^2}{n} - \bar{x}^2 \quad (1.6)$$

が成立することを示しなさい．

それぞれの値を2乗したデータ $x_1^2, x_2^2, \ldots, x_n^2$ を $\overline{x^2}$ で表すことにすれば式 (1.6) は次のように書き換えられる．

$$s^2(x) = \overline{x^2} - \bar{x}^2$$

さらに

$$\overline{x^2} = \bar{x}^2 + s^2(x)$$

と書き換えれば，**ピタゴラスの定理**（三平方の定理，Pythagorean theorem）[38] に他ならないことが 6.10 節で示される．

[38] 高校教育ではピタゴラスの定理を三平方の定理として教えているようであるが, なぜこんな名前で教えているのだろうか？

データの代表値

大量なデータの様子を少数の値で代表させるとしたら，まず最小値，平均値，最大値で値のレベルを表すのもよい．さらには標準偏差で値の広がりを表すとよい．最小値，平均値，最大値は「位置尺度共変」，標準偏差は「位置不変」と「尺度共変」の性質をもっている．

1.4 偏差値

高校生にとって**偏差値** (standard score) はいつも気になる存在であろう．偏差値は生徒それぞれの成績を相対化した値で，中学校の理科教諭だった桑田昭三氏が 1960 年代に学習指導の道具の一つとして使い始めたのをきっかけに全国に広まった．しかし，この偏差値は，すでに紹介した「データの線形変換」の応用の一つにしかすぎない．すでに見たように線形変換

$$y_i = ax_i + b, \quad i = 1, 2, \ldots, n$$

によって，データ x の平均値が

$$\bar{y} = a\bar{x} + b$$

のように変化し，標準偏差が

$$s(y) = as(x)$$

のように変化する．したがって，適当な a, b を選べばデータ x を任意の平均値，標準偏差を持つデータ y に変換できることになる．

特に，$a = 1/s(x)$, $b = -\bar{x}/s(x)$ に取れば，いつでも $\bar{y} = 0$, $s(y) = 1$ となるように線形変換できる．つまり，

$$y_i = \frac{x_i - \bar{x}}{s(x)}, \quad i = 1, 2, \ldots, n$$

によって，常にデータ y の平均値を 0, 標準偏差を 1 に揃えられる．これは，古くから**データの規準化** (data normalization) として知られている方法であるが，偏差値はこれを積極的に利用して，テストの難易度やクラスの出来の違いを平均と分散という観点から取り除いている．

具体的には 100 点満点のテストを想定して，平均値を 50 に，標準偏差を 10 にそろえる規準化

$$y_i = 10 \frac{x_i - \bar{x}}{s(x)} + 50, \quad i = 1, 2, \ldots, n$$

をしたものが偏差値である．[39]

[39] 原理的には，偏差値は 100 を超えることも，負になることもありうる．

問題 1.4.1 偏差値データ y の平均が 50, 標準偏差が 10 であることを示しなさい．

―― 偏差値の功罪 ――

このような規準化によって失うものも大きい．たとえば $\bar{x}$ と $s(x)$ の値が保存されていなければ，データ y をデータ x に戻すことはできない．つまり，テストのあと，偏差値だけしか知らされなかったら，自分がそのテストでどれだけの得点をし，どれだけ実力を発揮できたのかわからず，何とも味気ないことになる．それだけでなく，クラスの皆がよく出来たらほめるという本来の教育の姿に反して，皆が似たような成績だと，ほんの 1,2 点の差が偏差値には大きく反映してしまい，つまらない競争心をあおる原因になりかねない．また，科目ごとの偏差値を足し合わせて総合偏差値とすることもよくあるが，これは各科目にいつも標準偏差の逆数のウエイトをつけて総合することになる．その結果，標準偏差の大きな科目ほど総合偏差値に占める割合は小さくなり，標準偏差の大きな科目，つまり感度のよいテスト [40] ほど，過小評価されるといったことが起きてしまう．

最近では，テストの成績に限らず何でもまず偏差値に直してからという変な習慣が見受けられるが，そこにはさまざまな危険が潜んでいることをよく認識する必要がある．6.10 節ではこのような規準化をさらに一般的に議論する．

[40] ここでは，生徒の学力の差をどれだけ敏感に反映するテストであったかをテストの感度と呼んでいる．

線形変換は，$a>0$ である限り，データ x_i, $i=1,2,\ldots,n$, の相対的な位置関係を変えないので，相対的な関係に重きがあるときには有効な変換である．テストのように，実施時期により，また問題の難易度により受験者全体の得点が大きく上下したり，出来・不出来が大きく変化しても，このような規準化によってテストごとの「ずれ」や「ばらつきの変化」を吸収できる．

予備校などは，模擬試験を受けた生徒に，どの大学のどの学部を受験し合格したか，合格しなかったのアンケートをとり，同じ入学試験を受けた生徒別に，模擬試験の偏差値データから「80%合格偏差値」なるものを割り出したり，その年の志望状況など様々な要因を加味した「予想偏差値」も割り出し公表している．

第2章 データ分布

平均値や標準偏差によってだけでなく，データの様子をもう少し詳しく調べたいときに役立つのが，データの分布つまり**データ分布** (data distribution) の概念である.[1] では，データの分布とは何だろうか？ データの分布を考えることの意味は何だろうか？ ふたたび『新明解』[42] を参照すれば，分布とは

1. 地域のあちこちに分かれて広がること
2. 何かが同一の空間において，一定の条件のもとに現れるかどうかの状態

とある.

この説明は少々わかりにくいと思うが，要は「何かが分かれて広がっている状態」を**分布** (distribution) と言うようである．したがって，データ分布を調べるとは，データの値がどのように広がっているか，その状態を調べることである．状態を調べるのであるから出現順あるいは観測順は無視することになる．これは，「関係形式の記録の順番に意味があってはならない」という条件とも一致し，データ分布を考えるときの一つのキーポイントとなる．当然，ある変量についてだけのデータ分布を考えるときは他の変量との関係や影響は無視することになる．

本章および次の第3章では，第1章で取り上げた，投げたボールの水平方向の**加速度** (acceleration),

$$a_i = (v_i - v_{i-1})/0.01, \quad i = 3, 4, \ldots, 130$$

をデータ a として取り上げる．すでに図1.5から速度が時間とともに推移していることがわかったが，加速度はどうであろうか？ 図2.1がその垂線プロットである．この図では，加速度は時間の推移つまり観測順とはあまり関係なく変動しているように見える．したがって，このデータの分布を考えることで何か新しい発見があるのではないだろうか？

2.1 1次元散布図

1次元散布図 (one dimensional scatter plot) は，1本の軸上に値を置いただけの簡単な図で，ボールの加速度データ a を1次元散布図で表せば図2.2になる．

[1] 第10章が，本章と密接に関係する．分布という一つの言葉で，データ分布を指すことも，第10章で導入する確率分布を指すこともあるので，混同しないように注意していただきたい．

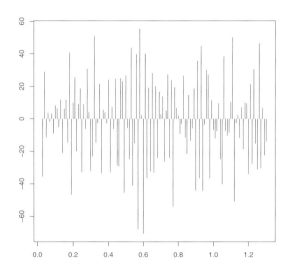

図 2.1 ボールの水平方向の加速度

1次元散布図ではデータの値をその出現順と関係なく大きさの順に白丸で表しており，値の分布状態を直接的に表現している．元になるデータは同じであるにも関わらず，図 2.1 と印象はずいぶん異なる．観測順を無視した表現だからである．この図からすぐわかることは，加速度が平均値 $\bar{a} = -1.998$ あたりを中心に分布し，正の方向にも負の方向にも幅広く分布していることであろう．

`OneDimPlot() {DS}`

図 2.2 1次元散布図

このように，1次元散布図は値の分布状態を眺めるにはもっとも直接的で，次に説明する度数分布表やヒストグラムのように，区分点を変えると異なった印象を与えるといった問題も起きない．データ分布のもっとも素朴な**視覚表現** (visualization) である．

1次元散布図

記録順によらない，データの値の分布状態を調べるための基本的な視覚表現が 1 次元散布図である．

2.2 度数分布表とヒストグラム

1次元散布図は，値の分布状態を眺めるにはもっとも原始的な方法であるが，点の重なりが多いとその細かい様子を探るのが困難になる．そこで登場するのが図 2.3 のような**ヒストグラム** (histogram) である．[2)] ヒストグラムは，実は度数分布表と呼ばれる表 2.1 の一つの視覚表現である．

[2) ヒストグラムは，各階級の上に度数分の高さを持った柱を置いて度数分布表を視覚的に表現したもので，日本語は「柱状図」であるがヒストグラムと呼ぶことのほうが多い．hist()]

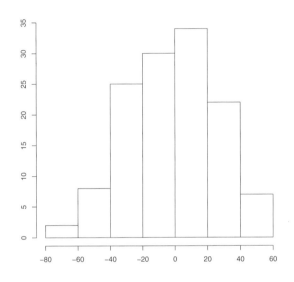

図 2.3 ボールの水平方向の加速度のヒストグラム（階級幅 20）

表 2.1 度数分布表 [3)]

$[-80, -60)$	$[-60, -40)$	$[-40, -20)$	$[-20, 0)$	$[0, 20)$	$[20, 40)$	$[40, 60)$
2	8	25	30	34	22	7

[3) 半開区間 $[a, b)$ は a 以上 b 未満の実数区間 $\{x \mid a \leq x < b\}$ を表す．]

ボールの水平方向の加速度の**度数分布表** (frequency table)　表 2.1 は変量の値の範囲を区間に分け，各区間に入った値の個数を表にしたもので，どのような値が出現しているかが簡潔にまとめられている．各区間を**階級** (class, bin)，階級に入る値の個数をその階級の**度数** (frequency) という．

図 2.3 では**階級幅** (class size, bin size) は 20 で等しく取っているが，必ずしも等幅である必要はない．また，ごく少数の外れた値があるようなときは左端に $(-\infty, -80)$，右端に $[60, \infty)$ のような区間を追加しておくことも多い．また，各区間を左閉・右開区間ではなく $(a, b]$ のような左開・右閉区間にとることもある．

[table(), hist()$count]

ヒストグラムでデータを視覚化するときの最大の問題は，値の範囲をどのような階級へ分割するのか，つまり階級幅あるいは階級数をどう選択するか，である．たとえば，図 2.3 は階級幅 20 のヒストグラムであるが，このデータを階級幅 10 のヒストグラムで表せば，図 2.4 のようになる．このように，同一のデータでも

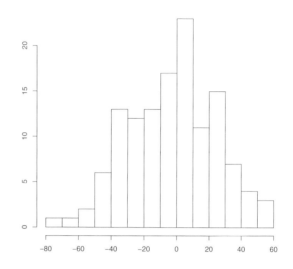

図 2.4 ボールの水平方向の加速度のヒストグラム（階級幅 10）

```
hist(breaks=14)
```

階級幅が異なれば，異なる印象を与えることになりがちである．

ヒストグラムに似たものに**棒グラフ** (bar plot) がある．棒グラフは，さまざまな値について，その度数を棒の高さで表したものである．実は，度数分布表の直接的な視覚表現はヒストグラムではなく棒グラフである．実際，階級をその中央の値，つまり**階級値** (class value) で代表すれば，度数分布表の度数は各階級値に関する度数であり，図 2.5 のような棒グラフが度数分布表の表 2.1 の直接的な視覚表現として得られる．

```
h=hist();
barplot(h$counts,
names=h$mids)
```

[4] 棒グラフの棒が塗りつぶされているのは，各棒がデータの値一つに直接対応しているからである．

棒グラフ[4]とヒストグラムの見かけ上のもっとも大きな違いは「棒の間が空いているかどうか」である．これは，棒グラフでは一つの値に棒一本が対応しているのに対し，ヒストグラムの場合は隣接した値の区間一つに柱一本が対応しているからである．また，棒グラフの横軸には目盛がなく値が記されているだけであるのに対し，ヒストグラムでは「値の目盛り」が記されている．

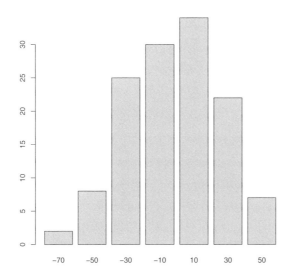

図 2.5 ボールの水平方向の加速度の棒グラフ

― 階級幅の選択 ―

ヒストグラムの階級幅をどう設定したらよいか，歴史的に数多くの研究者によって研究されてきたが，結局のところ定まった答えはない．それはデータの背後にどのようなデータ生成メカニズムを想定するかによって，大きく変わるからである．一般的には階級幅が一定である必要はないが，特段の理由がない限り等幅に設定するのが常識的であろう．そうすれば，階級幅の選択はデータの値の最小値から最大値までの範囲を何等分するかという「階級数の選択」の問題に帰着する．

階級数の選択に関して，もっとも古くから用いられてきた方法がSturges [46] の方法で，記録数 n に応じて $\log_2 n + 1$ 以上の最小整数を階級数とする方法である．たとえば，R の関数 hist はディフォルト (default)[5] つまり特に指定しなかったときには階級数を基本的にこの方法で定めているが，分布の対称性などを考慮し，かならずしもこのままの階級数とはなっていない．たとえば，ここでのデータ例の場合 $\log_2 128 + 1 = 8$ なので，階級数は8になるはずであるが実際には7である．関数 hist では，このほかにもさまざまな階級数選択法が指定できるので試してみるとよい．

---

[5] ディフォルトの本来の意味は（債務）不履行である．指定しなかったことを不履行ととらえ，このような使い方がされるようになった．

もちろん，度数分布表の直接的な視覚表現は棒グラフであるが，データ分布の視覚表現としてはヒストグラムが適切であることに変わりはない．ただし，変量

が個数や回数のように整数値しか取りえない場合，さらには特定の値しか取りえない場合には，ヒストグラムではなく棒グラフで表さないと誤解を招く恐れがある．また，ヒストグラムはあらかじめ値の範囲をいくつかの階級に分けるので，その適用範囲は実数値のように順序がつく場合に限られるが，棒グラフは，文字など記号が値の場合でも問題なく表現でき，縦軸が度数である必要もない，汎用な視覚表現であることには注意しておく必要がある．

度数分布表，ヒストグラム，棒グラフ

度数分布表は，変量の値の範囲をいくつかの区間に分け，各区間に属するデータの値の個数を表にしたもので，データにどのような値が含まれているかを簡潔に示している．ヒストグラムは度数分布表の一つの視覚表現と考えられる．ただし，変量の取りうる値が特定の値に限られるときは，ヒストグラムではなく棒グラフで視覚表現するほうが適切である．

2.3 度数分布多角形

複数のヒストグラムを比較したいときに有効な視覚表現が**度数分布多角形** (frequency polygon) [6] である．度数分布多角形はヒストグラムの柱の頭の中心，つまり座標が（階級値，その度数）で定まる点を折れ線で結び，値の範囲外の両側に高さ 0 の柱が存在するものとして多角形を作成する．図 2.3 と図 2.4 に対応する度数分布多角形を重ね描きすれば図 2.6 が得られる．

[6] 度数分布多角形は多角形なので範囲外の高さ 0 の点は水平線で結ぶが，横軸が高さ 0 の位置に引かれていると重なってしまい判別できない．高校の教科書では，このような図で度数分布多角形を説明していることがあるが，理解しにくいのではなかろうか．

```
h1=hist();
h2=hist(breaks=14);
Fpoly(h1); Fpoly(h2,
add=T, lty=2,
scale=2){DSC}
```

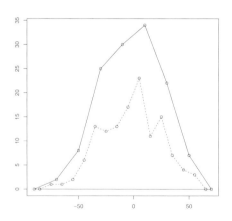
図 2.6 二つの度数分布多角形

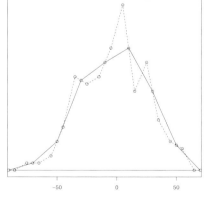
図 2.7 度数尺度調整後

実線が図 2.3 のヒストグラムに対応する度数分布多角形，破線が図 2.4 のヒストグラムに対応する度数分布多角形である．しかし，この図からわかるように，階級幅が 20 と 10 と異なるので，同じ尺度で度数を扱ったのでは適切な比較ができない．階級幅の比に応じて度数の尺度を調整する必要がある．[7]　今の場合，階級幅の比が 1/2 なので，後者の度数を 2 倍して重ね描きしたのが図 2.7 である．このように二つの度数分布多角形を重ねてみると，階級幅の違いは，二つのヒストグラムから受ける印象と比べ，それほどの違いを生んでいないことがわかる．

[7] 度数を記録数で割った**相対度数** (relative frequency) にしても，縦軸の目盛が変わるだけであり，階級幅の違う場合にはやはり度数の尺度調整が必要である．

――――― 度数分布多角形 ―――――
ヒストグラムの両側に高さ 0 の柱が存在するものとして，柱頭の中心を順に折れ線で結んで作られた多角形が度数分布多角形で，複数のヒストグラムを比較するときなどに役立つ．

2.4　ひとこと

ボール投げの実験データについて，ひとこと付け加えておこう．ただし，第 3 章や第 II 部の内容も前提とせざるをえないので，この段階で理解できなくても気にせずに，とりあえずは読み飛ばし，あとでここに戻って理解を深めていただけばよい．

まず，ボールの水平方向の加速度 a の分布に関する代表値は次のようになる．表 2.2 から，加速度は約 $-2\,\mathrm{m/s^2}$ を中心として $-70.523\,\mathrm{m/s^2}$ から $55.301\,\mathrm{m/s^2}$

表 2.2　中心の代表値と値の範囲

$\mathrm{Min}(a)$	$\bar{a}$	$\bar{a}_f$	$\mathrm{Med}(a)$	$\mathrm{Max}(a)$
-70.523	-1.998	-1.875	-2.080	55.301

の範囲に広く分布していることがわかる．実際，広がりを表す代表値も表 2.3 のようになり，これらの代表値自体も $20\,\mathrm{m/s^2}$ から $30\,\mathrm{m/s^2}$ までさまざまな値をとり一致性は決して高くない．ただし $\mathrm{Mad}^*(a)$ は平均値ではなく中央値を中心

表 2.3　広がりを表す代表値

$s(a)$	$s_f(a)$	$\mathrm{Mad}(a)$	$\mathrm{Mad}^*(a)$	四分位偏差
26.354	27.321	30.814	30.704	20.58

とする平均絶対偏差である．なぜこのような事がおきているのか説明するには，ボール投げ実験データの種明かしをしておいたほうがよいだろう．

実はこのデータはRで作った人工的なデータである．鉛直方向のモデルは(1.1)であるが，水平方向には平均 $-2\mathrm{m/s^2}$ の力の横風つまり向かい風が吹いていてその強さが変動しているというモデルを考えている．より具体的には，水平位置 $x_t^{(0)}$ は方程式

$$d\left(\frac{dx_t^{(0)}}{dt}\right) = \mu\, dt + \sigma dB(t)$$

に従うとしている．[8] ただし，$B(t)$ は第10章で紹介するブラウン運動で，$\mu = -2$ である．なお

$$y_t^{(0)} = -\frac{g}{2}t^2 + bt + c$$

で定まる鉛直位置も含め，実際に δ 秒間隔で観測される座標は，測定誤差 $\{\epsilon_k\}, \{\xi_k\}$ を含んだ

$$x_k = x_{k\delta}^{(0)} + \epsilon_k$$

と

$$y_k = y_{k\delta}^{(0)} + \xi_k$$

であるとしている $(k = 1, 2, \ldots, K)$．

したがって，問題の水平方向の加速度データは差分[9]の記号 Δ を用いて

$$a_k = \frac{\Delta^2 x_t}{\delta^2} = \mu + \sigma\frac{B(t+\delta) - B(t)}{\delta} + \frac{\Delta^2 \epsilon_k}{\delta^2}, \quad k = 1, 2, \ldots, K$$

と表されることになるが，右辺の最後の項が曲者である．この項は誤差の2階差分であるが，もとの $\{\epsilon_k\}$ が独立であっても，かなり強い相関を持つ．したがって，このようにして求めた加速度は図2.1あるいは図2.2さらには図2.3からわかるような裾の重い分布をする．これが，広がりを表す代表値が一致性を持たない一つの理由である．さらに詳細は第10章に譲るが，差分という操作を繰り返したとき単純な観測誤差が思わぬ分布状態をつくり出す，よい例になっている．

[8] $\delta = 0.01$ であることを含め，この実験データ生成時のパラメータ値は，関数 Ball(){DSC} の引数のデフォルト値を参照．

[9] 差分に関しては4.3節を参照されたい．ただし $\Delta^2 x_t = \Delta(\Delta x_t)$ は2階差分である．

第3章 データ分布の代表値

すでにデータの代表値として，最小値，最大値，平均値，標準偏差などを紹介したが，これらはいずれも記録順にはよらない値なので，**データ分布の代表値** (data distribution summary) としても利用できる．[1] しかし，分布に特有な代表値もいくつか存在する．ここでは，そのような代表値も含め，**データ分布の中心** (center) あるいは**データ分布の位置** (location) を表す代表値と，**データ分布の広がり** (dispersion) を表す代表値をいくつか紹介する．

[1] 本章の内容は第 II 部のいたるところで用いられる．

3.1 データ分布の中心

分布の中心を示す値といっても一通りではない．もっともよく用いられ数学的にも扱いやすい値が，すでに 1.3 節で紹介したデータの中心を表す代表値である平均値であり，これをデータ分布の中心としても利用できる．

3.1.1 平均値

これまで平均値は「データの値を平に均した値」として解釈してきたが，分布の代表値としては，別の解釈が可能である．1 次元散布図である図 2.2 に平均値を三角形の頂点を重ね描きしてみると図 3.1 が得られるが，実は，平均値はそれぞれの白丸に同じ質量を与えたときの**重心** (barycenter) になっている．[2]

[2] 位置 x_i に質量 w_i の物体があったときの重心は $\sum_i w_i x_i / \sum_i w_i$ である．

図 3.1 ボールの水平方向の加速度の 1 次元散布図の重心（平均値）

問題 3.1.1 1 次元散布図の各点が同じ質量 w を持てば，重心は w によらず一定に定まり，平均値と一致することを示しなさい．

重心の位置で棒を支えれば左にも右にも傾かない．このことは，平均値 $\bar{x}$ が
$$(x_1 - \bar{x}) + (x_2 - \bar{x}) + \cdots + (x_n - \bar{x}) = 0$$
を満たす値であることからもわかる．

一方，度数分布表からも平均値を計算することができる．いま階級値が $a_1, a_2, \ldots, a_r$ で，それぞれの階級の度数が $f_1, f_2, \ldots, f_r$ であるとする．各階級に入るデータの値をすべてその階級値に等しいとみなせば，そのときの重心は
$$\bar{x}_f = \frac{a_1 f_1 + a_2 f_2 + \cdots + a_r f_r}{n}$$
である．これを**度数分布表から求めた平均値**[3] という．

[3] 度数分布表にもとづく平均値の計算は，コンピュータが自由に使えず手計算に頼るしかなかった時代の名残である．このような方法がまだ教科書に載っているのは，元データを**秘匿** (conceal) するため，度数分布表しか公開されないケースを想定してのことなのであろうか．

図 3.2 ボールの水平方向の加速度の度数分布表から求めた平均値

```
h=hist();
DangoPlot(h$mids,
h$counts) {DSC}
```

この平均値を説明するために描いた図が図 3.2 である．この図は，図 2.2 で直線上に置かれていた白丸を，最も近い階級値の位置に積み上げた，いわば「団子プロット」である．どの団子も同じ重さとしたときの重心が，三角形の頂点で示された位置 $\bar{x}_f = -1.875$ にある．ただし，階級幅 20 の場合である．

同じデータから出発しても，度数分布表から求めた平均値と平均値が等しくなるとは限らない．実際，この例では $\bar{x}_f = -1.875$ に対し $\bar{x} = -1.998$ である．度数分布表は，いわば 2 次データで，そこから計算した平均値には当然，誤差が生まれる．しかも，それは階級幅の取り方にも大きく依存する．元の値が保存されていなければ平均値の近似として $\bar{x}_f$ を用いるしかないが，問題 3.1.3 で示されている程度の誤差が生ずることは覚悟する必要がある．

問題 3.1.2
$$\text{Min}(x) \leq \bar{x}_f \leq \text{Max}(x)$$
であることを確かめなさい．

問題 3.1.3 階級の最大幅を h とすれば
$$|\bar{x} - \bar{x}_f| \leq \frac{h}{2}$$
が成立することを示しなさい．

問題 3.1.4 平均値 $\bar{x}$ と同じように，度数分布から求めた平均値 $\bar{x}_f$ も第 1 章で紹介した位置尺度共変性を持つことを示しなさい．

3.1.2 中央値

分布の中心を表す代表値として平均値以外によく用いられる値に中央値がある．中央値は，その両側に同数の値が存在するような値として定義される．形式的な定義としては，値 $x_1, x_2, \ldots, x_n$ を大きさの順に並べたとき，中央の順位にくる値を**中央値** (median) あるいは**メジアン**[4] と呼び，

$$\text{Med}(x)$$

で表す．この定義からわかるように，中央値は，その値からデータの値がどれだけ離れているかは考慮せず，その両側に同数のデータが存在するような値として定義されている．[5]

ただし，値の個数が偶数であると，中央の順位に来る値は存在しないので，中央に並ぶ二つの値の平均値を中央値とする．ボールの加速度データの場合，記録数が $n = 128$ と偶数なので，小さいほうから 64 番目の値 -2.438273 と 65 番目の値 -1.721959 の平均である -2.080116 が中央値 $\text{Med}(a)$ となる．

問題 3.1.5 中央値は，並べ替える順序を昇順にしても降順にしても同じ値になることを示しなさい．[6]

問題 3.1.6 タイ (tie) つまり同じ値が複数存在すると順位は一意的には定まらないが，中央値は，タイの存在にかかわらず一意的に定義されることを示しなさい．

[4] ここでは，高校の教科書に従って「メジアン」と記したが，英語の発音からすると「メディアン」のほうが近いように思う．median()

[5] 中央値は値を大きさの順に並べ替えるので，平均値と同じく記録順にはよらない値である．

[6] ここでは小さな値から順に並べ替えたが，逆に大きな値から順に並べ替えてもよい．前者を**昇順** (ascending order)，後者を**降順** (descending order) と呼ぶ．sort(), rank(), order()

順位と順序

中央値を厳密に式で定義するには，データの値を大きさの順に並べることから始める必要がある．まず値 x_1, x_2, x_n を小さな値から順に $x_{(1)} \leq x_{(2)} \leq \cdots \leq x_{(n)}$ と並べ替える．このように並べ替えたデータは**順序統計量** (order statistics) と呼ばれる．ここで，添字 (1) は $x_1, x_2, \ldots, x_n$ の中でもっとも小さな値の添字である．言い換えれば，第1**順位** (rank) の値が，並べ替える前のデータ $x_1, x_2, \ldots, x_n$ で何番目に位置するかの位置番号（**順序**，order）が添字 (1) の値である．同様に添字 (2) は第2順位の位置番号といったように定義される．

このとき，中央値は，$\frac{n}{2}$ の整数部分を $m = \lfloor \frac{n}{2} \rfloor$ として

$$\mathrm{Med}(x) = \begin{cases} x_{(m+1)} & n \text{ が奇数のとき} \\ \frac{x_{(m)}+x_{(m+1)}}{2} & n \text{ が偶数のとき} \end{cases}$$

のように定義される（記号 $\lfloor \ \rfloor$ については次の囲み記事でより詳しく説明する）．

問題 3.1.7 データが $x_1 = 3, x_2 = 1, x_3 = 5$ のときの順序 $(1), (2), (3)$ を求めなさい．

床関数と天井関数

ここで用いた記号 $\lfloor x \rfloor$ は**床関数** (floor function) と呼ばれる関数を表しており，x 以下の最大整数がその値である．高校では記号 $[x]$ を用い，ガウス記号と呼んでいるようであるが，床関数という名前と記号 $\lfloor \ \rfloor$ のほうがよく意味を表している．なお，ガウス記号という用語自体，世界的にはあまり通用しない方言でしかない．

床関数と対になった関数に**天井関数** (ceiling function) があり，記号 $\lceil x \rceil$ で表す．その値は x 以上の最小整数である．

平均値と中央値はまったく別物のように見えるが，実は，次の囲み記事で紹介するような刈込平均値を考えれば，平均値は刈込率が最小 $\alpha = 0$ の刈込平均値，中央値は刈込率 $\alpha < 0.5$ を最大限に大きく取ったときの刈込平均値であることがわかる．平均値と中央値は，刈込平均値のちょうど両極端に位置している．

`mean(trim=)`

> **―― 刈込平均値 ――**
>
> 中央値は定義からもわかるように，その左側の値，右側の値がどれだけ大きく変化しても変わらないため，極端に大きな，あるいは小さな値があってもその影響を受けないで済む．
>
> スポーツ競技の採点などで，公平性を確保するため評点の最高と最低を除いた平均値を総合評点としているのも考え方としては同じである．このような平均値は一般的に**刈込平均値** (trimmed mean) と呼ばれ，**刈込率** (trimming proportion) $\alpha < 0.5$ の刈込平均値 $\bar{x}_\alpha$ は，両側からそれぞれ割合 α を超えない範囲で，最大個数の値を除いたときの，残りの平均値である．
>
> $$\bar{x}_\alpha = \frac{x_{(\lfloor n\alpha \rfloor + 1)} + x_{(\lfloor n\alpha \rfloor + 2)} + \cdots + x_{(n - \lfloor n\alpha \rfloor)}}{n - 2\lfloor n\alpha \rfloor}$$

問題 3.1.8 $0 \leq \alpha < 0.5$ の範囲の α に対して最大の $\lfloor n\alpha \rfloor$ は，n が偶数なら $\lfloor \frac{n}{2} \rfloor - 1$，奇数なら $\lfloor \frac{n}{2} \rfloor$ であることを示しなさい．また，このとき，$n - 2\lfloor n\alpha \rfloor$ は n が偶数なら 2，奇数なら 1 となることも示しなさい．

問題 3.1.9 データ $x_1 = 3, x_2 = 7, x_3 = 2, x_4 = 1.5, x_5 = 0.5, x_6 = 2$ に対する $\alpha = 0.1$ の刈込平均値を求めなさい．

中央値は，特に変量の値に絶対的な意味がない場合に有効である．たとえば，製品を 100 点満点で評価したとき，評価者によって同じ 90 点でもその意味は大きく異なるだろう．特に 100 点，0 点のような端の評価になればなるほど個人差は大きい．しかし中央値ならば，その値を中心にしてそれより良い評価をした人と悪い評価をした人が同数という条件だけで定まるので，きわめて厳しい評価をしたり甘い評価をしたりする人がいてもその評価の差異による影響は受けない．そういったメリットがあるのがこの中央値である．ただし，平均値を求めるには，基本的に「新しい値が得られたら，それまでの和に加え，その値は捨ててしまってよい」のに対し，中央値を求めるには基本的に「計算の最後まで，すべての値を保存しておく必要」がある．したがって，データが大量になればなるほど計算はその困難さを増す．

問題 3.1.10 $\mathrm{Med}(x)$ は

$$|x_1 - m| + |x_2 - m| + \cdots + |x_n - m|$$

を最小にする m であることを示しなさい．

問題 3.1.11 $\mathrm{Med}(x)$ は

$$\mathrm{sign}(x_1 - m) + \mathrm{sign}(x_2 - m) + \cdots + \mathrm{sign}(x_n - m) = 0$$

の解 m の一つであることを示しなさい．ただし，$\mathrm{sign}(x)$ は $x<0$ なら -1，$x=0$ なら 0，$x>0$ なら 1 を値とする**符号関数** (sign function) である．なお，n が奇数ならばこの方程式の解は一意的に定まるが，偶数の場合は一意的ではない．

問題 3.1.12
$$\mathrm{Min}(x) \leq \mathrm{Med}(x) \leq \mathrm{Max}(x)$$
が成立することを示しなさい．

平均値のときと同じように，**度数分布表から求めた中央値**も存在する．原理的には階級値 $a_1, a_2, \ldots, a_r$ を対応する度数 $f_1, f_2, \ldots, f_r$ だけ重複して作ったデータの中央値を求めればよいのだが，次のように，まず

$$k^* = \min\left\{ k \;\middle|\; f_1 + f_2 + \cdots + f_k \geq \frac{n}{2} \right\}$$

を求めたうえで

$$\mathrm{Med}_f(x) = \begin{cases} a_{k^*} & f_1 + f_2 + \cdots + f_{k^*} > \frac{n}{2} \text{ のとき} \\ (a_{k^*} + a_{k^*+1})/2 & f_1 + f_2 + \cdots + f_{k^*} = \frac{n}{2} \text{ のとき} \end{cases}$$

とするとよい．実際，いま扱っている加速度データの場合，図 3.2 からもわかるように，階級値 -10 までで度数が 65 となり，$n/2 = 64$ を超えているので $\mathrm{Med}_f(a) = -10$ となる．この値は階級幅 20 の影響を大きく受け，$\mathrm{Med}(a) = -2.08$ とは大幅に異なった値となっている．

問題 3.1.13 中央値，度数分布から求めた中央値，刈込平均，度数分布表から求めた中央値のいずれも位置尺度共変性をもつことを示しなさい．

問題 3.1.14
$$|\mathrm{Med}(x) - \mathrm{Med}_f(x)| \leq \frac{h}{2}$$
が成立することを示しなさい．

───── データ分布の中心を表す代表値 ─────

代表値 $\bar{x}$，$\bar{x}_f$，$\mathrm{Med}(x)$，$\bar{x}_\alpha$，$\mathrm{Med}_f(x)$ は，いずれも元のデータに施された定数倍や平行移動をそのまま値に反映する．つまり，中心を表す代表値は線形変換に関して「共変性」[7] を有することが一つの特徴である．

---

[7] **共変性** (equivariant) は「ともに変化する」ことで，何かの変化に対し同じように変化するとき，共変性を有するという．

3.2 データ分布の広がり

分布を代表するには，中心を表す平均値や中央値だけでは不十分で，その広がりを表す代表値も必要になることが多い．広がりは，それぞれの値の中心を表す代表値 m からの離れ具合，つまり**偏差**

$$d_i = x_i - m, \quad i = 1, 2, \ldots, n$$

を元に求められる．データの値をすべてある定数だけ移動しても，中心を表す代表値 m が位置共変性を持っているため偏差は変化しない．したがって，広がりを表す代表値は，いずれもデータの平行移動に関して不変，つまり「位置不変」である．

3.2.1 標準偏差

すでにデータの代表値の一つとして紹介した標準偏差は，データ分布の一つの代表値としても用いられる．平均値が1次元散布図における重心であったのに対し，分散は図 3.3 のように重心を支点として水平を保ったまま棒を回転させるときに必要となる力の大きさを与える**慣性モーメント** (moment of inertia) である．ただし，ここで棒上の各点には単位質量1を等分した質量 $1/n$ を与えている．慣性モーメントが大きければ大きいほど棒を回転させるのに大きな力が必要となる．

分散が0となるのは，すべての点が一点に集中したときで，しかもこのときに限る．標準偏差も，データの代表値の場合と同様に，分散の平方根として定義される．ちなみに，この例の場合，分散 $s^2(a) = 694.553$，標準偏差 $s(a) = 26.354$ である．

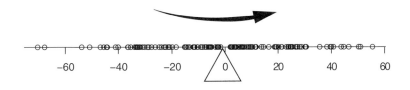

図 3.3 ボールの水平方向の加速度の慣性モーメント（分散）

問題 3.2.1 慣性モーメントの定義を調べ，1次元散布図の各点に同一な質量 w を与えたときの慣性モーメントと分散との関係を求めなさい．

問題 3.2.2 分散が0になるのは，データの値がすべて同じときに限ることを示しなさい．

平均値と同じように，度数分布表から求めた分散や標準偏差も存在する．この場合，各階級に属するデータの値はすべて階級値に等しいとみなして計算することになる．階級値が $a_1, a_2, \ldots, a_r$，対応する度数が $f_1, f_2, \ldots, f_r$ のとき，

$$s_f^2 = \frac{(a_1-\bar{x}_f)^2 f_1 + (a_2-\bar{x}_f)^2 f_2 + \cdots + (a_r-\bar{x}_f)^2 f_r}{n}$$

が**度数分布表から求めた分散**，s_f が**度数分布表から求めた標準偏差**である．なお，$\bar{x}_f$ は同じ度数分布表から求めた平均値である．本書ではデータ x への依存性を明示するため s_f を $s_f(x)$ で表す．ちなみに，ボール投げデータの加速度に関しては $s_f^2(a) = 746.484$，$s_f(a) = 27.321$ となる．

3.2.2 平均絶対偏差

標準偏差の代わりによく用いられるのが**平均絶対偏差**(mean absolute deviance)で，絶対偏差の平均値

$$\mathrm{Mad}(x) = \frac{|x_1-\bar{x}| + |x_2-\bar{x}| + \cdots + |x_n-\bar{x}|}{n}$$

である．標準偏差や分散と異なり，慣性モーメントとしての解釈はもはやできないが，2乗や平方根をとる演算が含まれていないぶん，理解しやすいかもしれない．

なお，問題 1.3.7 と問題 3.1.10 からわかるように，平均値は偏差平方和を最小にする中心の値で，絶対偏差和を最小にする中心の値は中央値である．したがって，平均絶対偏差も，平均値 $\bar{x}$ からの絶対偏差ではなく中央値からの絶対偏差として定義したほうが，論理的には一貫する．実際，R の関数 mad ではディフォルトの中心の値として中央値を用いている．しかし，ここでは高校の教科書に従って，上記のように定義した．ちなみに，中心の値として平均値を用いた場合，$\mathrm{Mad}(a) = 30.814$，中央値を用いた場合，$\mathrm{Mad}(a) = 30.704$ である．

`mad(center=)`

問題 3.2.3
$$\mathrm{Mad}(x) \leq s(x)$$
が成立することを示しなさい．

問題 3.2.4 データ x を $x_1, x_2, \ldots, x_n$，y を $y_1, y_2, \ldots, y_n$ とし，$x+y$ を和 $x_1+y_1, x_2+y_2, \ldots, x_n+y_n$ としたとき

$$\mathrm{Mad}(x+y) \leq \mathrm{Mad}(x) + \mathrm{Mad}(y)$$

が成立することを示しなさい．

標準偏差と平均絶対偏差

上の問題のように，標準偏差に対するのと同じような不等式が平均絶対偏差についても成立するのは偶然ではない．標準偏差が n 次元ユークリッド空間における距離であったのと同様に，平均絶対偏差もまた一つの「距離」になっているからである．もちろん，ここでは標準偏差も平均絶対偏差も中央の値として共通に $\bar{x}$ を用いていることも，この不等式の成立に効いている．

3.2.3 四分位数

標準偏差と平均絶対偏差には，和を取るとき絶対偏差を 2 乗するかどうかの違いしかない．いずれも平均値から正の方向へのずれも負の方向へのずれも同等に扱っているため，分布に非対称性があるときには広がりを表す値としては適当ではない．そこで登場するのが**四分位数** (quartile) である．

中央値からの偏差が負のデータだけを取り出したときの中央値を第 1 四分位数 (first quartile) Q_1，中央値自身を第 2 四分位数 (second quartile) Q_2，中央値からの偏差が正のデータだけを取り出したときの中央値を第 3 四分位数 (third quartile) Q_3 という[8]．つまり，非対称性も考慮した分布の広がりを，中央値から左に位置する値の中央値，中央値，中央値から右に位置する値の中央値の三つの値で表すのが四分位数のアイディアである．図 2.2 に四分位数 $Q_1 = -22.460, Q_2 = -2.080, Q_3 = 18.700$ を描き加えれば図 3.4 となる．このように，1 次元散布図上の点を個数に関して 4 等分する三つの値の組であるので，「四分位数」と呼ばれる．

[8] タイがあるときなども考えると，これは必ずしも厳密な定義ではない．`summary()`

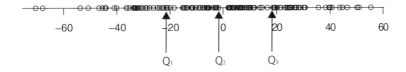

図 3.4 ボールの水平方向の加速度の四分位数

なお，第 3 四分位数と第 1 四分位数の差 $Q_3 - Q_1$ を**四分位範囲幅** (interquartile range) という．範囲幅がすべてのデータのとる値の幅を表しているのに対し，四分位範囲幅は中心部分に位置する半数のデータがとる値の幅である．また，四分位範囲幅を 2 で割った値を**四分位偏差** (interquartile deviation) という．ここで 2 で割っているのは，標準偏差あるいは平均絶対偏差が中心の値から片側へどれ

だけ広がっているか表す値であることに合わせるためである．したがって，四分位偏差も分布の広がりを表す値の一つである．ちなみに，ボールの加速度データ a の場合，四分位偏差は 20.58 である．[9]

---- データ分布の広がりを表す代表値 ----

代表値 $s(x)$, $s_f(x)$, $\mathrm{Mad}(x)$, 四分位範囲幅，四分位偏差のいずれも元のデータに施された平行移動に関して不変であり，定数倍はそのまま値に反映される．つまり，広がりを表す代表値は，線形変換に関し「位置不変性」と「尺度共変性」を持っている．

---

[9] 高校の教科書では，四分位範囲幅を単に「四分位範囲」と呼んでいるが，第 1 章で範囲を範囲幅と呼んだのと同じ理由で，ここでは「四分位範囲幅」と呼ぶ．英語 range でも同じような混乱が起きている．

3.3 データ分布の要約値

データあるいはその分布を簡潔に表現するいくつかの数値の組を **要約値** (summary) あるいは **縮約値** (aggregated value) と呼ぶ．

たとえば，これまで取り上げた代表値をいくつか組み合わせることで，別の要約値を作ることもできる．最小値，四分位数，最大値の五つの値の組はその例で，**五数要約** (five number summary) と呼ばれる．場合によっては，これに平均値も加える．なお，ごく少数の飛び離れた値，つまり **外れ値** (outlier) があるようなときには，そのような情報も補助的に加える[10]．

summary()

[10] 変量の性質がある程度わかっていれば別だが，一般的に「外れ値」を厳密に定義することはなかなか厄介である．第 6 章以降の議論を参照されたい．第 4 章の箱ひげ図で示される外れ値は一つの実用的な外れ値の定義であろう．

また，目的によっては特別な要約値を用いることもある．たとえば，株価など日次の金融データの場合には一日の始値，高値，安値，終値の四つの値が取引には重要なので，これらの値の組を要約値として用いることが多い．4.2 節で紹介するローソク足はその視覚表現の一つである．

また，**変動係数** (coefficient of variation)

$$\mathrm{CV}(x) = \frac{s(x)}{|\bar{x}|}$$

は尺度によらない広がりを表す量で，尺度の異なるデータの広がりを比較するとき，標準偏差の代わりに用いることが多い[11]．ただし，標準偏差は「位置不変，尺度共変」であるのに対し，この代表値は「尺度不変」だけであるので，かなり性格が異なる．ちなみに $\mathrm{CV}(a) = 13.190$ である．

[11] 分母に絶対値をとらない $\bar{x}$ を用いて変動係数を定義していることもあるが，負の変動係数には意味がなく，絶対値をとるのが正しい．

問題 3.3.1 データ $x_1, x_2, \ldots, x_n$ を定数倍しても $\mathrm{CV}(x)$ は不変なことを示しなさい．

さらに，データ x が電圧あるいは音圧のような場合には，**ダイナミックレンジ** (dynamic range)

$$\frac{\mathrm{Max}(x)}{\mathrm{Min}(x)}$$

あるいは，その常用対数をとった

$$\log_{10}\left(\frac{\text{Max}(x)}{\text{Min}(x)}\right) \tag{3.1}$$

も重要な要約値となる．どれだけ小さな振れ幅の波から大きな振れ幅の波まで伝送できるか，再生できるかが電子回路の設計や再生装置の設計で重要だからである．ダイナミックレンジは，変動係数と同じく「尺度不変」であり単位がない**無名数** (dimensionless quantity) であるが，その対数 (3.1) には**デシベル** (decibel, dB) という単位がつけられている．

データ分布の要約値

要約値は，データあるいは分布を簡潔に表現するいくつかの数値の組で，最大値，最小値，平均値，標準偏差の組や五数要約もその例である．どのような要約値を用いるのが適切かは，データ分布の形状にも，その使用目的にも依存して定まる．目的に応じて，さまざまな要約値を開発する必要がある．

3.4　データ例

ここでは，もうすこし読者に身近なデータの例を二つほど取り上げてみよう．

3.4.1　春の訪れ

図 3.5 は，自宅の入口に咲いたさくらの白黒写真である．現在では，写真はフィルムではなくデジタル画像として保存されるのが普通であり，[12)] この写真も縦に 1,535 個，横に 1,965 個並んだ計 2,666,505 個の**ピクセル**（画素，pixel）の輝度で表されたデジタル画像である．通常，**輝度** (brightness) は 0 から 255 までの整数で，0 が真っ黒，255 が真っ白に対応し，これまで議論してきたデータと同じようにこの**ピクセル輝度データ**も扱える．

図 3.6 はこの画像のピクセルの輝度分布，つまり輝度ごとのピクセル数の棒グラフである．輝度 210 近辺の大きなピークは，ちょうど写真の背景の「白い羽目板」部分に相当し，その右の小さなピークが「さくらの白」に相当する．この輝度データ x の「五数要約」は，$\text{Min}(x) = 0$, $Q_1 = 105.0$, $Q_2 = 156.5$, $Q_3 = 206.5$, $\text{Max}(x) = 255$, 平均は $\bar{x} = 156.452$, 標準偏差 $s(x) = 55.387$ である．このデータの場合には，平均と中央値 Q_2 がほとんど一致し，標準偏差も四

[12)] R で画像をデータとして扱うためのパッケージはいくつも存在するが，その一つが http://bioconductor.org から入手できる EBImage である．readImage(){EBImage}

図 3.5 自宅のさくら

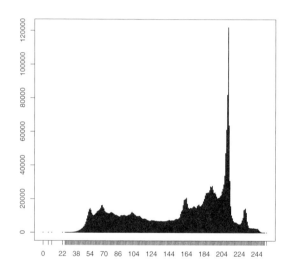

図 3.6 ピクセル輝度の棒グラフ

分位偏差 50.75 とそんなに違わない．これは，このデータ分布の対称性が見かけほど崩れていないからである．

しかし，このような代表値では抜けてしまうデータ分布の特徴がいくつも存在する．最初に注目した大きなピークとその右のピークの存在もそうであるが，実質的な最大値，最小値，たとえば度数が 3 桁を超える輝度の，最小値が 46，最大値が 249 であることなどである．典型的な代表値だけに頼ってデータ分布を表すことの危険性を示している．

一方，写真やディスプレイに表示される画像の重要な特性として輝度（あかる

さ）やコントラストがあるが，これらもデータの代表値にほかならない．実際，この**輝度** (brightness) は平均輝度 $\bar{x}$ で，**コントラスト** (contrast) は

$$\mathrm{Cnt}(x) = \frac{\mathrm{Max}(x) - \mathrm{Min}(x)}{\mathrm{Max}(x) + \mathrm{Min}(x)}$$

である．このコントラストは 3.3 節で紹介した変動係数 $CV(x)$ とほとんど同じ代表値で，分子の標準偏差の代わりに「範囲幅」，分母の平均値の代わりに「範囲の和」を用いているだけである．したがって，コントラストも「尺度不変」な値として画像データに限らず広く用いることのできる代表値である．[13]

コントラストは 0 と 1 の間に収まり，$\mathrm{Max}(x) = \mathrm{Min}(x)$ のときに限り 0，$\mathrm{Min}(x) = 0$ のときに限り 1 である．しかし $\mathrm{Min}(x) = 0$ だと，コントラストが $\mathrm{Max}(x)$ の値によらずいつも 1 になるのは少々不自然である．これを避けるには，たとえば $\mathrm{Min}(x)$，$\mathrm{Max}(x)$ として先に述べたような度数が極端に低い値を除いた実質的な最小値，最大値を用いるような工夫が必要となる．

通常，輝度やコントラストの調整は，1.3 節で説明した「線形変換」によっておこなう．つまり，n を総ピクセル数としたとき，輝度データ x の輝度データ y への線形変換

$$y_i = ax_i + b, \ i = 1, 2, \ldots, n, \ a > 0$$

で輝度やコントラストの調整を行う．この線形変換で輝度は $\bar{x}$ から $\bar{y} = a\bar{x} + b$ に変化し，コントラストは

$$\frac{\mathrm{Cnt}(y)}{\mathrm{Cnt}(x)} = \frac{1}{1 + b/(aM)} \tag{3.2}$$

の割合で変化する．[14] ただし，$M = (\mathrm{Min}(x) + \mathrm{Max}(x))/2$ である．

問題 3.4.1 式 (3.2) を確かめなさい．

したがって，コントラストを変えずに輝度だけを変えるには，$b = 0$ にとればよい．また，コントラストの調整には，ある中心の輝度 m を定めて，その輝度からのずれを定数倍する次のような線形変換もよく用いられる．

$$y_i = a(x_i - m) + m, \ i = 1, 2, \ldots, n \tag{3.3}$$

ここで，$m = \bar{x}$ にとれば a の値によらず常に $\bar{y} = \bar{x}$ で，輝度は変化させずコントラストだけを変化させることができる．また，$m = M$ にとると，輝度は変化するものの，式 (3.2) の値は a と常に等しくなり，パラメータ a とコントラストが直接結びつく．

問題 3.4.2 式 (3.3) の変換で，$m = M$ にとればコントラスト比 (3.2) が a となることを示しなさい．

[13] ここでのコントラストは Michelson のコントラストと呼ばれるもので，これ以外にも，コントラスト比 $\mathrm{Max}(x)/\mathrm{Min}(x)$ などもあるが，分母が 0 になったときなどに困る．

[14] $a = 1$ に固定し，どのピクセルの輝度も b だけ変化させることで「明るさ」の調整をしていることも多い．

しかし，輝度は 0 から 255 までの整数であるので，上のような線形変換をすると値がこの範囲に収まる整数であるとは限らない．そこで実際には

$$\min(\max(y_i, 0), 255), \quad i = 1, 2, \ldots, n$$

のような**クリッピング** (clipping) が行われ，さらに整数に直される．したがって，輝度の変化もコントラストの変化も，上のとおりではないことは注意しておく．[15]

15) 輝度やコントラストの調整には，ここで紹介した以外にも数多くの線形変換が実用されている．興味のある方は調べてみるとよい．

3.4.2 音楽アルバム

図 3.7 はオリコン（http://ranking.oricon.co.jp/sample.asp）から入手できる『音楽アルバムの週間売上数トップ 300』の 2013 年 2 月 4 日付データを，棒グラフで示したものである．横軸にはトップ 300 のアルバムを，縦軸にはその売上枚数を取っている．ランキング 1 位は GLAY の JUSTICE，2 位も GLAY で GUILTY で，ダントツの売上枚数を誇っている．

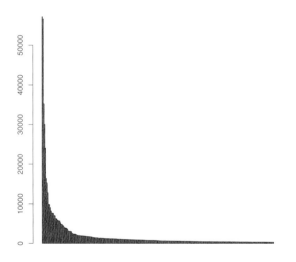

図 3.7　音楽アルバム週間売上数

このランキングデータは，さまざまな意味でこれまで扱ってきたデータと性格が異なる．一つは，この各アルバムの売上枚数が **2 次データ**であることによる．**1 次データ**は，全国の販売店でアルバムが売れるたびに記録されるアルバム名の並びである．[16] その記録の段階では，どの販売店でいつ売れたのかなどという，いくつかの付随する値も存在するはずであるが，それらはこの **2 次データ** (secondary data) を作る段階で捨てられている．

16) 実は 1 次データ以前に 0 次データとも言うべき**生データ**が存在する．第 6 章で一般的に議論する．

この 1 次データをアルバムごとの一週間の売上枚数として集計した値から，この 2 次データは作られている．しかし，アルバム名は数値ではなく自然な順序が存在しないため，棒グラフを描いたりするときには何らかの順序をつける必要がある．たとえば，あいうえお順，発売日順など各アルバム固有の属性で順序をつけるのが一つである．

しかし，このランキングデータでは，事後的に得られた売上枚数でアルバムの順序をつけ，値の並びの順序に意味を持たせている．当然売上枚数は週ごとに入れ替わるので，棒グラフの横軸に置かれたアルバムの順序も一定ではなく，これまで見てきたデータの分布とは趣が異なる．

ランキングデータ

アルバムの売上枚数を例に 1 次データからランキングデータが作られる過程をもう少し詳しく説明しておく．まず，アルバム名，販売店名，売上日付，売上枚数の組 $(x_i, s_i, d_i, y_i), i = 1, 2, \ldots, n$, が 1 次データであるとすれば，これをアルバムごとに集計したデータ $(j, n_j), j = 1, 2, \ldots, k$, がいわば 2 次データである．ただし，$j$ は各アルバムにつけた番号，n_j はアルバム j の一週間の総売上枚数，k は総アルバム数である．ランキングデータは，これを総売上枚数の降順に並べ直した $(l, n_{(l)}), l = 1, 2, \ldots, k$, であり，いわば 3 次データといったほうがよいかもしれない．[17]

また，トップ 300 で打ち切っているので，図 3.7 はもとの売上枚数すべてを反映しているわけではないが，売上の多い順に各アルバムの売上枚数の分布を表した棒グラフであることには変わりはない．この分布の最大の特徴はいわゆる「裾の長い分布」をしていることである．つまり，ランキング下位のアルバムが多数を占める．実際，ランキング 1 位から順に $1, 2, \ldots, 300$ と番号を付ければ，この分布の平均値は 50.66（位），中央値は $Q_2 = 17$（位）と大幅に異なる．ちなみに，第 1 四分位数は $Q_1 = 4$, 第 3 四分位数は $Q_3 = 70$ である．

ここに商売のチャンスがあることを指摘し，Amazon.com などのビジネスモデルを説明したのが Chris Anderson [1] である．この例なら，中央値が 17 であるので，上位 17 位までを売るのと下位 18 位以下を売るのとで，総売上枚数がほとんど変わらないことになる．店舗で販売する場合は，スペースの制約から人気の高いアルバムだけしか置けないが，そのような制約から比較的自由なネット販売なら上位 17 位までではなく，300 アルバムすべてを扱うことにするだけで倍の売上を達成できることになる．あまり売れないアルバムでも，集まればそれなりに売上に貢献し，ビジネスになるということで，売上分布の**ロングテール** (long

[17] 順序の記号 (l) に関しては，3.1 節を参照．

tail) 性として注目されているのも当然であり，ネット社会ならではの現象である．しかし，売れ残り率を考慮したらどうであろうか？

---── 裾が長い，重い？ ──---

いくら裾の長いスカートでも重いとは限らない．素材や縫製の仕方でいくらでも軽くなる．同じように，裾が長い，つまり，音楽アルバムの例でいうと，後の順位まである程度の度数があるのと，裾の総度数がゆっくり減少するのとでは少し事情が異なる．実はこの例は，ロングテールよりは分布の**裾が重い**あるいは**ヘビーテール** (heavy tail) といったほうがよい．このような裾の重い分布の場合には，平均，標準偏差といった代表値があまり役立たないのは，すでに見たとおりである．重心や慣性モーメントは絶対的な値の大きさに依存した物理量で，裾の重さがうまく反映されているとは限らない．特に，今のように値が順位の場合には，順位が倍ならば倍として評価することにあまり意味はないので，なおさらである．このような場合，四分位数がそれなりに役立つが，それでも裾の重い分布の代表値としては少々役不足である．

なお，分布の裾は第 10 章で確率分布の裾として再び登場する．一つの変数の取る値が複数記録されているときの分布状態を確率分布としてモデル化するが，この例の場合のような順位は，データすべてに依存して定まる値であるので，一つの変数のとる値とは見なせない．したがって，ここでの分布は確率分布ではないが，分布状態をつかみたいという目的は同一である．

第4章 箱ひげ図

4.1 ネットワークの応答速度

図 4.1 は，著者の自宅と研究室の間のネットワークの応答時間を一時間ごとに測定した**ネットワーク応答速度データ**の結果である.[1] 自宅で加入している回線は NTT 東日本のフレッツ光ネクストで，2012 年 1 月 30 日（月）から 31 日（火）にかけての測定結果となっている．ネットワーク検証ツール ping [2] で毎時 20 分にパケットを 100 回送り，返答までの時間を連続的に記録した．次の記録例からわかるように，単位はミリ秒である．

```
131.113.xx.x からの応答: バイト数 =32 時間 =9ms TTL=53
131.113.xx.x からの応答: バイト数 =32 時間 =9ms TTL=53
                    ...
131.113.xx.x からの応答: バイト数 =32 時間 =8ms TTL=53

131.113.xx.x の ping 統計:
    パケット数: 送信 = 100, 受信 = 100, 損失 = 0 (0%の損失),
    ラウンド トリップの概算時間 (ミリ秒):
        最小 = 8ms, 最大 = 10ms, 平均 = 8ms
```

箱ひげ図 (box whisker plot) [3] は 3.3 節で紹介した五数要約の一つの視覚表現である．箱で四分位数の位置を示し，そこから両側に伸びたひげで最大値，最小値の位置を示している．また，箱の上端が Q_3，箱の真ん中に引かれた線が中央値 Q_2，箱の下端が Q_1 の位置である．

問題 4.1.1 圧縮ファイル ping.zip の README.txt に従って自分のコンピュータで ping を動かし，R 上にデータ行列 [4] response を作り，図 4.1 に相当する図を描きなさい．

図 4.1 にはこのような箱ひげ図が各時刻ごとに計 25 個描かれている [5]．時刻によっては箱がつぶれて線になっている箱ひげ図もあるが，この図を眺めるだけでもさまざまなことが見てとれる．まず，22 時から 0 時までの分布が他の時間帯に比べて大幅に異なることがわかる．箱が全体に上に位置しており，ひげも

---

[1] 第 7 章で，より高度なデータの可視化を紹介する．

[2] ping という名前は潜水艦のソナーの出すピン・ピーンという音に由来する．

[3] 箱ひげ図は**箱型図**あるいは単に**ボックスプロット** (boxplot) と呼ばれることのほうが多い．`boxplot(range=0)`

ping.zip {DSC}

[4] データ行列は 6.10 節で詳しく解説する．

[5] 図 4.1 を描くのに用いたデータ行列は Ping.data{DSC}である．

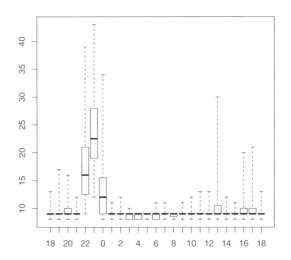

図 4.1 ネットワークの応答時間の箱ひげ図

ずいぶん高い位置まで伸びている．これは，この時間帯には応答速度がかなり低下するだけでなく，そのばらつきも大きくなることを示している．どの家庭でも夕食後，就寝までの間にネットワークにアクセスし，メールをチェックしたり，ネットサーフィンをしたり，ゲームをしたりで，ネットワーク需要が急速に増加するからであろう．特に 23 時台には，下側のひげは 12 までしか伸びておらず，よくても 12ms の応答速度しか確保できていないことがわかる．また，上側のひげに注目すれば，最悪 43ms の応答速度に落ちてしまうことがわかる．

逆にネットワークが空いている時間帯は，午前 3 時，4 時台であり，特に 4 時台では，8ms あるいは 9ms の応答速度が確保できることがわかる．あと，特徴的な時間帯は 13 時，16 時，17 時であり，ちょうど昼食後あるいは夕食前の時間帯に相当する．またこの日はちょうど月末であったので，この日のうちに済ませなければならないオンライン決済が昼休み明けに集中したとも考えられる．

なお，全体を通して最小の応答時間は 8ms であり，これはこのネットワークの能力の上限を示している．また，ping による応答速度の精度は 1ms なので，データの値は整数値に限られるが，そのようなことはこの箱ひげ図からはわからない．

boxplot(),
boxplot(notch=T)

実は，箱ひげ図の描き方は一つではない．図 4.2 は，0 時台の応答時間のデータだけについて代表的な 3 種類の描きかたの違いを示したもので，左がこれまでの箱ひげ図，真ん中が，標準から外れた値がわかるようにひげを最大値，最小値まで伸ばさずに「中央値から上下に四分位範囲の 1.5 倍を超えない最大，最小の

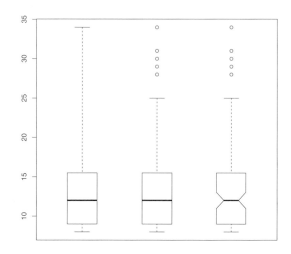

図 4.2 箱ひげ図のバリエーション

値」までで止めた箱ひげ図である[6]．言い換えれば，下のひげの端から上のひげの端までで表される範囲幅は，四分位範囲幅の3倍に収まるデータの範囲に相当しており，四分位範囲幅が中心的な値の半数が収まる範囲であることに留意すれば，その3倍の幅にデータの値がすべて収まると期待するのはごく自然であろう．したがって，ひげの外に落ちたデータを**外れ値**とみなすことが多い．この例では五つの外れ値が白丸で示されており，下側には外れ値がないことを示している．

図 4.2 の右の箱ひげ図は，箱に中央値の位置を中心にした**くびれ** (notch) を入れ，セクシーさを狙っているだけではなく，くびれの開始位置で中央値の 95% 信頼区間を表している[7]．このくびれは，二つの箱ひげ図の中央値が本当に異なるかどうかの判断材料として利用できる．

さらに，記録数が異なるとき，それを箱の幅に反映した箱ひげ図もよく用いられる[8]．図 4.3 は，0 時台に行った 100 回のパケット送信の応答時間を順に最初の 50 回，次の 30 回，15 回，5 回の応答に分けて表示した箱ひげ図である．箱の幅は，記録数の平方根に比例するように描かれている．

この図から，記録数の違いだけでなく意外なこともわかる．つまり，100 回のパケット送信の 1～2 秒の間にも，ネットワークの状況は刻々変化しており，前半ではかなり遅れがあったのに対し，後半ではかなり落ち着いた通信状況になっている．フレッツ光は一本の光回線を複数の家庭で共用する方式をとっているので共用している他の家庭で大きなファイルをダウンロードしたり，優先権のあるビデオ画像などのパケットが通過したりすれば一時的に回線の遅れが大きくなる

[6] boxplot() は特に指定しない限り，図 4.2 の真ん中の形式の箱ひげ図を描く．

[7] 中央値の 95% 信頼区間は母比率の信頼区間の一般論から求まる．

[8] 箱の幅をデータ数の平方根に比例するように描くのは，第 II 部で説明するように，データに含まれる情報量がデータ数の平方根に比例するからである．
boxplot(varwidth=T)

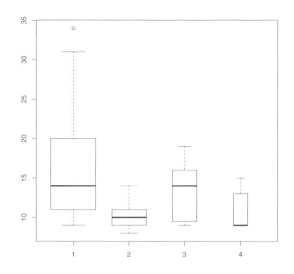

図 4.3 記録数の違いを反映した箱ひげ図

ものの，そのあとは普通に戻るのであろう．

　箱ひげ図の例をもう一つあげておこう．図 4.4 は，3.4 節で取り上げた『音楽アルバムの週間売り上げ数トップ 300』データの箱ひげ図である．左側が，ひげを最大値，最小値まで伸ばした箱ひげ図，右側が外れ値がわかりやすいように，ひげを途中で止めた箱ひげ図である．いずれも箱がつぶれており，売上枚数があまり多くないアルバムが大多数を占めるという「ロングテール性」が一目瞭然である．

箱ひげ図

箱ひげ図は五数要約の視覚表現の一つで，分布の比較には便利であるが，値の精度など細かい点までは表現しきれないので，必要に応じて元のデータに立ち返る必要がある．

4.2　箱ひげ図とロウソク足

　箱ひげ図によく似たものに**ロウソク足** (candlestick chart) がある．ロウソク足は，金融トレーダなどが市場の動向を即座につかめるように工夫された視覚表現で，一日の始値，高値，低値，終値の四つの数値を箱と線で表現している．

　図 4.5 はロウソク足の例をいくつか示したもので，箱の上端と下端で始値と終

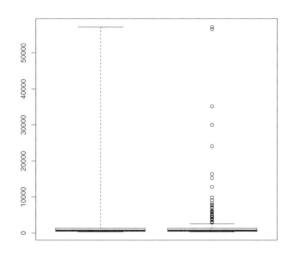

図 4.4 音楽アルバム週間売上数

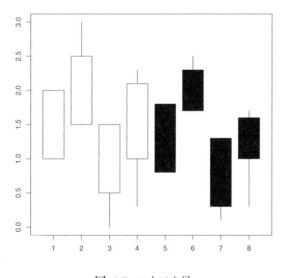

図 4.5 ロウソク足

値のいずれかを表し，ひげで高値（最高値）と低値（最低値）を表している．左から 4 番目の例のように，上と下にひげが伸びれば，ちょうど「ロウソクに足が付いたような姿」になるため，この名前がついた．

　箱ひげ図と異なり，中央値に相当する線は描かれないが，始値と終値のどちらが上で，どちらが下かは，その値の大小によって入れ替わるので，始値が終値より大きければ箱を塗りつぶし，そうでなければ塗りつぶさないことで，その違い

を表している．つまり，ロウソクが塗りつぶされていればその日の相場は下がり調子，そうでなければ上がり調子であることを示している．日々のロウソク足を並べれば，一見して上がり調子が続いているか，下がり調子が続いているかがすぐわかり，さらによく見れば一日のおおざっぱな値動きもわかるようになっている．

なお，上のひげが描かれなければ，高値が始値あるいは終値と一致しており，下のひげが描かれなければ，低値が始値あるいは終値と一致していることになる．たとえば，図 4.5 の右 4 つのロウソク足は下げ調子を表しているが，5 番目のようにひげがなければ，一本調子で「下げ」が続いたことになる．同じように，1 番目のようにひげがなく，塗りつぶされていなければ，一本調子の「上げ」が続いたことを示している．

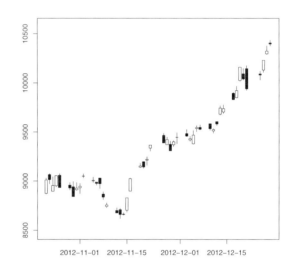

図 4.6 日経平均のロウソク足

[9] 日経平均は日本の株式市場の動向を表す指標の一つで，さまざまな Web サイトから入手できる．第 10 章でも扱う．RosokuAshi(), Nikkei2012{DSC}

図 4.6 は，2012 年 10 月 22 日から 12 月 28 日にかけての**日経平均** (Nikkei 225) [9] をロウソク足で表したものであるが，土日祝日は取引所が休みのため抜けている．11 月 16 日に野田政権が衆議院を解散してから 2 日間は急激な上昇を示し，その後も上昇を続けた結果，12 月下旬には 1 万円を軽く超えていった様子が見てとれる．

さらに細かく見れば，12 月に入って少し足踏みしたあと，12 月 16 日の総選挙で自民党が圧勝すると再び急激な上昇を始めていることがわかる．この間，ほとんどの日で前日の高値を上回る値での取引が続いている様子も見てとれる．また，解散直前 1 週間の下落はかなり急で，前日の値を大きく下回る形で日々取引

が開始されていたことも読み取れる．

　箱ひげ図が頻繁に使われるようになったのは，Tukey [50] による**探索的データ解析** (EDA) の提唱をきっかけにしてであるが，ロウソク足はそれよりずっと以前の江戸時代から米相場の視覚表現として用いられてきた．箱とひげの組合せでデータをわかりやすく表現するという先駆的なアイディアが，他ならぬ日本で生まれたのは誇ってよい事実である．この背景には，大阪・堂島の米市場が先物取引を世界に先駆けて開始していたほど成熟度の高い市場であったことが大きい．図 4.7 のような日本ではなじみ深い，駅やバス停の，各時刻ごとに何分に電

図 4.7 バスの時刻表

車やバスが来るかがわかる時刻表も，電車やバスの到着時刻の概略と詳細の両方を伝えられる優れた視覚表現であるが，Tukey はこれと同じアイディアの図 4.8 のような表示を**幹葉表示** (stem and leaf display) と称し，世界中に広めた．縦棒の左の幹に相当する部分にはデータの値の先頭桁の数字が置かれ，縦棒の右の葉に相当する部分には次の一桁の数字が並んでいる．幹に同じ数字が重複しているのは，葉の数字が 4 以下の場合と 5 以上の場合に分けて表示しているからである．

stem()

　図 4.8 は 3.2 節で扱った『音楽アルバムの週間売り上げ数トップ 300』データの幹葉表示であるが，表中の The decimal point is 4 digit(s) to the right of the | は，小数点が縦棒の 4 桁右にあることを示している．つまり棒の左の数字の右に小数点を置き，その右に棒の右の数字一つを置いてできる小数を

```
The decimal point is 4 digit(s) to the right of the |

0 | 0000000000000000000000000000000000000000000000000000000000000000000000000000000+193
0 | 55556666667788889
1 | 003
1 | 56
2 | 4
2 |
3 | 0
3 | 5
4 |
4 |
5 |
5 | 77
```

図 4.8 幹葉表示

10^4 倍した値が，2 桁の精度で切り捨てたとき該当するデータの値一つを表している．たとえば，最後の行の 5 | 77 は，5.7×10^4 以上 5.8×10^4 未満の枚数，つまり 57,000 枚から 57,999 枚の間の売上枚数のアルバムが 2 アルバムあることを示している．

また，最初の行には棒の右に 0 が 80 個並んでいるが，これは 0.0×10^4 以上 0.1×10^4 未満の枚数，つまり 0 枚から 1,000 枚未満売り上げのアルバムがすくなくとも 80 アルバムあることを示している．この行の右の +193 は，葉として並べきれないアルバムが 193 アルバムあることを示している．[10] 省略されているのは 0 から 4 までの数字であるので，5,000 枚未満売上のアルバム 193 件が表示省略されていることになる．

同じデータの箱ひげ図である図 4.4 と比較してみればわかるように，幹葉表示はヒストグラムの役割を果たすだけでなく，より詳しい値も調べられる単純でありながら優れた視覚表現である．しかし歴史的には日本の時刻表のほうがずっと古い．Tukey の弟子であるベル研究所の研究者 Rick Becker（図 4.9）が著者を訪ねて来日したとき，日本の時刻表をみて大きなショックを受けていたことが思い出される．

日本人のセンス，世界に冠たるものである．データ解析用の計算言語 R や，S-PLUS の元である S の開発は彼らによるものであるが，その開発過程で，ある日本人研究者の大きな寄与があったのも偶然ではない．

---

10) 関数 stem で 1 行に表示できる葉の最大数はディフォルトで 80 になっている．

図 4.9 S 開発の主役のひとり Rick Becker と，彼らを助けた日本人研究者

データ分布の視覚表現

箱ひげ図やロウソク足に代表されるデータ分布の視覚表現は，箱やひげといった単純な部品で必要な情報を表現し，人間の直観に訴えるところにある．したがって，どのような視覚表現が適切かは，データの性格だけでなく，その使用目的にも大きく依存する．

4.3 ひとこと

第10章で紹介するような，株価を代表とする金融データの解析やファイナンス理論の実装にあたっては，**差分** (difference) が重要な役割を果たす．そこで，ここで差分について，すこし説明しておくことにする．第I部の範囲を多少超えるところもあるので，読み飛ばしていただいても構わない．

数列 $x_1, x_2, \ldots, x_n$ の差分[11]には，**前進差分** (forward difference) $y_k = x_{k+1} - x_k, k = 1, 2, \ldots, n-1$, と**後進差分** (backward difference) $y_k = x_k - x_{k-1}, k = 2, \ldots, n$, がある．どちらでも得られる系列は同一であるが，k が時刻などに対応している場合は，前進差分と後進差分では k の扱いが異なる．前進差分の場合は最後の時刻を除き，後進差分の場合は最初の時刻を除くことになる．差分を取ると，ゆっくりした動きは除かれる．たとえば，数列 $\{x_k = ak+b, k = 1, 2, \ldots, n\}$ の差分は定数 a となるので，数列 $x_1, x_2, \ldots, x_n$ に含まれる直線的な動きは動きのない定数となり，除かれる．

また，差分は導関数を数値的に近似する一つの手段でもある．たとえば $0 \leq t \leq 1$ 上の関数 $x(t)$ の導関数 $x'(t)$ は，数列 $\{t_k = k/n, k = 1, 2, \ldots, n\}$ と

[11] 差分をあらわすのに記号 Δx_k が用いられるが，前進差分のこともあれば後進差分のこともある．

diff()

$\{x_k = x(t_k), k = 1, 2, \ldots, n\}$ の差分の比

$$x'_k = \frac{x_k - x_{k-1}}{t_k - t_{k-1}} \tag{4.1}$$

で近似できる．x'_k は $t_{k-1} \leq t \leq t_k$ の範囲の t に対する $x'(t)$ の近似値を与えるが，次に示すように，その中でも真ん中の $t^*_k = (t_{k-1} + t_k)/2$ に対する近似がもっともよい．

実際，二つのテーラー展開

$$x_k = x(t^*_k) + (t_k - t^*_k)x'(t^*_k) + \frac{(t_k - t^*_k)^2}{2}x''(t^*_k) + O((t_k - t_{k-1})^3)$$

$$x_{k-1} = x(t^*_k) + (t_{k-1} - t^*_k)x'(t^*_k) + \frac{(t_{k-1} - t^*_k)^2}{2}x''(t^*_k) + O((t_k - t_{k-1})^3)$$

の差を式 (4.1) に代入すれば，右辺の第1項と第3項それぞれがちょうど打ち消し合い，

$$x'_k = x'(t^*_k) + O((t_k - t_{k-1})^2)$$

となる．[12]

つまり，近似誤差は，高々 $(t_k - t_{k-1})^2$ の大きさになる．もし x'_k を t^*_k 以外での近似と考えると，第3項が残り，大きさ $(t_k - t_{k-1})$ の誤差が残ってしまう．言い換えれば，目的が $x'(t)$ の近似ならば，$t_{k-1} = t - h, t_k = t + h$ のように t_{k-1} と t_k を t を中心にして対称に取ったときの (4.1) がもっともよい近似を与えることになる．

したがって，微分方程式の数値解を求めるときなど，まず導関数を近似する点を定めたら，それらの点を中心にした $t_k, k = 1, 2, \ldots, n$，での差分から，近似を求めるのがよい．このような差分は**中心差分** (central difference) と呼ばれる．いずれにせよ，分点数 n を大きくとり，密に配置すればするほど急速に近似がよくなることは上の式からも明らかである．

---

[12] ここで用いている記号 $O()$ は，10.5節で解説する**ランダウの記号**と呼ばれるもので，相対的な大きさを表すための記号である．

第5章 2変量データ

ここまでは，一つの変量だけに注目してそのデータの分布を考察してきたが，複数の変量を同時に考えてその分布を調べる必要が生じる場合もある．複数の変量を同時に考えるときに現れる，新たな分布の特徴の一つが「変量の相関関係」である．

5.1 変量の相関関係

ここで，ふたたび『新明解』[42] を参照してみると，「相関関係」は

> 一方が変化すると，他方もそれにつれて変化すること

と説明されている．したがって，変量間の**相関** (correlation) とは「値の変化が連動するような変量の関連性」であることになる．ここで「変量の値の変化」とは，記録ごとに変量の値が変化することであり，2変量ならば，散布図上に無視できないパターンが認められることと言い換えてもよい．もちろん，無視できるパターンかどうかは，それなりの枠組みを構築してからでないと軽々しくは論じられないが．

しかし 1.2 節で述べたように，数学では，このような無視できるパターンであるかどうかと関わりなく，散布図上の点の集まりそのものを一括りに「関係」と呼んでいる．これは演繹の枠組みとしては十分であっても，データつまり有限個の点の集まりから，何か帰納するには不十分である．一つには，誤差があるかもしれないことを考慮する必要があるからであり，関連性あるいは傾向がどの程度あるかといった大雑把な知見も，帰納には大いに役立つからである．前者に関しては第8章で「変量間の関係」として，後者に関しては第9章で「変量間の相関」として詳しく説明する．

表 5.1 は講義中に受講生各自の右手の指の長さ（単位 mm）[1] を測らせた**指の長さデータ**で，92 人分の最初の 10 人分を示している．特に，親指と人差指の長さの散布図を描けば図 5.1 のようになる．親指の長さを横軸，人差指の長さを縦軸にとっている．

[1] 5 指の英語名は順に thumb, first finger, second finger, third finger, fourth finger であり，親指が第1指ではない．ちなみに，サムネールは thumbnail つまり親指の爪で，ミニチュア画像という意味でよく用いられるようになった．
Finger{DSC}

表 5.1 五指の長さの最初の 10 記録

	1	2	3	4	5	6	7	8	9	10
親指	60	57	57	55	59	53	63	54	57	50
人差指	70	65	64	68	71	70	65	63	70	70
中指	80	71	72	72	78	80	73	69	75	80
薬指	75	65	67	70	72	73	69	65	72	78
小指	60	51	53	55	57	53	57	53	56	53

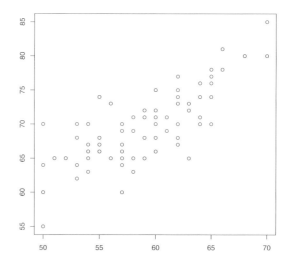

図 5.1 親指と人差指の長さの散布図

　この散布図には確かに無視できないパターンが存在し，大雑把な姿として，正の傾きの直線的な相関関係が見える．このように直線的であるなしを問わず，片方の変量の値が増加すれば他の変量も増加するようなパターンが見えれば「正の相関関係がある」といい，逆に他の変量が減少するようなパターンが見えれば「負の相関関係がある」という．これ以外にも，「相関関係がない」，「相関関係が強い」，「相関関係が弱い」などの言い方もあるが，明確な定義をするにはそれなりの枠組みを整える必要があるので，第 9 章に譲る．

変量の相関関係

値の変化が連動するような変量の関連性を，変量の相関関係という．

表 5.2 2 元度数分布表（相関表）

	[50,54]	(54,58]	(58,62]	(62,66]	(66,70]
(80,85]	0	0	0	1	1
(75,80]	0	0	1	7	2
(70,75]	0	3	16	5	0
(65,70]	11	10	13	3	0
(60,65]	8	6	1	1	0
[55,60]	2	1	0	0	0

5.2　2 元度数分布表と 2 次元散布図

　すでに 2 次元散布図を単に散布図と呼び，データの様子を探る基本的な道具として用いてきた．2 次元散布図は 2 変量データの各記録を平面上に点で表現したもので，各点は二つの変量の値の組を座標とする位置に置かれている．

　2 次元散布図は，平面的な広がりのある分布の概略をつかむにはもっとも直接的で，わかりやすいが，1 次元散布図の場合と同じように，重なりが多くなると分布の詳細をつかむのは困難になる．実際，図 5.1 には記録の数と同じ 92 個の点は見当たらない．完全に重なっている点は一点にしか見えないからである．

　そこで，1 変量のときと同じように度数分布表の形にまとめてその様子を眺めることが考えられる．表 5.2 のような **2 元度数分布表** (two way frequency table) を **相関表** (correlation table) とも呼ぶ．

　すでにご存じのように，度数分布表の視覚表現の一つとしてヒストグラムがあるが，柱を立てて度数を示すヒストグラムの 2 変量版は，思ったほど使いやすくない．影になった部分の様子も含めて全体像をつかむには，視点を変えて眺め回らなければならないからである．それよりも，図 5.2 のような濃淡表現のほうが一覧性に優れている．もちろん，度数分布表の最大の問題である，値の区分次第で見たときの印象が変わる点は，2 元度数分布表でも同じである．

```
hist2d(Finger[,1],
Finger[,2],
nbin=c(5,6),
col=gray(c(1:(90:1)/100)))
{gplots}
```

---

2 次元散布図と 2 元度数分布表

2 変量同時分布の様子を探るもっとも基本的な視覚表現が 2 次元散布図であるが，点の重なりが多くなると，詳細を把握するのは困難になる．そのようなとき，2 元度数分布表あるいはその濃淡による視覚表現を併用するとよい．

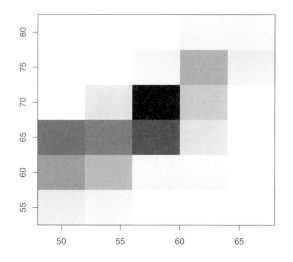

図 5.2 2元度数分布表の濃淡表現

5.3 2変量同時分布の代表値

変量 X と Y の分布状態を同時に考えたときの代表値，つまり 2 変量**同時分布** (joint distribution) の代表値には，当然，それぞれの変量の代表値も含まれる．その上で，2 変量を同時に考えるときに特有な，相関関係の強さを示す代表値も必要となる．

5.3.1 共分散と相関係数

共分散 (covariance) はデータ x，データ y それぞれの値の平均値からの偏差の積和

$$s_{xy} = \frac{(x_1 - \bar{x})(y_1 - \bar{y}) + (x_2 - \bar{x})(y_2 - \bar{y}) + \cdots + (x_n - \bar{x})(y_n - \bar{y})}{n}$$

として定義される値である．これはちょうど分散の定義の拡張になっている．実際，y を x で置き換えれば

$$s_{xx} = s^2(x),$$

x を y で置き換えれば

$$s_{yy} = s^2(y)$$

となる．ここでは記号の混乱を避けるため，2 変量の同時分布を考えるときは，データ x の標準偏差を $s(x)$ ではなく s_x，データ y の標準偏差を $s(y)$ ではなく s_y で表すことにする．

共分散がそれぞれの偏差の積和であることから，直観的には変量の値の変化つまり偏差が同じ方向に連動していることが多ければ正，逆方向に連動していることが多ければ負になるであろうことは理解できる[2]．

また，散布図で言えば原点を平均値の座標 $(\bar{x}, \bar{y})$ にとったとき，第 1 象限と第 3 象限に属する点と第 2 象限と第 4 象限に属する点のどちらが優越しているかが共分散の正負を定めるであろうことも直観的には理解できる．

しかし，共分散の正負は偏差の積の符号だけで決まるわけではなく，その大きさの大小も関係するので，話はそう簡単ではない．共分散は関係の深さを測るための，偏差の正の積和と負の積和のバランスから導かれる一つの指標として理解しておくとよい．

さて，共分散は x, y の位置移動に関し不変であるが，尺度変換に関して不変ではない．相関関係の強さとしては，尺度に依存する共分散は不都合なことが多いので，それぞれの標準偏差 s_x, s_y で割った**相関係数** (correlation coefficient)

$$r = \frac{s_{xy}}{s_x s_y}$$

を相関関係の強さを表す代表値として用いることが多い．

[2] 共分散が 2 変量同時分布の代表値の一つとして用いられるのは，標準偏差が n 次元空間での偏差の位置ベクトルの長さであったと同じように，共分散は二つのベクトルの内積に，相関係数は，そのなす角度の余弦に対応するからである．第 9 章を参照．

問題 5.3.1 r は位置尺度不変性を持つことを示しなさい．

問題 5.3.2
$$|s_{xy}| \leq s_x s_y$$
が成立することを示しなさい．また，等号が成立するのは x と y が線形関係にあるときに限ることを示しなさい．

問題 5.3.2 から，相関係数 r は $-1 \leq r \leq 1$ の範囲の値をとることがわかる．ちなみに，親指と人差指の共分散は 17.6335，相関係数は 0.7348 である．

親指の長さを X，人差指の長さを Y としたとき，2 変量 X, Y の同時分布の代表値は，たとえば

$$\bar{x} = 58.8043, s_x = 4.7584, \bar{y} = 69.8695, s_y = 5.0431, r = 0.7348$$

となる．この場合，共分散 s_{xy} は，s_x, s_y, r からいつでも計算できる値であるので，代表値としては不用である．

問題 5.3.3 まず，不等式
$$(x_1 + y_1)^2 + (x_2 + y_2)^2 + \cdots + (x_n + y_n)^2 \leq 2(x_1^2 + x_2^2 + \cdots + x_n^2 + y_1^2 + y_2^2 + \cdots + x_n^2)$$
が成立することを確かめたうえで，
$$s_{x+y}^2 \leq 2(s_x^2 + s_y^2)$$
を導きなさい．ただし，s_{x+y}^2 はデータ x とデータ y を足し合わせたデータ $x+y$ の分散である．また，等号が成立するのは相関係数 $r = 1$ のときに限ることを示しなさい．

---- **2変量同時分布の代表値** ----

二つの変量を同時に扱ったときの分布の代表値として新たに必要になる値が，相関関係の強さを示す指標である．よく用いられる指標として相関係数があるが，これは相関関係のごく限られた側面を表す値にすぎないので，あくまでも一つの目安と考えたほうがよい．

第 II 部

データサイエンス

　第 II 部はデータから新たな価値を生み出すデータサイエンスの基本を理解していただくことを主要な目的とする．データの背景に潜む現象をうまく浮かび上がらせ，データの価値を最大限引き出すためには，第 I 部で身に着けたデータリテラシーが大いに役立つ．また，解析しやすいようデータを整えたり，データの概略をつかみ解析の方向性を見極めるにも，データリテラシーの高さがものをいう．

　第 6 章はデータサイエンス入門である．データサイエンスとは何かから始め，その実践にあたっては，どのような知識や経験が必要になるか，さまざまな側面から解説する．第 7 章は個体の雲の探索である．データの雲も個体空間で眺めるか変量空間で眺めるかによって見えるものが違ってくる．ここでは，主に個体空間で眺める．このような探索によって，データの様子がある程度つかめてくれば，次の解析のストラテジーもはっきりさせられる．第 8 章は変量間の関係である．変量の間の関係をつかむことが，より的確なモデリングに結びつく．

　そして，第 9 章は変量間の相関である．相関は，関係のようなはっきりしたものではなく，一種の傾向，つまり関連性でしかないが，見当をつけるには大いに役立つ．最後の第 10 章は確率モデルに進む．まったく異なるデータであっても，同じようなアプローチでその裏に潜む現象をモデリングできるのが，確率モデルの特徴である．地震データと株価データを中心に確率モデルの理解を深める．

紙幅の関係で，ここではごく初歩的なモデルしか紹介できなかった．データの多様性を反映しモデルも多様である．また，日々新しいモデルが生み出されている．それらを整理した形でのデータサイエンスの実践は別の機会にゆずりたい．

　モデルは数式による表現である「数理モデル」の形をとることが多く，線形代数，微分積分，確率論などの基本的な数学の利用は避けられない．データを解析することで何かを明らかにしたいと思っていても，数学は苦手で敬遠したいと思っている方も多いのではないだろうか．

　そこで，本書では第9章の前半までは線形代数の知識だけで理解できるよう配慮した．もちろん，線形代数を使わなくても説明は可能であるが，そのことによる煩雑さ，見通しの悪さを考えれば，線形代数を使うことのメリットは大きい．たとえば，基底の概念や射影の概念を理解してしまえば，最小二乗法の理解も容易となる．しかし，それを避けることで，あまり本質でない計算に煩わされ，直観的な理解にまで至らない恐れのほうが大きい．直観的な理解なしで，複雑で大規模なデータ，いわゆるビッグデータに取り組んでも途方に暮れるだけであろう．その意味でも，この機会に線形代数にも慣れ親しんでいただければと念じている．

　この第II部で展開される様々な実際問題とそのデータ解析，そこに現れるモデルの楽しさを実感していただくことで，数学の面白さ，強力さも再認識していただくきっかけをつかんでいただければ，これに勝る幸せはない．数学は厳密さも重要であるが，「数式から問題の本質をつかめるようになること」，「自分が創り上げたモデルを数式で表現できるようになること」のほうがもっと重要である．

　本書は，第I部を前提知識として，大学あるいは大学院の教科書としてして使うこともできるように構成されている．すでに確率論を習得している学生が対象ならば，最後の第10章から始めランダムな現象のモデルの実際を理解させたあと第6章に戻り，実際のデータ解析が確率論の枠組みだけで片付くわけではないことを，学生に理解させることができれば，真のデータサイエンティスト育成コースとなることであろう．その結果，第7章から第9章までの内容も，より深く理解できるようになるに違いない．

　社会人の方が自習するときには，まず第7章までを読み進み，必要に応じて残りの章を読むとよい．実データを用いた例や演習問題が理解を深めるのに役立てば幸いである．

第6章 データサイエンス入門

　第 I 部は「データ分析」と題して話を進めてきた．これは，高等学校の「数学 I」の単元名にならったからであるが，再び『新明解』[42] を参照してみれば，「分析」は「単純な要素にいったん分解し，全体の構成の究明に役立てること」とある．これからすると，第 I 部は，データをいくつかの単純な要素に分解する「データ分析」の初歩的な道具である代表値や箱ひげ図，散布図と相関係数などを，断片的に紹介したにすぎない．第 II 部は，これを更に発展させ，効果的なデータ解析 (data analysis) によって新たな価値を生み出す，データサイエンスの実践を目標とする．[1]

解析

数学の研究分野の一つに **解析学** (analysis) がある．この名前の由来は，一つの関数を無限個の項の和に分解し，研究するところにある．もちろん，解析学は単に関数を分解するだけでおしまいではない．その無限個の項のうち，どの項まで注目すれば全体を説明するには十分か，また，そのために必要な条件は何かを探り，それらをまとめあげることで，その関数の性質を明らかにしようとする．データ解析も同様で，データをいったん単純な要素に分解し，どの要素が，その背後にある **現象** (phenomenon)[2] のどの部分をどれだけ説明できるか探り，それらをまとめあげることで，全体像を明らかにする．したがって，データ分析とデータ解析の違いは，簡単に言えば，要素に分解したままで済ませるか，さらに現象の解明にとって重要な要素だけを抜き出し，まとめ上げるところまで進むかどうか，であるといってもよい．

　まず，本章では，データ解析を効果的に行うためには欠かせない **データサイエンスの枠組み** (framework of data science) と，その背景を説明する．なお，以下では，わかりやすさを優先して，数学としては欠かせない細かな条件を，必ずしも明記していないので，必要に応じて，巻末に掲げた専門書 [16, 17, 21, 37, 47] などを参照するなどして補足していただきたい．

[1] データサイエンスあるいはデータサイエンティストという言葉で，具体的に何を表しているかについては，6.4 節，6.5 節を参照されたい．

[2] ここでの **現象** は，「起きていること」の総称である．物理現象，化学現象などに限らず，製品の製造，販売，病気，犯罪など社会現象，経済現象など，すべての現象を含む．

6.1 データに語らせる

データから何かを引き出すには，データに「語らせる」ことが重要である．データを現象の放つ光と思って，じっくり眺めているうちにデータは語り始める．眺めるといっても，「こだわり」を捨てなければ本当の姿は見えてこない．こだわりの中には，特定の理論や特定の手法などに対するこだわりも含まれる．データと対峙することで得られる最大の収穫は，自分の思っていたことが，果たして本当か，単なる思い込みだったのかが判明することであろう．このときこそが，霧が晴れたという感動を味わえる貴重な一瞬である．山登りと同じで，データサイエンティストは，この瞬間が忘れられなくて，また新たなデータと格闘し始めるのかもしれない．データと真摯に向き合うことが，データからの新たな発見や価値の創造への近道であることは，ぜひ心に留めておいてほしい．[3]

現象の放つ光を注意深く眺めれば，自然と，それをどう料理したらよいか見えてくる．レシピにしたがって，決められた手順で調理するのも一つの料理ではあるが，それではプロの料理にはならない．素材の味を生かす創意工夫があってこそプロの料理と言えるに違いない．素材の味を生かす料理は「データの背後にある現象をうまく浮かび上がらせる工夫」に相当する．

とはいえ，料理にしてもデータ解析にしても，まずは決められたレシピをこなすことから始め，次第に腕を上げていくしかない．第II部は，そのようなレシピのいくつかを紹介できたらという思いで執筆した．あとは，読者諸兄姉が精進して腕を上げ，皆を感動させるようなデータ解析ができるようになれば本望である．ぜひ，データ解析のプロを目指してほしい．

プロは誇りをもって仕事をする．**データサイエンティスト**もさすがプロといわれるような仕事をしてほしい．[4] プロの料理人は，包丁，なべ，オーブンなど道具の使い方を熟知した上で，肉，野菜，魚，米などの材料を吟味し，砂糖，塩，酢，醤油，こしょうなどの調味料をうまく使い，お客をうならせる料理を出す．データに語らせるのも同じで，食材がデータに変わるだけである．

6.2 ストラテジー

データの背後に潜む現象を何もかも明らかにしようとしたら，いくら時間と費用があっても足りない．いつも，どのような切り口で解析するのか，どこまで掘り下げるのか，といった**ストラテジー**（戦略，strategy）を練り直しながら進める必要がある．特に**ビッグデータ** (big data)[5] の場合には，周到かつ大胆なストラテジーが欠かせない．さもないとデータの海に溺れてしまいかねない．塩野七生氏の著書 [45] の一文を引用させていただけば，

---

[3] データと対峙する過程で「データに裏切られた」と思いたくなることがしばしばある．データに照らし合わせたら，当初の見込みに対して否定的な結論しか出てこない．こんなときデータに裏切られたと思いたくなるのも人情ではある．もちろんデータが裏切ったわけではない．見込み違いだっただけである．

[4] データはだれでもその気になりさえすれば解析してみることができる．これはちょうど，包丁やなべさえあれば誰でも料理を始められるのに似ている．電子レンジだけでも料理できる時代になったからこそ，プロの料理人の腕が光ってくる．

[5] 英語の big には，規模が大きいだけでなく，重大な，重要な，大変なという意味も含まれている．このように理解しないと 2012 年 3 月の米国のオバマ大統領の教書「Big Data Initiative」の真意も理解できないであろう．

6.2 ストラテジー

情報とは，量が多ければそれをもとにして下す判断もより正確度が増す，とは，まったくの誤解である．情報は，たとえ与えられる量がすくなくても，その意味を素早く正確に読み取る能力を持った人の手に渡ったときに，初めて活きる．

しかし，知らず知らずのうちに蓄積されたデータの場合には，そこから何がわかるのかさえ見当がつかないことも多い．そのような場合には，まずデータがどこにどのような形で存在し，管理されているのかをよく把握した上で，ていねいなデータの**ブラウジング** (browsing) [6]) を重ね，ストラテジーを練りあげるしかない．

このブラウジング自体，戦略的に行う必要がある．特に，対象とするデータが大規模で複雑に絡み合っている場合には，その絡み合いを解きほぐしながら様子を探っていかねばならず，利用できる記録すべてをブラウジングの対象にしたら途方に暮れるのが落ちである．

すでに第1章で述べたように，適切な変量を導入し，データをうまく組み立て上げることが，絡み合いを解きほぐすための第一歩であるが，その結果，いくら記録数が多くても，扱いやすい大きさの記録に**サンプリング**すれば十分であると判明することも多い．そうなれば，いくら**ビッグデータ**であっても，その記録数の多さに時間と手間をとられずに，肝心の解析を，より一層深めることができる．6.8.1 節にサンプリングの例を掲げておいたが，サンプリングの効用の詳細は別の機会にゆずりたい．

どのような場合でも，効果的なストラテジーの確立には，具体的な目標設定が欠かせない．6.4 節で述べるように，データサイエンス実践の目的は，データからの新たな価値の創造，いわば宝を見つけ出すことであるが，何が宝なのかはっきりさせないと，見当はずれのストラテジーを立てることになってしまう．たとえば，砂漠では宝石よりも水のほうが貴重であるし，石炭が黒ダイヤと呼ばれ貴重視された時代もあった．価値は時代により状況により変化する．したがって，何がわかれば新たな価値といえるのか，それをどう利用するのか，といったことまで見通した上で，ストラテジーを作成する必要がある．[7])

特に，データの背後にある現象がどんなものかわかればよい場合と，将来まで見通したい場合とでは，その目標設定は大きく異なる．前者ならば，次々と浮かびあがる「なぜ」に何らかの答えを見出していけばよいが，後者の場合は，いわば，データという「過去から現在に至るまでの光」から，「将来それがどのような光を放つことになるのかを予測し評価する」ことであるので，単に「なぜ」に答えを出していくだけではすまない．まず，その予測の評価基準を明確にした上で，それに合ったストラテジーを立てる必要がある．

---

[6]) ブラウジングは牛などが草を食べ歩く様子を示す言葉である．転じて「本などにざっと目を通す」という意味でも使われている．ブラウザ (browser) はこの動作を助けるものであり，今日ではウエブブラウザ (web browser) としてなじみ深い言葉になっている．

[7]) かといって，検討を重ねすぎるのも考え物である．ある程度の検討が済んだら，直観や想像力を信じ，先に進むのがよい．ストラテジーはいつでも練り直せばよいのである．

おおまかなストラテジーさえ確立できれば，データの整合性をチェックし，追加データが必要ではないかなどを調べ，不必要なデータを削り，解析しやすい形にデータを整える，いわゆる**クリーニング** (cleaning) あるいは **クレンジング** (cleansing) とよばれる作業に入る．この作業は，実際にデータ解析に携わったことのある方なら誰でもが痛感するように，実に手間のかかる作業である．データの取得から新たな価値の創出に至るまでの時間の，半分以上がこの作業に費やされることも珍しくない．よく教科書で例題として取り上げられるような，**きれいなデータ** (organized data) だけを扱えばすむのは，むしろ稀で，誤り，不整合，欠損，不定形，冗長，不明確など，ありとあらゆる問題が潜んでいる**きたないデータ** (disorganized data) を扱わなければならないのが普通である．[8]

クリーニングの作業では，問題を地道に一つずつ解決していくしかないが，そのような経験をシステマティックに蓄積することで，この作業をすこしでも助け，時間を短縮することができないかという思いで始めた研究である DandD については，6.8 節で紹介する．

いずれにせよ，ブラウジングや解析の初期段階では，こだわりを捨て，データを様々な角度から，無心に眺めることが肝心である．そのことで，「解析者の直観」が研ぎ澄まされてくる．その結果を形にするのが，次節で述べる「モデル」である．モデルは，先に述べたように，データを眺めるレンズの役割も果たす．うまいモデルさえ導入できれば，それまでおぼろげであったことが，より鮮明に浮かび上がってくる．

---- ストラテジー ----
データサイエンスの実践にあたっては，いつも，どのような切り口で解析するのか，どこまで掘り下げるのか，といったストラテジーを，よく練り直しながら進める必要がある．さもないと，データの海を漂い，溺れてしまうことになりかねない．適切なストラテジーの確立には，具体的な目標設定をおこなった上で，さまざまな角度から，データを無心に眺め廻すことが欠かせない．

[8] といいながら，本書でも例題として取り上げられるのは，わかりやすさを優先し，ある程度きれいなデータに限っている．

[9] 第 I 部で紹介したさまざまなデータの代表値は，モデルを構成する基本要素ではあるが，モデルは代表値だけでは表せない部分まで表現する．建物でも，面積からだけでは，それが住宅なのかオフィスなのかまではわからないが，模型をみれば一目瞭然である．

6.3 モデル

モデル (model) の日本語は「模型」である．[9] 本物が大きすぎたり，高価だったりして，そのまま扱うのが困難なとき，その代わりの役目を果たすのが模型である．模型というと，プラモデルや模型飛行機，建築模型などを思い浮かべる方も多いかもしれないが，たとえば「地図」も立派な模型である．街を実際に歩い

て説明するとしたら大変なことも，地図を一枚広げて説明すれば済む．

しかし，同じ街の地図といってもさまざまである．国土地理院の地図と道路地図や観光案内用の地図では，その様子がずいぶん異なる．国土地理院の地図は方角や大きさが正確でなければならないが，道路地図や観光案内地図は正確さより，ドライバーや観光客にわかりやすいほうが優先される．

これから紹介するモデルも基本的には同じである．データの背後にひそむ現象は，そのままでは複雑すぎたり，調べ尽くすには莫大な時間と費用がかかることが多い．そんなとき，代わりの役目を果たすモデルつまり模型が役立つ．もちろん，地図の例を思い浮かべていただけばわかるように，どのようなモデルがよいかは，その目的によって変化する．特に，モデルを創り出す段階で，ぜひ心に留めていただきたいことは，「必要以上に複雑なモデルを作らないほうがよい」という**ケチの原理** (principle of parsimony) である．

―― ケチの原理 ――

ケチの原理は**オッカムの剃刀** (Ockham's razor) とも呼ばれるもので，「ひとつのモデルで何もかも説明しようとするな．単純なモデルで説明できればそれに越したことはない」という一種の精神論である．たしかに，複雑でファンシーなモデルは魅力的ではあるが，表現できた気がするだけで，あまり意味のない結果に終わる可能性のほうが大きい．特に，限られたデータから帰納するときには，そのデータの含む情報量に見合った複雑さのモデルである必要がある．

もともとスコラ哲学にあった原理であるが，14世紀の哲学者・神学者のWilliam of Ockham が神学論争の上で多用したことで有名になり，オッカムの剃刀と呼ばれるようになった．つまり「同じことを説明しようとするなら，複雑な仮説よりも単純な仮説のほうがよい」がケチの原理であり，オッカムの剃刀である．

なお，データサイエンスにおけるモデルは，物理モデルや経済モデルのように確立された法則を表すだけのものとは限らない．データから何か新しいことを発見する助けとなるレンズの役割を果たすモデルから，法則というまでは成熟していないが，発見した関係や事実を汎用に記述する手段としてのモデルに至るまで，データサイエンスでは，さまざまなタイプのモデルが登場する．

図 6.1 は，現象，データ，人間，モデルの間の関係を表したものである．現象からデータ，そして人間に至る矢印で示されているように，人間は現象をデータを介して理解するしかない．しかし，データは現象のある側面を語っているにす

ぎない．人間は，そこから創り出したモデルによって，現象の，ある側面を近似

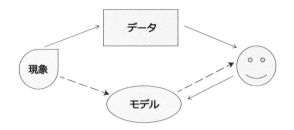

図 6.1 データからモデルを創り出し，それを介して現象を理解する．

的に理解できるだけであることは，データサイエンスの一つの基本として，理解しておく必要がある．

データからモデルを創り出す手順，つまり図 6.1 の，人間からモデルへの矢印で示された**モデリング** (modeling) は，次のような 4 ステップから成る．

1. 現象のどの側面をモデリングしようとするのか，目的を絞る．
2. そのために必要な情報がデータにどの程度含まれているのかを見極める．
3. 創り出したモデルが，どの程度の近似になれば十分なのか，その水準を設定する．
4. モデルを創り出したら，そのモデルがどれだけ役立つか，理解が容易かを，冷静に判断する．

2 番目のステップの「必要な情報がデータにどの程度含まれているか」は定性的な表現でしかないが，データ解析をしていると，どうしても**データの質** (data quality) が気になってくる．

データの質

データの質は，そのデータが現象のさまざまな側面を，どれだけよく反映しているかで決まる．したがって，ある側面では質の高いデータでも，別の側面では質が低いこともありうる．そのデータが，どんな側面からみても現象をうまく反映してないならば，それはゴミでしかない．「うまく反映」を厳密に定義するのは難しいが，大雑把にいえば，データが，現象をどれだけ偏りなく反映しているか，どれだけ正確に反映しているかである．たとえ，大量の記録があっても，偏りが大きければ，それを補正する確かな手段が見つからない限り，その価値は大幅に減ずる．

さまざまな角度からいくら解析しても何も見えてこない．そんなときは，適当な結果でこじつけるよりは勇気をもって「このデータからは何も確かなことは言えません」と言うことが大切である．[10] つまり「このデータから何々が言えた」と同じくらい「このデータからは何も確かなことは言えない」という結論も価値がある．ただし，どうして何も言えないのかについて合理的な説明は欠かせない．それがなければ誰も納得しないからである．しかし，その説明さえはっきりしていれば，その後の解析の方向を再検討したり，より情報量の多いデータを取り直したり，探したりする契機となり，それまでの努力は無駄にならない．

[10] カリフォルニア大学の John Rice 教授に「このデータからは何も言えないという結論も重要な結論だよね」と言われ，同感だったことを思い出す．

モデル

一般的に，モデルは本物をそのまま扱うのが困難なとき，代わりの役目を果たすものである．データサイエンスのモデルは，すでに確立した法則を表すものだけとは限らない．データから何か新しいことを発見する助けとなる，レンズの役割を果たすモデルから，法則というまでは成熟していないが，発見した関係や事実を汎用に記述する手段としてのモデルに至るまで，さまざまなモデルが登場する．

6.4 データサイエンス

データサイエンス (data science) は「データを対象とした科学」である．科学は「なぜ」という疑問から出発し，その答えを見出すことに努力を重ねる．また，その過程で，何らかの発見があることも期待している．したがって，データサイエンスは，「抽象的なデータ」を対象とするなら，データをどう認識すればよいか，どう扱えばよいかといった，一般的な「なぜ」に答えることになるし，「具体的な個々のデータ」を対象とするなら，その背後にある現象に関する「なぜ」に，どのようにしたら，データを通して，うまい答えを見つけられるかも研究することになる．したがって，データサイエンスは

データから新たな価値を創出する科学

と定義するのがよいだろう．[11] 新たな価値の中には，発見とまではいかないような，数々の「なぜ」という疑問に対する答えも含まれる．データから生まれた「なぜ」に対する答え，つまり原因を見出そうとするのは，なにも知的好奇心からだけではない．何かおかしなことが起きたとき，原因さえつかめていれば，そこに変化があったのではないかと調べることで，すぐ対処できるが，原因がつかめていなければ手の打ちようがない．後の祭りである．

[11] これとほぼ同じデータサイエンスの定義が Wikipedia 英語版にも見受けられる．

データサイエンスに対比するものとして**データエンジニアリング** (data engineering)，つまり「データの工学」があるが，一般的に，工学は何か目標を定め，それを「実現する」ことが目的である．それに対し，基本的に，科学は「なぜ」という疑問に対する答えを見つけることが目的である．こうした，科学と工学の立場の違いは，あまり表立って議論されることは多くないが，データに取り組むときの姿勢には大きく影響する．

たとえば，データから，売上増につながる販売方法を見つけたいとしよう．データサイエンスの実践では，まず，データから，何を (What)，なぜ (Why)，どこで (Where)，いつ (When)，だれが (Who) といった 5W の疑問に対する答えをデータから見つけた上で，1H (How) あるいは 4H(How, How much, How many, How long) に対する答えを見つけようとする．[12]

これに対し，データエンジニアリングでは，そのような疑問に一つひとつ答えていくのではなく，一直線に，「データ」という入力を与えると「すこしでも売り上げ増につながる販売方法」を出力してくれるような，何らかのシステムをつくりあげることを目標とする．たしかに，このアプローチは，とりあえず何らかの結果が得られるものを提供できる，という意味では，便利で可用性も高いが，どこまで有効な販売方法なのか，他にはないのか，どのような状況で有効なのか，といった数々の「なぜ」に答えることは難しい．[13] たとえば，**機械学習**した結果から，なぜそれがうまく働くのか，その理由を探しだそうと思っても明確な答えを見出すのは困難なことが多い．

機械学習

機械学習 (machine learning) は，コンピュータ上のアルゴリズムにデータを与え，そのデータに応じた適切な結果を出力するように，アルゴリズムを変化つまり学習させるエンジニアリングである．神経細胞ネットワークを模したアルゴリズムのニューラルネットワーク，遺伝子の継承を模したアルゴリズムの**遺伝的アルゴリズム** (genetic algorithm) などがある．最近では，ニューラルネットワークを 3 層以上積み重ねた**深層学習** (deep learning) も注目を集めている．なお，確率的ニューラルネットワークによる TOPIX の予測例 [22] も参考になるに違いない．

しかし，データサイエンスの実践とデータエンジニアリングに，そんなに大きな違いがあるわけではない．データサイエンスの実践[14]でも「なぜ」に答えることで，データの背後にある現象の全体像をつかみ，それをモデルの形で表現し，具体的な価値を創出しようとする．上の例でいえば，売上増につながる販売方法

---

[12] 5W1H あるいは 5W4H は，新聞記事などを書くときの欠かせない 5 大要素として取り上げられることが多いが，データを解析するときにも，これらの要素を頭に置いてデータをブラウジングするとよい．

[13] エンジニアリングでは，しばしば "It works." が錦の御旗になる．モデリングの基本であるケチの原理とは対照的である．

[14] あえて「データサイエンスの実践」としたのは，サイエンスはあくまでもサイエンスであって，それを実際に適用するのとは，少し意味合いが異なるからである．

6.4 データサイエンス

を,モデルによる説明とともに具体的に示すのがデータサイエンス実践のゴールであり,売上増につながるような何らかの販売方法を出力するようなシステムを作り,それを動かして見せるのが,データエンジニアリングのゴールである.しかし,そのシステムを動かして見せるゴールの段階は,モデルがシステムに置き換わるだけで,データサイエンスの実践そのものである.[15]

データエンジニアリングには,これ以外にもさまざまな技術分野があり,データベース管理から,データから地球規模のシミュレーションモデルを構築する**データ同化** (data assimilation) の技術 [15] に至るまで,大規模で複雑に絡みあったデータを処理する技術は,データサイエンスを実践する上でも欠かせない.データサイエンスの実践では,「なぜ」という疑問に答えることを基本としながらも,必要に応じてこれらの技術も大いに活用していく必要がある.

近代統計学 (modern statistics) の父と呼ばれる R.A. Fisher (1890-1962) は,まさしくデータサイエンスを実践した人であった.彼は,常にデータから出発し,その背後にある現象や法則を明らかにしようと,さまざまな面からの解析を重ねた.しかし,近代確率論にもとづく推測理論が,数学としての成熟度を増すにつれ,数学の枠組みでさまざまな推測法を開発することに重きが置かれるようになった.その結果,統計的推測法の理論的裏付けを行う**数理統計学** (mathematical statistics) の興隆とともに,データの科学という出発点は忘れがちになってしまったのは自然の流れであろう.[16]

そこに警鐘を鳴らしたのが,第 4 章で紹介した J. Tukey(1915-2000) である [8,50,51].彼の提唱した**探索的データ解析** (EDA, exploratory data analysis) は,今になってようやく,データサイエンスの興隆という形で開花した.実際,2001 年になって**データサイエンス**を提唱した W.S. Cleveland [11] も J. Tukey の弟子の一人である.[17]

図 6.2 は,現在のデータサイエンスに至るまでの時間的な流れを簡単に図示したものである.この図からわかるように,近代統計学の次に位置する数理統計学は,探索的データ解析を生み出す一方,品質管理や薬効検定など社会的な制度も生み出した.一方,数理統計学とは別の流れとして,**記述統計** (descriptive statistics) がある.記述統計は,データを集計し,それを他人にわかりやすく説明するための説明技法である.本書の第 I 部で紹介したさまざまな代表値や分布状態の表現法なども,この記述統計に属する.

ビジネス分野では,記述統計が,データを企業戦略に役立てる **BI** となり,さらに「データの中に有意なパターンをみつけ,それをうまく他人に伝える」**アナリティックス**に進化した.[18]

ここまでくると,もうデータサイエンスにかなり近い.またその目的は,探索的データ解析とも近い.実際,データサイエンスの実践も,常にこのような

---

15) 日本では,統計学を「方法の学問である」とし,頭のなかで,目新しい方法を考えたり,外国から輸入することこそが,仕事と思っている学者も多いが,データを忘れた統計学は,もはや抜け殻である.

16) 事前情報を事前確率という形で導入する**ベイズ統計学** (Bayesian statistics) も,その客観性に対する疑問から数理統計学の主流にはなり得なかったが,最近,サーチエンジンへの応用で再び見直されている.

17) W.S. Cleveland はデータサイエンスのアイディアを,1996 年に国際分類学会出席のため来日したとき,著者から得たようである.このとき著者は同時開催の日本統計学会年会で共通テーマとして「データサイエンス I, II, III」を企画していた.

18) 本章の冒頭で引き合いに出した**解析学**の英語は analytics でもあるが,ここでのアナリティックスと解析学の間に直接の関係はない.

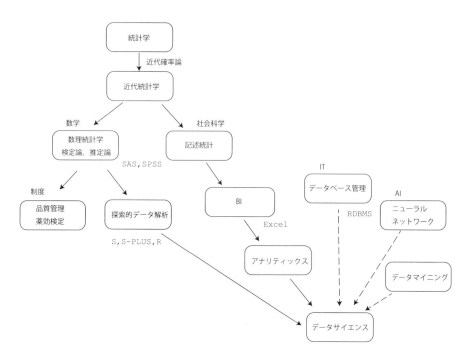

図 6.2 データサイエンスへの流れ

「データの中に有意なパターンを見つける」ことから始まる．違いは，そのあと「単純な要素に分解し，それを再び統合する」かどうかであり，見つけたことを「モデル」という形で抽象化して他人に伝えるかどうかである．

このような歴史的な流れ以外に，データサイエンス成立には，データに関連したさまざまな分野の発展も大きくかかわっている．コンピュータサイエンス一般の発達はもちろんのこと，その中でも IT (information technology) [19] と **AI** (artificial intelligence) が密接な関係にある．いずれも，データエンジニアリングの一部と考えられるが，IT 技術の中でも，第 I 部でも紹介した関係形式データベース管理システム (RDBMS) の基礎をなす関係形式は，基本的なデータのとらえ方として重要であり，データサイエンスの基本でもある．これに関しては，6.7 節でさらに詳しく説明する．

一方，人工知能という夢を追いかける AI の分野では，自動翻訳や音声認識を具体的な目標として**ニューラルネットワーク** (neural network) による学習や**ベイジアンネットワーク** (Bayesian network) [20] による音声認識などで数々の成功を収めてきた．これらの技術は，一般的にデータから何かを見出すのにも使えると期待されている．また，**データマイニング** (data mining) は「大量のデータ

[19] IT は最近 **ICT** (information and communication technology) に名前を変えた．情報を処理するのに通信技術が欠かせない要素となってきたからである．

[20] ベイジアンネットワークの簡単な例が第 8 章にある．

の山」を鉱山に見立て，そこから鉱石つまり「何らかの価値があるもの」を掘り出すための効率的なアルゴリズムを開発してきた．[21]

さきにも述べたように，データサイエンスとデータエンジニアリングでは，そのアプローチに大きな違いがあり，一緒にはできないが，データエンジニアリングで作り上げたシステムを，具体的なデータでうまく動くようチューニングしたり，その挙動を評価したりするのは，まさしくデータサイエンスの実践であり，データサイエンティストが活躍する領域である．

データサイエンスの実践では，現象とそれが発するデータをさまざまな方向から解析し尽くすことで，現象をできるだけ深く理解し，発見したことを汎用なモデルとしてまとめあげようとする．しかし，このアプローチでは，どうしてもある程度の時間がかかってしまう．そこで，つい，とりあえずの結論で済ましてしまいがちである．しかし，「急がば回れ」という言葉もある．一度奥深く解析すれば，その結果は長期間，威力を発揮する．しかも，モデルの形で十分な抽象化がなされていれば，似たようなケースだけでなく，まったく異なるケースにも適用できる可能性が大きい．すくなくとも，長期にわたり数多くの重要な手がかりを与えてくれるには違いない．

[21] データマイニングとデータサイエンス実践の目的は同じである．しかし，前者が「山師」を連想させがちなのに対し，後者は「科学の香り」がなんとなくの安心感を与えるのかもしれない．

6.4.1 データの上流から下流まで

データから新たな価値を創出するデータサイエンス実践のプロセスは，川の流れにたとえられる．図 6.3 のように，データが生まれる源流から，新たな価値が生み出される下流まで，データは形を変えながら流れ下る．上流で何が起きているか知らなければ，下流での汚染や洪水に適切な対処ができないように，データも，その上流から下流まで一貫して関与しなければ，活かしきることはできない．

データの発生と取得

データの発生と取得の状況はさまざまである．確かめたいことや，発見したいことがあらかじめ定まっていて，その目的にそって計画的に取得されたデータもあれば，業務などの遂行に伴い副次的に集まったデータもある．[22] 特に，後者の場合は，データが解析の目的に合った形で蓄積されているとは限らず，きれいな形にまとまっているとも限らない．その場合は，どんなデータがどんな形で存在しているか，よく調べ上げることになる．その結果，外部から新たなデータを取得する必要が生まれることも多いので，気が抜けない．

なお，この段階で，データの発生と取得の状況を，よく把握しておくとよい．特にデータ取得や収集プロセスの具体的な姿を把握しておく必要がある．そう

[22] この段階のデータが**生データ** (raw data) あるいは **0 次データ** (source data) である．料理でいえば食材にあたる．料理は食材の仕入れから始まる．仕入れの良し悪しが料理の出来映えを左右する．

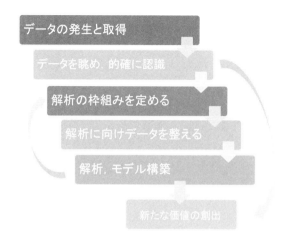

図 6.3 データの流れ

すれば，その後のブラウジングや解析の段階で，おかしな値やデータが浮かび上がってきたとき，データの取得段階で起きたエラーや取り違えでないかどうか，すぐ調べることができ，そのような値やデータが生まれた理由をすぐ絞り込むことができる．

データのブラウジングと組織化

データの発生と取得の状況をよく踏まえて，なるべくデータをそのままの姿で眺め，その様子を的確に把握すること，つまりデータの**ブラウジング**から，データサイエンスの実践は始まる．第 1 章の「湿度吸収実験データ」や「複式簿記データ」の例からもわかるとおり，変量の概念を導入し，関係形式のテーブルの集まりとしてデータを整理しなおせば，対象とするデータの姿がより明確になってくる．[23]

ここで，一つ例をとりあげてみよう．**呼吸量心拍データ**である．ずいぶん前のことになるが，生体医工学の研究室から以下のようなファイルが送られてきた．

BR1.dat, BR1-Resp, BR2.dat, BR2-Resp, BT.dat, BT-Resp, GR1.dat, GR1-Resp, GR2.dat, GR2-Resp, GT.dat, GT-Resp

の計 12 ファイルである．

添付されてきた説明によれば，呼吸量の変化の心拍に対する影響 **RSA** (respiratory sinus arrhythmia)[24] [19] の検証のために行われた実験で，ファイル名は 2 種類の実験条件

---

[23] この段階で作られるデータが **1 次データ** (primary data) である．料理でいえば，野菜の皮をむいたり肉の脂をとったりの下ごしらえが済んだ食材である．

[24] 心臓の動きに対する，肺の動きの影響を RSA と呼んでいる．

- 健康状態
  よい (G)，悪い (B)

- 負荷（暗算）
  負荷前 (R1)，負荷中 (T)，負荷後 (R2)

の 6 通りの組合せになっており，拡張子[25].dat が心拍時点の記録，-Resp が呼吸流量の記録であることを表している．

その中身は，たとえば，BR1.dat の最初の 10 記録は

0.516 1.2 1.892 2.596 3.268 3.966 4.656 5.314 5.976 6.65

のように，計測を始めた時点を 0 とする経過秒での心拍時点で，BR1-Resp の最初の 10 記録は

0.0460815 -0.0637817 -0.00762939 0.101013 -0.039978 -0.0930786 -0.0997925 -0.09552 0.0387573 0.135803

のような，0.5 秒おきの呼吸流量である．

さて，この 12 ファイルをまとめるとしたら，まず，健康状態を表す変量，負荷を表す変量，心拍時点を表す変量，呼吸流量を表す変量が必要であることは，すぐわかる．しかし，一つのデータテーブルにまとめるのは，なかなか困難である．たとえば，ファイル BR1.dat と BR1-Resp をまとめるにしても，一人の被験者の心拍と呼吸流量を継続的に計測して得られた記録であるので，はたして，時間軸を共有していることをうまく表現する，この 2 種類の記録の対応づけができるのだろうか？

一つのアイディアとして，心拍時点を表す変量の代わりに，一般的に時点を表す変量「時点」を導入して心拍時点と 0.5 秒おきの呼吸量観測時点を併せた値を持つカラム[26]を，データテーブルに持たせることが考えられる．しかし，心拍時点でちょうど呼吸流量が観測されているとは限らず，その場合の呼吸流量は欠損値とせざるをえない．また，変量「時点」の値のうち，どれが心拍時点かを，呼吸流量が欠損値かどうかで判断する手もあるが，本当に呼吸流量が欠損値であった場合には混乱を招く．やはり，さらに各時点が心拍時点なのか呼吸流量の観測時点なのかを明示するカラムも導入する必要が生ずる．結局，きわめて不自然なデータテーブルとなってしまう．

このように，記録の対応づけが簡単ではないからこそ，六つのファイルに分かれたまま送られてきたのであろう．このような，関係形式データベースを越えた，データの組織化の問題は 6.8 節で一般的に議論するが，ここでは，健康状態を表す変量と負荷を表す変量を導入し，ファイル名だけで区別していた実験条件

[25] 拡張子 (filename extension) は，ファイルの種別を表すために用いられる末尾に追加される名前で，サフィックス，接尾辞とも呼ばれる

[26] 関係形式のテーブルの列を表す用語である**カラム** (column) を今後，データテーブルの列を表すのにも用いる．

をデータとして扱うことができるようにした上で，二つのデータテーブルにまとめることだけを考える．

心拍時点の6ファイルと呼吸流量の6ファイルは，それぞれ表6.1と表6.2[27]

[27] 表6.1と表6.2は，それぞれ最初の10記録だけを示しており，実際には6通りの条件の組合せすべてが出現する．

表 6.1 心拍時点のデータテーブル

健康状態	負荷	心拍番号	心拍時点
B	R1	1	0.516
B	R1	2	1.200
B	R1	3	1.892
B	R1	4	2.596
B	R1	5	3.268
B	R1	6	3.966
B	R1	7	4.656
B	R1	8	5.314
B	R1	9	5.976
B	R1	10	6.650

にまとめられる．いずれのデータテーブルでも，最初の2カラムが健康状態を

表 6.2 呼吸流量のデータテーブル

健康状態	負荷	観測時点	呼吸流量
B	R1	0.5	0.04608150
B	R1	1.0	−0.06378170
B	R1	1.5	−0.00762939
B	R1	2.0	0.10101300
B	R1	2.5	−0.03997800
B	R1	3.0	−0.09307860
B	R1	3.5	−0.09979250
B	R1	4.0	−0.09552000
B	R1	4.5	0.03875730
B	R1	5.0	0.13580300

表す変量と負荷を表す変量の値である．さらに，表6.1では順に心拍番号を付け，表6.2では0.5秒おきの観測時点を導入し，各記録を同定することができるように配慮している．いずれもIDの役割を果たす．

実は，これは心拍と呼吸流量という具体例を超え，よく現れるデータ例になっている．たとえば，ある商品のセールスをおこなった時点と毎月の売上高のデータなら，セールス活動時点を心拍に，毎月の売上高を呼吸流量に対応させれば，まったく同じように扱うことができる．抽象的には，**時点系列** (time points) と**時系列** (time series) が同時に観測されたケースということになる．この種のデー

タの解析については第10章でも触れる．

このように，データの様子を的確にとらえることがブラウジングの最大の目的であるが，その過程で，データが持つさまざまな問題が明らかになることも多い．外れ値や欠損値はもちろんだが，データの不統一やエラーなど，データの取得や蓄積の段階では見過ごされてきた問題をここで解決しておくことになる．実は，このブラウジングの段階で，ある程度，新たな価値が発見できることもしばしばである．ブラウジングの実際は次の第7章で紹介する．

ブラウジングの目的

データの質と量，変量の関連性などを把握し，与えられたデータからどのような価値が創出できそうか見極めるのがブラウジングの目的である．

解析の枠組みを定める

解析の枠組みを定める段階では，その先の**現象のモデル化**を見据えて，データの**等質性** (homogeneity) に注目するのがポイントとなる．記録をいくつかの似かよった塊，つまり**クラスタ** (cluster) あるいは**セグメント** (segment) [28]に分けられれば，ケチの原理が実践しやすい．つまり，その塊ごとに解析し，モデル探索を行えば見通しのよい簡単なモデルを得やすい．その上で，それらのモデルを統合することになる．なお，データを等質ないくつかの塊に分けた段階で，すでにモデルの見通しがはっきりしてくることも多い．

解析に向けデータを整える

解析の枠組みが整えば，いよいよ解析に移ることになるが，多くの場合，ブラウジングの段階でおこなった，データの整形からさらに進んで，解析の枠組みや使用する解析ソフトウェアに合わせた形にデータを加工する必要がある．たとえば，多くの場合，売上の記録は一品目一記録になっている．しかし解析の枠組みが消費者の購買行動なら，レジでの会計一回ごとにまとめる必要があるし，プロモーションの効果を顧客単位に知りたければ，各顧客の購買行動を時系列として追いかける形のデータに加工する必要がある．[29]

また，第1章で述べたような型属性を的確に反映して読み込んだり，いくつかのデータテーブルを結合させたり分解したりすることも必要になる．以下では，一般的に，データを整える際に直面するいくつかの問題と，その解決策について述べておく．

---

[28] 記録の値の近さにもとづいて個体をいくつかの**クラスタ**に分ける方法については第7章で紹介する．これに対して，**セグメント**は，該当の記録からではなく，何らかの外的規準で似ていると判断された個体の塊である．

[29] この段階で作られるデータはいわば**2次データ**である．ソフトウェアに大きく依存した形の2次データの汎用性は低い．

まず変量の名前である．変量の名前はその意味がすぐわかるような名前のほうが望ましいが，どうしても長くなり扱いにくい．そこで，本来の名前以外に**短縮名**も付けておくのがよい．しかし，レポートなどでは**本来の名前** (generic name) でないとわかりにくいので，いつでも本来の名前に戻れるようにしておく必要がある．また，同じ変量でもデータテーブルによって名前が微妙に異なっていることがある．たとえば，販売高と売上高，店舗と店と販売店，人数と従業員数などである．このようなときにも，短縮名を導入し，それぞれの変量名に対する**別名** (alias) の対応表を用意してくとよい．[30]

変量名に限らず，カテゴリカルデータの値についても名前の不統一は起きる．たとえば，変量「商品」の値は商品名であるが，あるデータテーブルでは正式名称が使われ，他のデータテーブルでは通称が使われているといったことがある．変量名のときと同じように，ひらがなと漢字の使い分けや，つづり方の微妙な違いもある．ローマ字なら大文字と小文字の使い分けも問題になる．漢字，ひらがな，カタカナと日本語の表現は多様であり，さらに，JIS, Shift JIS, UTF8 のように，さまざまな日本語コードが混在している現状は悩ましい．変量名に対する短縮名と同じように，その変量の可能な値すべてについて標準的な表記を導入し，それに対する対応表を用意しておくのが一つの簡単な解決策であろう．

このような，値の対応づけの問題は数値の場合でも生ずる．たとえば，単位が異なればそのまま一緒には扱えない．しかも，カテゴリカルデータの場合と異なり，数値の場合には値の可能性が無限なので対応表では済まず，換算式を用意するか，換算したテーブルを新たに作り直すことになる．また，**ID** つまり記録を一意に定める値も注意が必要である．一つのデータテーブルのなかでは ID の役目を果たせても，他のデータテーブルでは ID の役目を果たせるとは限らない．新たな ID の導入を検討する必要も生ずる．

粒度 (granularity) の調整も実際によく必要になる作業である．たとえば，ある商品については日次出荷記録のデータテーブルがあるが，別の商品については週次出荷記録のデータテーブルしかなければ，日次データを粒度の荒い週次データに変換し粒度をそろえる必要がある．しかし，そのためにはまず，一週間が日曜から始まるのか，月曜日から始まるのか，はたまた，これ以外の曜日からなのか，はっきりさせる必要がある．これが，日次と月次だとさらに厄介である．ひと月が 1 日から始まるのか，ある〆日から始まるのかだけでなく，月次が一日当りの平均出荷数だったりすれば，日数調整の必要も生ずる．このような粒度の調整が必要になるのは日時に関してだけではない．たとえば，商品のパッケージの違いまで考慮した売上記録かそうでないかで粒度は異なる．さらに，パッケージによって内容量まで異なれば，換算が必要になる．

欠損値の表現にも気を配る必要がある．欠損が単なる空白で表されているとき

---

[30] 異なるデータベースのデータを併せて使うときは，さらに厄介な問題が生ずる．対象が同じでも，データの取得の仕方が異なれば，表現や質が異なり，その整合性を保つにはさまざまな努力と仕掛けが必要となる．これに関しては，6.8 節を参考にされたい．

もあれば，0のときも，さらには99といった特別な値のときもある．0が欠損と本当の0の両方を表していることすらあるので，気を抜けない．本来，欠損値は**NA** (not available) [31]のような明確な表記のほうが，混乱がなくてよいが，ソフトウェアによってはこのような文字列が混ざっていると数値として扱ってくれないこともあるので0あるいは99といったありえない値で欠損値を表している．さらに細かいことをいえば，欠損といっても，欠測つまり記録しそこなっただけなのか，もともと値がないのか，無効な答えだったのか，答えたくなかった (**DK**, don't know) のか，などさまざまなタイプがあり，このような区別が解析やモデル化の段階で重要な役割を果たすこともあるので欠損値は結構奥が深い [39]．

最後に，**時間** (time) [32] の扱いについて述べておく．時間には過去から将来へと流れる自然な方向があり，また人間の活動を反映し特別な意味を持っているので，単なる数値やカテゴリカルな値としては扱えない．特に年月日の**文字表記** (literal) には，歴史を反映してさまざまなバリエーションがある．たとえば，同じ2014年5月23日でも2014-05-23, 2014/5/23, 2014/05/23のような表記，さらには米国では05/23/2014, ヨーロッパでは23/05/2014のような表記もなされている．関係形式データベースでもDATE型，TIME型，DATETIME型など，さまざまな型を導入して日付や時間を統一的に扱おうとしているが，RDBMSによってその扱いは必ずしも同一にはなっていない．

--- **Rでの時間の扱い** [33] ---

Rには年月日を扱うDateクラスと，秒単位の時刻を扱うPOSIXクラスが用意されている．さらに，POSIXクラスにはPOSIXctとPOSIXltの二つのサブクラスがある．DateクラスのオブジェクトもPOSIXctクラスのオブジェクトも，1970年1月1日0時を起点としている点では同じであるが，前者は累積日，後者は累積秒である．一方，POSIXltクラスは累積秒ではなく，年，月，日，時，分，秒を要素とするリストの形で秒単位の時刻を保持している．年は1900年からの経過年数である．

なお，人間にはわかりやすい年月日の文字表記をDateクラスのオブジェクトに変換する関数はas.Dateである．このクラスには，さまざまなメソッドが用意されており，画面表示やグラフィックスの座標軸の刻みなどには，自動的に，累積日ではなく，同一年なら月日だけといった簡潔な表現がなされる．

ソフトウェアがもっとも扱いやすい表現は**通日**（第10章のユリウス通日を参照）である．解析に向けては，通日に直しておくとよい．しかし，通日は人間の

[31] 欠損値の表現にはNAだけでなく，N/Aといった表記もよく見受けられる．欠損値のタイプに関しては6.8.3節でさらに詳しく議論する．

[32] 日付や時間の表記の国際基準はISO8601で定められているが，基本表記と拡張表記があり，唯一ではない．

[33] Rのような**オブジェクト指向言語** (object oriented language) では，同じように扱える「もの」（オブジェクト）を一つのクラスとしてまとめ，そのクラス特有なオブジェクトの扱いを**メソッド** (method) としてクラスに付随させている．**ポリモルフィズム** (polymorphism) を実現させるためである．なお，Rではmethods("plot")のようにしてメソッドのリストが得られる．ちなみにメソッドのヘルプは?plot.hclustのようにメソッド名を付加することで得られる．

直感には反する．R のように，内部表記としては通日を用い，必要に応じて適切な文字表記に直してくれるソフトウェアなら，データを取り込む段階で上記のような表記の違いに注意して日付や時刻を，通日や**通秒** (cumulative seconds) で読み込むとよい．

解析，モデル構築

　解析では，解析者がどれだけ豊富な引出しを持っているかが鍵となる．[34]　大きく分ければ経験という引出しと理論という引出しである．経験にも，すでに扱ったことがある問題か，あるいは似た問題を扱ったことがあるかどうかなどで決まる経験と，これまでどれだけデータ解析の経験を積み重ねてきたか，といったことで決まる一般的な経験の2通りがある．前者は，まったく初めて扱う問題であっても，データのブラウジングの段階で，すでにある程度経験を積んでいることだろうし，その問題をよく知っている人が近くにいればその人に随時尋ねることで補える．問題は後者である．データ解析には数多くのデータ解析の経験を積むことで身につくいわば職人技の部分があり，こればかりは先達の技を盗むしかないが，それ以外の部分はデータリテラシーとして一般化できる．6.4.2節でその一端を紹介する．

　一方，理論は，理論と聞くだけで距離を置きたくなる方も多いかもしれないが，単に経験を積むだけでは，どうしても，浅く，独りよがりな結論で満足しがちである．特に，データ解析の場合には個々別々の対応に終始してしまい，全体像を見ずに右往左往することになりかねない．それを防ぐのが，豊富な理論の引出しをもっているかどうかである．理論にも，データの背後にある現象に固有な理論，たとえば，その分野ですでにある程度確立している理論と，現象固有ではなく，データを解析する上で共通に用いられる理論の2通りがある．前者は，必要に応じて勉強するしかないが，後者に関しては，本書でも以降の章で，できるだけ紹介していくので参考にされたい．

　理論の引出しが豊富なら，解析のさまざまな段階で，可能性が広がり，選択肢が増える．これが，解析の段階で発見したことをモデルとして表現するときに大いに役立つ．[35]　解析の結果を簡潔なモデルの形にまとめるには，それなりの知識と経験が必要となる．ぜひ本書の以降の章を役立てていただきたい．

　もちろん，満足な結果が得られない原因が，データそのものにあったり，解析の枠組みが適切でなかったことが判明することも多い．あるいは，別の側面で眺めることが必要になることもある．このような場合には，それぞれの段階に戻ってやり直すしかない．

[34] データ解析の怖さは，あらかじめ，どれだけデータを丁寧にブラウジングしたか，クレンジングしたか，さまざまな可能性をどれだけ念入りに検討したかなどに関わりなく，ソフトウェアにデータを放り込むだけで結果らしきものが得られてしまうところにある．

[35] 「群盲象をなでる」という言葉があるが，データ解析でもその背後に確固とした理論がないとこうなりかねない．広い視野を与えてくれるのが理論である．しかし，理論の引出しは必要なときにだけ開けるのがよい．さもないと，「象をなでもせず，ああだこうだという理論オタク」といわれかねない．「理屈は後からついてくる」も真である．

プレゼンテーション

データサイエンス実践の最後のステージが，データからわかったことを他人に伝えるプレゼンテーションである．データ解析は試行錯誤の連続であり，その過程で得られたことは，随時，記録に留めておく必要がある[36]．しかし，それをそのまま伝えても，相手は退屈するだけである．一般的に，プレゼンテーションは，相手の心理をいかにうまく読み込み，興味をひきつけ続けられるかどうかが鍵となる．相手がどう理解するか配慮せずに，結果だけを羅列しても，空回りするだけで，誤解を生む原因にもなる．プレゼンテーションを準備するにあたっては，脚本家になったつもりで，相手を感動させるようなストーリーを作り上げる必要がある．インパクトの大きな結果を二つぐらい選び，それらを中心にまとめるのも一つである．

プレゼンテーションでは，図は強力な道具となるが，誤解を生みやすいことにも注意する必要がある．ついおろそかになりがちなのが，図の軸の説明である．本人は，すでによくわかっているので，当然のこととして説明を省略しがちであるが，初めて見る人は，何が軸になっているのかはっきりしなければ，そこで理解は止まってしまう．本書では，図自体には軸の説明をつけず，本文で説明することにしているが，そこまでする必要がなくても，せめてわかりやすい軸名を付けておくぐらいの事はしたほうがよい．

また，各軸の**刻み** (tick marks) も，適切かどうか注意する必要がある．数値軸の場合は，刻みの間隔や表示の桁など，ソフトウェアのディフォルトだけに頼らず，理解しやすいか，チェックしやすいかなどを考える必要があるし，非数値軸の場合は，刻みとして何をどこに置けばよいのかさまざまな選択肢がある．さらに，各軸の**尺度**にも注意する必要がある．特に複数の図を並べるときには，縦軸の尺度が合っていないと比較しにくい．

表題 (title) も他の図と一見して区別できるよう工夫する必要がある．さまざまな条件を副題として付け加えておくことも考えたほうがよい．これらは，何もプレゼンテーションの相手のためだけでなく，自分のためでもある．あとで見返したとき，自分でも何の図かわからなくなってしまうことがしばしばである．また，色，実線，破線，点線の区別の説明なども忘れずに説明する必要がある．Rなら関数 `legend` を用いれば，このようなことを説明する**凡例** (legend) を図中に置くことができるが，経験的には，これよりも丁寧に文章で説明したほうがよい．

図を作成するときの原則は

図は簡潔に，その説明は丁寧に

である．しばしば，さまざまな要素を一枚に詰め込んだ図や，見栄えのするファンシーな図[37]を，よいプレゼンテーションと勘違いしていることがある．しか

[36] Rを使って解析するときは，別途パワーポイントなどを立ち上げておき，得られた図表や気づいたことを随時記録していくとよい．`history` 機能だけからでは，どんな試行錯誤を行ったのか振り返るのは困難である．

[37] Rの先代であるSの開発に携わったときの議論を思い出す．Sに，どれだけ凝ったファンシーな図を描く機能が必要かという議論である．その結果，なるべく単純で最小限の図，しかし必要に応じてディテールは変更できる柔軟な機能があればよいという結論になった．

し，それを見た人は，焦点がはっきりしないため，戸惑い，本当の理解にたどり着くのに苦労する．場合によっては，思わぬ誤解を招きかねない．データサイエンス実践の最後のステージとしてのプレゼンテーションは，相手の心理をうまく読み取ることで結果をスムーズに伝え，議論を呼び起こすことであって，なんとなく見せる，感じさせることではないのだから．

その意味では，さまざまなタイプの図の使い分けも重要になる．すでに第I部でさまざまな図が登場したが，ここでもう一度，代表的な図の使い分けを復習しておこう．

1. 2変量の数値の関係を示す図

    (a) 散布図

    散布図 (scatter plot) はもっとも基本的な図で，対応する値のペアを座標とする点つまり記録を平面上に置くことで，値の関係を視覚的に示す図である．軸の間に明確な主従関係はないが，次の線プロットと整合性を考えると，横軸を原因，縦軸を結果と考える変量にとるとよい．注目する点にラベルを付けることも有効な表現となる．

    (b) 線プロット

    線プロット (line plot) は散布図の各点を線分で結んだ図で，横軸の値に対して縦軸の値がどのように変化するか表現したいときに用いる．図6.4のように，横軸が時間のときの線プロットは時系列図と呼ばれる．

    (c) 垂線プロット

    垂線プロット (vertical line plot) は線プロットのように各点を線分で結ぶのではなく，各点の位置を垂線の頭で表現することで，横軸の値に対して縦軸の値がどのように変化するかを表現する．値が突然大きな変化を示すようなときに有効である．また，線プロットで描かれる折れ線（曲線）と横軸で囲まれる部分の面積の変化の様子も同時に読み取りやすい．

2. 1変量の値の度数の様子を示す図

    (a) 棒グラフ

    棒グラフ (bar plot) [38] は，棒の高さでカテゴリカルなデータの値の度数あるいは相対度数を示す．垂線プロットと似ているが，縦軸が値ではなく度数である点が異なる．

    (b) ヒストグラム

    ヒストグラム (histogram) は，連続な値をとる変量の値の度数を表現

---

[38] 棒グラフと垂線プロットがこのように使い分けられているとは限らない．しかし，ヒストグラムの箱との形状的な類推から，棒グラフの棒が度数であると理解するのが直感であり，一つの棒をその内訳で塗りわけできるのも棒が度数を表しているからこそではないだろうか．

する一つの手段で，値をいくつかの範囲に区分し，それぞれの区分に
落ちる値の度数を箱の高さで示す．棒グラフと違い，ヒストグラムで
は隣接する箱の間に隙間がない．

(c) 箱ひげ図

箱ひげ図 (box whisker plot) は，第 I 部で紹介したように，ヒストグ
ラムで表されるような，連続な値をとる変量の値の度数を箱とひげで
表現する．値の分布状態の概略をつかんだり，複数の変量の度数分布
を比較するのに適している．

円グラフ (pie chart) は，一つの円をいくつかの扇形に分け，その大きさで内
訳を表現する方法としてよく用いられるが，「支出の内訳」のように値の構成を
示すにも，棒グラフで表現されるような，カテゴリカルデータの各水準の相対度
数の構成を示すにも用いられ，軸が表示されないこともあって，誤解を生みやす
い．微妙な違いも読み取りにくいので，データサイエンス実践の結果を伝える手
段としては避けたほうがよい．

以上は基本であり，複数の図を重ね描きしたり，組み合わせたり，線分の代わ
りに矢印で結んだり，さまざまなバリエーションがある．また，第3の変量の値
を，散布図の各点の大きさや色の変化で示すことで，3変量の関係を表すことも
できる．また，棒グラフの各棒を別の変量の値で区分し，内訳とすることで，2
変量の度数の関係を表現することもできる．

6.4.2 データリテラシー

データサイエンスを実践するには**データリタラシー** (data literacy) つまり「デー
タに関する教養」が欠かせない．実際にどのようなデータリテラシーが必要にな
るか，簡単な例として**真鯛放流捕獲データ**で説明しておこう．この例は [39] で
も用いた例であるが，簡単ではあるものの，さまざまな示唆に富む例であるので
再掲しておく．図 6.4 は，尾道市百島沖で真鯛 (red seabream) 40,000 枚[39]を，
標識をつけて放流した翌日から記録した捕獲枚数を**時系列図** (time series plot)
として図示したものである．

[39] 鯛は一匹，二匹と数え
ず，一枚，二枚と数える．
この呼び方には日本人の
鯛に対する思い入れが込
められている．
Seabream{DSC}

```
> plot(Seabream, type="l")
```

横軸は放流日からの経過日数，縦軸は標識のついた真鯛の捕獲枚数となっている．

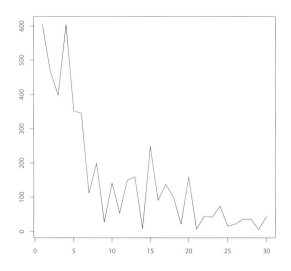

図 6.4 鯛の捕獲枚数の時系列図

時系列図

時系列図では値を時間の流れにそって折れ線で結ぶ．これは，値がどのように変化していくか理解しやすいようにという配慮からであるが，値の様子を詳細に検討するときは，あえて，折れ線で結ばない単純な散布図のほうが煩雑さを避けられることも多い．

---

[40] ここでは，**平滑曲線**を R の関数 lowess で求めている．詳細は第 8 章を参照されたい．

さらに，日数に対する捕獲枚数の散布図に平滑曲線[40]を重ね描きした図 6.5

```
> plot(Seabream)
> lines(lowess(Seabream))
```

から，放流後どのように捕獲枚数が減少していったか大雑把にわかる．

しかし，この図からもわかるように，捕獲枚数の日々の変動はけっこう激しいので，果たしてこの平滑曲線がどれだけあてになるか心配になるのも確かである．そこで，その目安（実現幅）をさらに破線で重ね描きしてみると，図 6.6 のようになる．

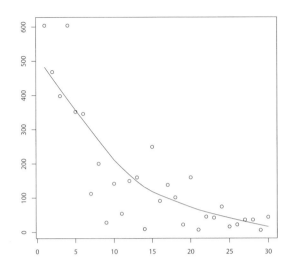

図 6.5 散布図に平滑曲線を重ね描き

実現幅[41]

実現幅 (realizable band) は，ほとんどの値が入るはずの幅を示している．これを求めるにはその値の性質に関して何らかのモデルが必要となるが，ここでは高校でも習う「何回か硬貨投げをしたとき表の出る回数」に関する確率モデルである **2 項分布** (binomial distribution) を用いている．平滑曲線の値を，その日に捕獲される真鯛の期待枚数とし，40,000 で割った値を「表の出る確率」の推定値とし，この確率をもとに，40,000 枚の鯛のうち何枚捕獲されるかを 2 項分布でモデル化し，実現幅を求めている．図 6.6 の破線は，30 日間の捕獲枚数すべてがその内側に入る確率が 99 ％ となるような実現幅である．ただし，各日の捕獲は独立であると仮定した計算であり，平滑曲線の値による期待枚数の推定誤差を無視しているため必ずしも厳密な実現幅ではない．具体的な計算や図の描き方については R の関数 Plot.binom{DSC} を参照されたい．

---

[41] 実現幅は，信頼区間とも密接な関係がある．実現幅については，2 項分布の場合も含め第 10 章でより一般的に説明する．

図 6.6 を見ると，確かに破線から外れている点が多い．データにこのような外れ値が存在するときの対処の仕方としては，次のような可能性がある．

1. 分布の仮定を変える
   このように外れ値が多い**過分散** (over dispersion) の場合によくとられる方法の一つが分布の仮定を変えることである．今の場合，2 項分布は表の出

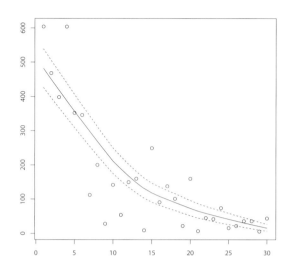

図 6.6 散布図に平滑曲線と実現幅を重ね描き

る確率だけで定まってしまうので，平滑曲線の値を期待値とすることで分散も定まってしまい，このような過分散の問題が起きる．しかし，たとえば正規分布ならば期待値も分散も自由に変えられるので，このような過分散の問題は回避できる．これは一見するとよさそうな解決策であるが，その分布のモデルとしての意味は，まったく失われる．さらに，もともと正規分布は連続的な値に対するモデルあるので，捕獲枚数という非負整数に対するモデルとしては一つの近似であるとしても説明がつきにくい．

2. 相互依存性を導入する

   釣りをする人ならよくご存知のように，魚は群れをなして泳いでいることが多いので，一匹釣れだすと何匹もまとまって釣れることがある．このような相互依存性を導入すれば，このような過分散も説明できるかもしれない．しかし，どのように依存性を導入したらよいのか，果たしてこの過分散をそれで説明できるかなど数多くの課題が残る．

3. 海域からの逸脱を考慮する

   もちろん，放流海域から外に逃げ出してしまう可能性はある．しかし，これは平滑曲線で示される期待捕獲枚数に反映されるはずであり，過分散の原因とは考えにくい．

4. 過分散は無視する

   もっともイージーな解決策である．

では，どうしたらよいのであろうか？[42] データリテラシーの豊かな方ならば，まずこのデータの背景を探り，過分散の原因を突き止めようとするに違いない．

- 放流日は 1989 年 9 月 30 日
- 調査日は 1989 年 10 月 1 日から 10 月 30 日
- 捕獲枚数は，放流時につけたマークのがついた真鯛の捕獲枚数を漁師に報告されたもの
- 調査期間中に雨だったのは，10 月 11 日と 10 月 19 日

確かに，10 月 11 日と 19 日の捕獲枚数は落ち込んでいる．しかし，これでは二つの**外れ値**しか説明できない．それでは，雨以外に捕獲枚数を左右する要因はないのだろうか？ 特に上に外れる理由は何だろうか？ そこで，もう一度，図6.6 をよくチェックしてみると，下に外れた日の翌日はそれを補うかのように捕獲枚数が多くなっている．しかも，これがある程度，周期的に起きているように見える．

そこで，カレンダーをチェックしてみると，この年の 10 月はちょうど日曜から始まり，10 日は体育の日で休日である．土曜，休日の前日，雨の日は三角印，その翌日はプラス印を重ね描きした図 6.7 からわかるように，捕獲枚数は土曜日や休日の前日には落ちこみ，翌日にその落ち込みをカバーするように跳ね上がっていることがわかる．もちろん，雨の日にも落ち込み，翌日には跳ね上がっている．[43]

```
> b=c(7,9,14,21,28,11,19)
> Plot.binom(Seabream)
> points(b, Seabream[b], pch=2) #土曜，休日の前日，雨の日
> points(b+1, Seabream[b+1], pch=3) #その翌日
> points(1, Seabream[1], pch=3) #10 月 1 日も日曜日
```

これでかなりの外れ値が説明できることがわかった．となると，コロンブスの卵[44]である．「日曜や休日は魚市場が休みなので，その前日には漁を控え，その翌日はそれを取り戻すような漁をする」という漁師の行動が，このような外れ値を生み出しているのではないかという推測が成り立つ．しかし，これでも 10 月 4 日の大きな外れ値だけは説明できない．

そこで，

データの流れを遡ってみる

---

[42] 「専門家ならば 1. や 4. のような解決策はとらない」と信じたいところだが，実際にはこれに類したことが，普通に行われている．

[43] 月末近くになると，捕獲枚数自体がかなり減少するので，平滑値自体の信頼性も低くなる．したがって月末近くの外れ値をあまり真剣に議論することはできない．
Plot.binom{DSC}

[44] 何でもないことでも，最初に思い付き実行することは大変だが重要であるということの比喩であるが，転じて「思いもしなかった簡単なこと」という意味でも用いられる．

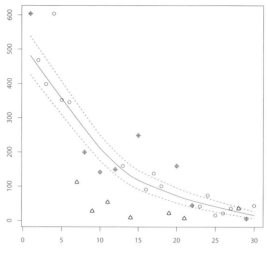

図 6.7 外れ値

というデータサイエンス実践上の一つの原則にしたがって，捕獲枚数を数値で眺めてみると，

```
> Seabream
 [1] 604 468 398 604 352 346 112 200  28 142  54
[12] 150 160   9 249  91 138 101  22 160   7  45
[23]  42  74  16  22  36  36   6  44
```

のようになっている.[45] なんと 10 月 4 日の捕獲枚数 604 は初日とまったく同じである．全体的な捕獲枚数の減少傾向からしても，この数値は大きすぎるし，初日とまったく同じ数値であるということは，誤記か資料の処理ミスがあったと考えても不自然ではない．もちろん，いまとなってはこれが本当かどうか確かめるすべはないが，漁師からの報告を手作業でまとめていた時代には大いにありうることである.[46]

もちろん，これがこの解析のゴールではない．この放流実験の目的は，放流した稚魚がどの程度うまく育つか，言い換えれば死亡率がどの程度なのか知ることで，よりよい放流のタイミングを探ることにあったからである．その答は第 10 章で与える．

なお，ここまでの解析の副産物として，今後の放流実験では，漁師に真鯛の捕獲枚数だけでなく総漁獲数も報告してもらう必要があることが判明した．それで規準化すれば，土日休日や雨の効果をある程度消し去ることができ，報告された捕獲枚数をより有効に活用できる．「真鯛の捕獲枚数の推移を調べたい」という目的が頭にあると，どうしてもそれだけに目が向いて，データ取得段階での問題

---

[45] R による表示での，頭の [1], [12], [23] などは，各行の最初の値が何番目の値かわかりやすいよう付けられた番号である．

[46] ここでは，外れ値は，その原因を探って積極的に取り除くという方針を取っているが，あえて取り除かず，外れ値の影響を受けにくい**ロバスト推測** (robust inference) で問題の回避を計ることもある．また，**リスク理論** (risk theory) では，極値分布といった形で外れ値自体をモデリングする．

はないと思いがちであるが，このように念入りなデータ解析をすると，それが思い込みであったことに気づく．

このように規準化しても，まだ外れ値があるようなら，その原因を探る新たな旅に出ることになる．

モデルと外れ値

外れ値は宝の山である．外れ値かどうかは，何らかのモデルがあって初めて判断できることであるが，外れているからといって，無視するだけでは，せっかくの宝を見つけ損なう．外れる原因を徹底的に探し出そう．そうすれば，思わぬことがわかってくる．もちろん，そのモデルがよく考え抜かれたモデルであればの話ではあるが．．．外れる原因を探るにあたっては，さまざまな可能性を考え，しかし，シンプルに，あきらめずに．

6.5 データサイエンティスト

データサイエンティスト (data scientist) はデータサイエンスを実践する人である．データサイエンティストに要求される基本的な素養としては，数学，統計学，コンピュータ科学の三つがあげられる（図 6.8）[47]．いずれも，データサイエンスを自信をもって実践する上で，欠かせない素養である．

[47] たとえば，コンピュータを用いてデータ解析するとき，ソフトウェアの使い方だけでなく，適用する方法を，きちんと理解した上で駆使しなければ，結果を適当に解釈するだけになり，場合によっては大きな間違いに気づかない．また，不定形な問題に直面したとき，これらの素養がなければ，うまく対処できない．このためには，三つの素養すべてが必要になる．

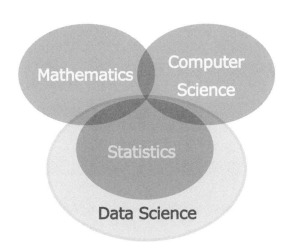

図 6.8 データサイエンティストの基本的な素養

もちろん，これらをすべてマスターしていればそれに越したことはないが，テクニカルなことや細かい知識よりも，必要な概念をきちんと理解しているかど

うかのほうが重要である．概念さえ間違いなく理解していれば，あとは必要に応じて自習できる．とりあえずは，他のデータサイエンティストとのコミュニケーションに不自由しないぐらいの水準に達していればよい．

まえがきにもあるように，本書は，その基本的な部分は自然に身に着くよう配慮しながら執筆してある．それを，念のため箇条書きしておけば

- 数学
  線形代数の基本とその活用（第6章，第7章），微積分，確率論の活用（第10章）

- 統計学
  データの分布と代表値（第Ⅰ部），変量間の関係（第8章），変量間の相関（第5章，第9章）

- コンピュータ科学
  ソフトウェア，データベース（第6章）

となる．

一方，これら三つの分野の基礎知識があれば，それだけでデータサイエンティストとして通用するかというと，もちろんそうではない．データに関する基礎知識，つまり**データリテラシー**だけでなく，データの背景にある現象の基本的な理解が必要である．[48] 特に後者に関しては，すべての分野に精通していることなど不可能であるので，その場その場で勉強していくしかない．そこでは，経験豊かな現場の人たちとのコミュニケーションを円滑に行う能力，新しいことへの好奇心，総合的な理解力など，補完的な素養が大いに役立つ．

もちろん，このような事情はデータサイエンティストの協力を必要とする方々にもぜひご理解いただかねばならない．データサイエンティストの隠れた努力に思いをはせ，対等な立場で共同作業に当たれば，得るものは大きいが，下請けのようなつもりで接すれば，それなりの結果しか得られない．

また，場合によってはパンドラの箱を開けざるをえなくなることもある．つまり，これまでの理論を見直さなければならなかったり，これまでのデータ取得法では問題がありすぎて，とても使い物にならないデータであると判明することも多い．さらには，その裏にとんでもない問題が潜んでいることがわかってしまうことも多い．そのようなとき，データサイエンティストの言うことに真剣に耳を傾け，一緒に解決にあたる，そんな姿勢が大切になってくる．

データは正直である．しかし，人間は今までの延長線上で考えやすい．どうしても，こだわりを持って物事を眺めてしまう．しかし，データに真摯に向き合うことで，少しでもそのこだわりから逃れることができれば，新たな発展に結びつく．データサイエンス実践の真の価値は，ここにあるといってもよいだろう．

---

[48] Davenport and Patil [14] は，様々な科学分野からデータを扱う仕事に参入してきた科学者，つまりデータ・サイエンティストのことを「データサイエンティスト」と呼んでいる．この定義はとりとめがなく，データを扱うことと，データに向き合うことの本質的な違いを認識してないのではなかろうか．

統計学とデータサイエンス

図 6.8 で，Statistics が Data Science の一部となっていることに疑問を持たれる方もいらっしゃるかもしれない．すでに少しでも統計学を学び，本章を読み進めてきた方ならば，その答えはある程度おわかりであろう．データサイエンスの出発点は「データをどうとらえるか」であり，ゴールは「データから宝を見つけ出すこと」である．一方，大学などで教わる統計学は，図 6.2 でいうところの数理統計学や記述統計学である．

数理統計学は確率論をベースにし，確率変数とその観測値という定式化ですべての話が進む．しかし，データサイエンスがカバーする範囲で，このような定式化が有効なのは，図 6.3 の「解析，モデル構築」に到達したときの，しかもごく限られた場合である．それどころか，形式的な有意性や p 値などにとらわれすぎて，せっかくの宝を見失う恐れのほうが大きい．また，記述統計学は，第 I 部で紹介したようなデータの代表値を求めたり図示したりする技法に留まる．

本章の後半は，統計学を超えたデータサイエンス固有な部分であり，次章以降は，統計学と重複する部分もあるものの，データサイエンスの実践という視点で見直している．統計学の看板をデータサイエンスに架け替えるだけでは，宝はみつからない．読者には，ぜひデータサイエンスを的確に理解し，未来を切り開いていただけるものと期待している．[49]

[49] 著者がデータサイエンスを提唱し始めたとき，データサイエンスは統計学の一部と思っていた学会員も多かった．いまでも，そう思っている，あるいはイコールと思っている方も多いのではなかろうか？

データサイエンティストへの道

データサイエンティストはデータのプロとして，さまざまな分野の人々と協力して，仕事を進めることが多い．そうすると，データに関する知識や経験，モデリングのスキル，コンピュータを駆使する能力などはもちろんのこと，適用分野に関する知識や経験も身に着ける必要がある．さらに，広い範囲のコミュニケーション能力，外国語のリテラシー，ビジネス感覚や経済状況を見通す力，経営のセンスなど，きわめて多岐にわたる素養が問われることが多い．したがって，それぞれの分野の専門家の 3〜4 倍の勉強が必要になることは覚悟しよう．[50]

[50] 編集者から，心身の健康もデータサイエンティストの要件の一つとして加えるべきだという意見が寄せられた．どんなことをするにしても，まずは心身の健康が大切なことは確かである．

6.6 データファイル

データを解析するとき，コンピュータを使わないことは，まずない．しかし，はじめから，データが関係形式のような，きれいなファイル形式になっていると

は限らない．本節では，データファイルのさまざまな形式を紹介することにする．

6.6.1 フラットファイル

フラットファイル (flat file) は，人間がそのまま読める形のファイル（**テキストファイル**，text file）であり，改行記号 (LF) あるいは復帰記号 (CR) で区切られた行の連続で構成される．各行が一つの**記録**を構成すれば，基本的には，関係形式のテーブルと同等になるが，1.2.1 節の湿度吸収実験データや 1.2.2 節の複式簿記データのように，フラットファイルではあっても，そのままでは，関係形式のテーブルにはならないことも多い．

各行が記録から成るフラットファイルは，各記録を構成する数値，文字列を区分するための**欄** (field) をどのように定義するかによって，大きく次の2種類に分かれる．いずれの場合も，各欄の値の表現形式は，すべての記録について同一でなければならない．

1. **固定欄形式** (fixed field format)

   絶対位置（**カラム**）で欄を定義する形式で，「固定長形式」とも呼ばれる．固定欄形式の利点は，記録ごとにどこまでが一つの欄を構成するかを判定する必要がないので，読み書き，とくにランダムアクセスが高速に行えることである．また，欄外に何が記録されていても無視されるので，コメントなどを自由に加えることができる．一方，あらかじめ欄の幅（文字数）が定められているので，その幅に収まらない値があったときには問題が起きる．固定欄形式の場合は，欄を1行の何文字目から何文字目までといった形で定めるだけでなく，その欄での値の表現形式も同時に定めていることが多い．表 6.3 は，ある固定欄形式のファイルの最初の 2 行で，もし，固

   表 6.3 固定欄形式のファイルの内容

   | 2 | 0 | 0 | 3 | | 5 | | 9 | 2 | 9 | 8 | F |
   | 2 | 0 | 1 | 2 | | 4 | 1 | 2 | 3 | 2 | 5 | R |

   定欄の情報が

   (a) 第 1 欄：1 から 4 カラム，I4
   (b) 第 2 欄：5 から 6 カラム，I2
   (c) 第 3 欄：7 から 8 カラム，I2

(d) 第 4 欄：9 から 11 カラム, F3.1

   (e) 第 5 欄；12 カラム, A1

ならば，五つの値からなる 2 記録は $2003, 5, 9, 29.8, F$ と $2012, 4, 12, 32.5, R$ と読むことになる．なお，I4 は 4 桁の整数 (integer), I2 は 2 桁の整数，F3.1 は小数点以下 1 桁の 3 桁の浮動小数点数 (floating number), A1 は 1 桁の文字 (alphabet) を意味している．この表記は，FORTRAN という計算機言語で用いられた書式指定にならったものである．

2. **自由欄形式** (free field format)

   固定欄のように，あらかじめ決まった欄はなく，**区切り記号** (separator) で区切って欄を示す形式で，**可変長フィールド形式** (variable length field format) とも呼ばれる．区切り記号としては，混乱を防ぐため，記録には出現しない記号を用いるが，よく用いられるのは空白，タブ，コンマなどである．各行の値の個数は同一であるが，各欄の表現形式がすべての記録について同一とは限らないので注意が必要である．また最初の数行が，各欄のラベルや記録数，欄数など補助的な情報を与える**ヘッダー** (header) [51] と呼ばれる特殊な行となっていることも多い．ヘッダーがあるかないか，それが何行からなるか，などはファイルによって異なり，別途，説明がなければ推測するしかない．コンマを区切り記号とした自由欄形式のファイルはしばしば **CSV**(comma separated values) ファイルと呼ばれる．[52] 表 6.4 は表 6.3 を CSV 形式にしたもので，人間にはこのほうが読みやすく，あらかじめ欄の幅を固定する必要がないこともあって，現在では，高速処理が要求される場合は別として，広く用いられている形式となっている．

   表 **6.4** 対応する CSV 形式

   ```
   2003,5,9,29.8,F
   2012,4,12,32.5,R
   ```

6.6.2 マークアップファイル

マークアップファイル (markup file) も，人間が直接読める形式のファイルではあるが，**マークアップ言語** (markup language) と呼ばれる言語仕様に従って配置された**タグ**[53]で区分されたファイルである．もっとも広く用いられているマークアップ言語が **HTML**(hyper text markup language) であり，Web ペー

---

[51] ヘッダーは文字通り頭部である．文書ではヘッダーは章番号や節番号，タイトルやページ番号など補助的な役割のことが多いが，ファイルのヘッダーは，それに続く本体の読み方を与える重要な部分である．

[52] コンマの代わりにタブ (tab) を区切り記号としたファイルは **TSV** (tab separated values) ファイルと呼ばれる．このようなファイルをエディタなどで眺めると，タブの位置は 7 文字ごとといった固定された位置に設定されていることが多いので，あたかも固定欄形式のファイルのように見えるので注意が必要である．

[53] **タグ** (tag) はどのような荷物かすぐわかるように付ける「荷札」のことである．マークアップ言語では <> で囲まれたタグが文章の組指定つまりマークしている．文章の見栄えを整えたり参照先を明示したりするのがタグ本来の役目であったが，この機能を利用すれば入れ子の構造などを持っているデータも一つのファイルに収めることができる．

ジはこの言語で記述されている．Web ページを眺めているだけなら，このような言語の存在はあまり気づかないで済むが，ネットワークを介して送受信されるのはこの言語に従って記述されたファイルであり，**ブラウザー** (browser) と呼ばれるソフトウェアがこのファイルを処理して，ふだん目にするような Web ページとして表示している．

HTML では，その機能に応じた名前のタグがあらかじめ決められているが，HTML の一般化である **XML** (extensible markup language) ではそのような制約はなく，自由にタグの機能を定められる．この機能を使えば，フラットファイルでは記述しきれなかった情報，あるいは自由欄形式でのヘッダーという，あいまいな形でしか記述できなかった，さまざまな属性情報，背景情報などもデータとともに一つのファイルに収められる．このような考えにもとづいて著者らの研究グループが開発したデータ記述ファイルの形式が **DandD** であり，複数のデータテーブルさらにはデータベースそのものもこの形式で記述することができる．

Web ページ (web page) などからデータを取得すると，多くの場合，HTML 形式のファイルとなる．そこには，当然解析の対象となるデータだけではなく，書式など付随的な情報が含まれており，そのまま解析に用いることはできない．したがって，フラットファイルに直すことが必要となるが，その手段としては Perl などのテキスト処理言語でプログラムするか，Excel などの表計算ソフトのウィンドウ上にドラッグし，必要なセルだけを残して，CSV ファイルとして書き出すといった操作が必要となる．

6.6.3 バイナリーファイル

Excel など特定のソフトウェアが出力するデータファイルは，効率を重視し，人間が目で直接眺めることができない**バイナリーファイル** (binary file) の形式になっている．しかし，その多くが CSV 形式でも出力できるので，その機能を利用すればよい．ただし，使い方の自由度が高いため，各行が同一の表現形式になっているとは限らず，各列が一つの変量の値とみなせるとも限らない．場合によっては，複数のテーブルデータが一つのファイルにまとまっていることすらある．このような場合は，第 1 章で示した例のように，それを，いくつかの関係形式のファイルに分解する必要が生ずる．

また，PDF や JPEG といった画像ファイルならば，一度プリンタで紙に印刷しそれを文字読取りソフトウェアで読み取るといった操作をしなければならないこともある．最悪の場合，目で見て手入力するといった作業を覚悟しなければならない．[54]

---

[54] 最近では，Web 上のデータも PDF になっていることが多い．たとえば，Web から得られる航空機の時刻表がそうである．ただし，これは Excel にドラッグすれば不完全ながらもフラットファイルになる．

> **── データファイル ──**
> データを解析するとき，データが，はじめから，データテーブルのような，きれいなファイル形式になっているとは限らない．フラットファイル，マークアップファイル，バイナリーファイルなど，それぞれの形式に応じた処理が必要となる．

6.7 関係形式データベース

第1章で，すでに関係形式データベースについては簡単に紹介したが，ここで，もう少し詳しく説明しておこう．[55] 実際に扱うデータが初めからこのようなきれいな形になっているとは限らない．しかし関係形式の一般論からわかるように，冗長性さえ覚悟すれば関係形式のテーブルいくつかで表現できることが保証されている [13, 30]．

6.7.1 テーブルに対する演算

第1章で説明したとおり，関係形式のテーブルは，直積空間の部分集合とみなせるので，集合に対する演算がそのままテーブルに対する演算にもなる．[56] 演算としては最小限，次の五つの演算があればよい．たとえば積演算 $A \cap B$ は $A \cap B = A - (A - B)$ のように差の演算だけで表せるからである．

1. 和 $A \cup B$
   テーブルの併合 (union) で，テーブル A の記録とテーブル B の記録を一つのテーブルにまとめる．

2. 差 $A - B = A \cap B^c$
   テーブルの差分 (difference) で，テーブル A の記録のうちテーブル B にもある記録が削除される．

3. 直積 $A \times B = \{(a_i, b_j); a_i \in A, b_j \in B\}$
   テーブルの直積 (direct product) で，テーブル A の記録とテーブル B の記録をすべて組み合わせ，新たな記録からなるテーブルを作る．テーブル A が直積集合 $D_1 \times D_2 \times \cdots \times D_m$ の部分集合，テーブル B が直積集合 $D'_1 \times D'_2 \times \cdots \times D'_n$ の部分集合であれば，$A \times B$ は直積集合 $D_1 \times D_2 \times \cdots \times D_m \times D'_1 \times \cdots \times D'_n$ の部分集合となる．

[55] すでに第1章でも注意したように，関係形式データベースの世界ではテーブルの各カラムを**属性**と呼んでいるが，データサイエンスではこれ以外のさまざまな属性が登場するので，この用語は避け，**変量**あるいは単に**カラム**と呼ぶことにする．

[56] 第1章ではスペースの関係で，データテーブルを**転置** (transpose) した形で表示したが，本来，データテーブルの各行が1記録に対応する．記録数が多くなると，カラム数が増えスクロールして眺めるのが困難となり，記録の追加も容易ではないからである．

4. **射影** $A[,(i_1, i_2, \ldots, i_k)]$

    テーブルの射影 (projection) で，テーブル A の $i_1, i_2, \ldots, i_k$ 番目のカラムだけを取り出したテーブルを作る．**射影**という名前は，A が定義された 直積集合 $D_1 \times D_2 \times \cdots \times D_m$ の部分直積集合 $D_{i_1} \times D_{i_2} \times \cdots \times D_{i_k}$ 上への A の影を作ることから来ている．

5. **選択** $A[\,A[,i]\,\theta\,A[,j],\,]$

    テーブルの選択 (selection) で，テーブル A の記録のうち条件を満たすものだけに制限して新たなテーブルを作る．集合としては条件を満たす部分集合を取り出す演算である．ここで，条件はテーブル A の第 i カラムと第 j カラムの値 $A[,i]$ と $A[,j]$ の間の，論理値をとる演算 θ によって与えられている．

なお，ここではテーブルの，記録とカラムの指定がわかりやすいように，$A[i,j]$ のように二つの添字ベクトルあるいは論理ベクトル i, j を用いてテーブルに対する部分演算を表している．[57] $A[i,]$ のように空の添字についてはすべての添字を与えたものとみなす．

すでに本書では，このような関係形式のテーブルを**データテーブル** (data table) と呼んできた．各行が記録であり，**各カラム**（列）が各変量（**属性**）の値の並びつまりベクトルである．ただし，このベクトルは，数値の並びとは限らず，文字列の並びなど同等に扱える値の並び，つまり第 1 章で**データ**と呼んだ意味まで含めて等質な値の並びであるので，**データベクトル** (data vector) と呼んで区別する．

問題 6.7.1 何らかの関連性を条件として，二つのテーブルの記録同士を結び付けた記録からなる，新たなテーブルを作りだす演算を**テーブルの結合** (join) という．この結合演算を直積演算と選択演算を組み合わせて実現しなさい．

6.7.2 SQL

関係形式データベースに対する演算体系の一つの実装が **SQL** [58] である．国際規格「標準 SQL」として確立しており，ほとんどの関係形式データベースマネージメントシステム **RDBMS** は，少なくともこの国際規格の機能は実装している．前節で述べたテーブルに対する五つの基本的な操作のうち最初の二つは UNION 文，EXCEPT 文として実装されており，残りの三つはすべて SELECT 文が担う．もちろん，実際のデータベース管理にはこれらの文だけでは不十分で，テーブルを新たに作り出すための文，カラム名を変更するための文，その他，使いやすくするための様々な文や構文が追加されている．

---

[57] R には集合演算を行う関数，`union`, `intersect`, `setdiff`, `setequal`, `subset` が用意されており，これらの関数はデータフレームにも適用できる．つまり R における**データフレーム** (data frame) には集合演算がそのまま適用でき，関係形式のテーブルと同等な存在になっている．

[58] SQL はもともと Structured Query Language の略であったが，国際規格になる段階で固有の語であるとされた．

6.7.3 キー

関係形式データベースでは，記録を一意に定める**キー** (key) [59] が各テーブルに必ず存在しなければならない．しかも，キーは，いまある記録だけでなく，今後出現するかもしれない記録も区別できるものでなければならない．具体的には，キーはそのテーブルのいくつかのカラムの組で構成する．各記録の，指定されたカラムの組の値がその記録を区別する一意な値となる．テーブルにキーがないと，記録の順序が自由である以上，それぞれの記録を指し示す手段がなくなってしまう[60]．

もちろん，テーブルのすべてのカラムを指定すれば，各記録は必ず区別できる．関係形式では，テーブルは集合と同一視されていて，集合には同じ要素が存在しないからである．しかし，普通はこのような**自明なキー** (trivial key) を，キーとは呼ばない．

たとえば，何人かの体重と身長の記録だけからなる表にはキーが存在しない．それだけでなく，たまたま体重と身長がぴったり同じの人の記録が出現したら，一つのテーブルに同一の記録は存在しないという，関係形式データベースの大前提に反してしまう．この場合は，対象者を区別する番号やラベルからなるカラムを加えてキーを設定する必要がある．このようなカラムは **ID**(identification) と呼ばれる．

われわれは，表を眺めるとき，知らず知らずのうちに，行の順番で各記録を区別しているため，まったく同じ記録が出現しても，たまたま同じ記録の人がいたのだなと考えて，特に問題とも思わないが，関係形式データベースでは行の順番には意味を持たせてはならないので，問題となる．行の順番に意味がないことは，記録を追加するとき追加する位置を気にしなくて済むので操作上便利であるが，この意味でも関係形式のテーブルは単なる表ではない．もちろん，行列とみなせるとも限らない．行列では行の順番に意味があるだけでなく，すべての要素の値が同等な性質を持つ必要があるが，テーブルでは各カラムの値が同等な性質を持ちさえすればよいからである．詳細は 6.10 節を参照されたい．

ここまで，キーを単に記録を区別するためのカラムの組とだけ説明してきたが，よく考えてみると一つのテーブルの記録の背後には必ず何らかの**エンティティー** (entity) つまり対象となる物があり，キーはその具体的な一つである**実体** (instance) を**同定** (identify) する手段を与えていることになる．たとえば，体重と身長の例ならば，「人間」がエンティティー，一人ひとりの人間が実体である．そして，それぞれの人間を同定する手段がキーということになる．このようにデータの背後に何があるのかまで考えをめぐらせて初めて，適切なキーの設定が行える．

---

[59] 一つのテーブルには複数のキーが存在しうるが，そのうちでも実体の区別にもっとも本質的と思われるキーを**主キー** (primary key) と呼ぶ．

[60] 厳密には，**キーの既約性** (irreducibility) も要求される．つまりキーを構成するカラムの組のどのような一部も，再びキーを構成することはないことが条件となる．このような極小性の条件を加えることで冗長なキーを排除することができる．

> **― キーと ID ―**
>
> キーは，テーブルの各記録を同定するために必要なカラムの組であり，そのような組が存在しなければ，何らかの ID を導入してそれをキーとする必要がある．しかしこのようにして導入されたキーは，本来のキーとは性格を異にする．その値は単に個体を区別するためだけに付けられたラベルで，個体を判別したり，群に分ける手がかりとしては役立つものの，それ自体が何らかの説明力をもっているとは考えにくい．一方，キーが一つのカラムだけからなる場合は ID と考えることもできるが，それは単なるラベルとは限らない．たとえば，記録が発生した時刻がキーのとき，これは単なるラベルであるだけでなく，時間の流れや間隔も表し，使い方によっては大いに説明力を発揮する．

この考え方を発展させたのが **ER モデル** (entity-relationship model) [10] で，データベース設計の基本となっている．つまり，各テーブルは，必ず**エンティティー**[61]に対応しており，その（複数の）属性の値の並びが一つの記録を構成し，その記録の集まりが属性の間の関係を表現しているのだという認識に立って設計することで，データベース設計が見通しのよいものになる．

データサイエンスの立場からも，このようなテーブルの「エンティティーとその記録」という見方は重要である．しばしば扱っている記録が何の記録かあまり突き詰めないまま解析に取り組んでしまうことが多いが，それでは見当違いの解析になってしまう危険性が大きい．データの流れの初期の段階から各テーブルのエンティティーが何かをはっきりつかんでおけば，解析の枠組みがより明確になり，モデルの構築の見通しもよくなる．

また，キーを構成している変量と，それ以外の変量ではおのずから役割が異なる．キーを構成している変量の値は，それぞれの個体固有な値であり，説明に用いる変量（**説明変量**, explanatory variate）や分類に用いる変量（**分類変量**, classification variate）の有力な候補である．もちろん，キーに含まれる変量すべてを説明変量として用いてしまうと，残りの変量の値は一意的に定まってしまうわけで，何も説明したことにならず，発展性がない．この場合，キーになっていない変量は，どうしてその値をとるのか解明の対象となる**被説明変量** (explained variate)，つまり**目的変量** (objective variate) の有力な候補となる．一方，個体を判別したり，グループ分けしたいようなときは逆に，キーを構成する変量の一部が個体を分類するための目的変量，それ以外の変量が説明変量となる．

ここで，1.2 節の二つの例を振り返ってみよう．湿度吸収実験データでのエンティティーは「冊子」であり，キーは「処理時間」，「箱」，「列」，「上中下」の組

[61] entity は実体と訳されることもあるが，少々紛らわしい．ここではあえて「エンティティー」と言うことにした．オブジェクト指向における**オブジェクト** (object) が，エンティティーに対応し，**インスタンス** (instance) が実体に対応する．言い換えれば，抽象的な存在がエンティティー，その具体的な姿が実体である．最初，「実在物」としてみたが，どうにも発音しにくいので，カタカナ言葉ではあるがエンティティーを用いることにした．

である[62]. ただし，同じ条件の組合せで実験された冊子は1冊だけと仮定しての話になる．もし，同じ条件での繰返し実験を想定しているなら，「繰返し実験番号」のような変数を新たに導入し，これもキーに含める必要がある．あるいは，冊子に通し番号を付けて，それをIDとして導入し，キーとすることも考えられる．これらキーを構成する変数は，それぞれの冊子固有な値をとり，説明変数の候補となる．残りの変数「処理前」と「処理後」が目的変数となる．

一方，複式簿記データでのエンティティーは「記帳」である．キーは「ID」であり，これ以外にキーは存在しない．しかし，この場合のキーは記録を同定するためのもので，説明変数としての役割はほとんどない．説明変数，被説明変数を何にとるかは，何を知りたいのか，その目的次第である．もし，光熱費の推移を知りたいのなら，「日付」と「光熱費」に注目し，時系列として解析することになるし，「仕入」と「売上」の関係を知りたいのなら，第9章のような変量間の関係を探索することになる．

もう一つ例を取り上げておこう．有名な**アイリスデータ**[63]である．このデータは，花の萼片 (sepal) の長さと幅，花弁 (petal) の長さと幅 (単位 cm) から，Setosa, Versicolor, Virginica という3種を判別できるかどうかという興味から，Edgar Anderson [2] が収集したデータで，それぞれの種について50記録存在する．たとえば，このデータはS-PLUSでは次のように表示される．

```
, , Setosa
      Sepal L. Sepal W. Petal L. Petal W.
 [1,]      5.1      3.5      1.4      0.2
 [2,]      4.9      3.0      1.4      0.2
 [3,]      4.7      3.2      1.3      0.2
 [4,]      4.6      3.1      1.5      0.2
 [5,]      5.0      3.6      1.4      0.2
 [6,]      5.4      3.9      1.7      0.4
 [7,]      4.6      3.4      1.4      0.3
 [8,]      5.0      3.4      1.5      0.2
 [9,]      4.4      2.9      1.4      0.2
[10,]      4.9      3.1      1.5      0.1
```

これは，表示の一部であるが，このように表示されるのは，3次元**配列** (array) $\{X_{ijk}\}$ として組織化されているからである．添字 i はそれぞれの種での観測番号1から50までであり，j は測定部位，Sepal L., Sepal W., Petal L., Petal W. のいずれか，k は Setosa, Versicolor, Virginica のいずれかの種となっている．表示からもわかるように，この配列は，ちょうどそれぞれの種に関する50回の測定結果の表を重ねた形になっており，一つひとつの花を測定し，記録したときの状況を素直に反映した形になっている．

たしかに，このような配列の形式は簡潔ではあるものの，種や測定部位などが添字となっており，変量としては隠れてしまっている．これでは，解析の方向性

[62] この場合，「実験」をエンティティーとしても，同一のデータテーブルが得られるが，「処理前」や「処理後」の重量を実験の属性とみなすのには無理がある．エンティティーとしては，実際に存在する「冊子」まで思いをはせることが重要である．

[63] アイリス (iris) は「あやめ」のことである．S-PLUSやRではirisとタイプするだけで，アイリスデータが表示される．

を見極めにくい．そこで，まず，これらの隠れた変量を表に出した形のデータフレームに直してみよう．[64]

species	repetition	parts	measurement
Setosa	1	Sepal L.	5.1
Setosa	2	Sepal L.	4.9
Setosa	3	Sepal L.	4.7
Setosa	4	Sepal L.	4.6
Setosa	5	Sepal L.	5.0
Setosa	6	Sepal L.	5.4
Setosa	7	Sepal L.	4.6
Setosa	8	Sepal L.	5.0
Setosa	9	Sepal L.	4.4
Setosa	10	Sepal L.	4.9

[64] コンピュータ上では，行列や配列といった立体的な広がりを持つ値も，1列に並べたベクトルとして扱われる．したがって，次のデータフレームの measurement の列も関数 c で配列をベクトル化するだけで得られ，あとの列は関数 rep を用いて作り出せばよい．

これは，最初の 10 記録だけの表示であり，species が種，repetition がそれぞれの種での観測番号，parts が測定部位，measurement が測定値になっている．また，「エンティティー」は花弁，萼片いずれかの幅，長さといった測定対象であり，キーは species, repetition, parts の組である．[65]

しかし，このデータテーブルの問題点は，花弁と萼片という明らかに異なる対象をひとまとめにしてエンティティーと考えていることであり，measurement に長さと幅という意味の異なる測定値が混在していることである．そこで，エンティティーを「花」とし，その花弁と萼片の長さと幅が観測されたと考えて，データテーブルを組み直せば

[65] 花弁や萼片といった「花の部品」も確かに実際に存在する物ではあるが，バリエーションがありすぎ，具体性に欠ける．ここで，「エンティティー」がなにかをよく突き詰めておくことが，後の解析の視点をはっきりさせることにつながる．

species	repetition	Sepal.L	Sepal.W	Petal.L	Petal.W
Setosa	1	5.1	3.5	1.4	0.2
Setosa	2	4.9	3.0	1.4	0.2
Setosa	3	4.7	3.2	1.3	0.2
Setosa	4	4.6	3.1	1.5	0.2
Setosa	5	5.0	3.6	1.4	0.2
Setosa	6	5.4	3.9	1.7	0.4
Setosa	7	4.6	3.4	1.4	0.3
Setosa	8	5.0	3.4	1.5	0.2
Setosa	9	4.4	2.9	1.4	0.2
Setosa	10	4.9	3.1	1.5	0.1

となる．キーは species と repetition の組であり，測定対象の「花」一つを同定する．

なお，このキーを構成する二つの変量には，その性格に違いがある．species は一つひとつの花に生まれつき備わっている属性であるのに対し，repetition は測定する段階でつけられた人工的な番号である．言い換えれば，実体，つまり個体の持つ**固有属性** (native attribute) と **付与属性** (given attribute) の違いである．花の種を判別する問題ならば，固有属性である species が目的変量となり，repetition は無視され，残りが説明変量となる．

問題 6.7.2 S-PLUS あるいは R で，アイリスデータのような 3 次元配列をデータフレームに直す一般的な方法を考えなさい．

なお，R でのアイリスデータは

```
Sepal.Length Sepal.Width Petal.Length Petal.Width Species
        5.1         3.5          1.4         0.2  setosa
        4.9         3.0          1.4         0.2  setosa
        4.7         3.2          1.3         0.2  setosa
        4.6         3.1          1.5         0.2  setosa
        5.0         3.6          1.4         0.2  setosa
        5.4         3.9          1.7         0.4  setosa
        4.6         3.4          1.4         0.3  setosa
        5.0         3.4          1.5         0.2  setosa
        4.4         2.9          1.4         0.2  setosa
        4.9         3.1          1.5         0.1  setosa
```

のように表示される．これからわかるように，このデータテーブルには変量 repetition が存在しないので，キーが構成できず，関係形式としては不完全である．暗黙のうちに repetition が存在すると思えば，解析などには特に支障はないが，同じ種の花を 50 個つんで測定したことが不明確になるだけでなく，もし外れ値などがあったりしたときに，もとのデータに戻ってその理由を探ることが困難になる．

6.7.4　ドメイン

ドメイン（domain, 定義域）は，数学的な定義としては，各カラムつまり各変量の取りうる値の集合 $D_1, D_2, \ldots, D_m$ でしかないが，本当の役割は，各変量の特性を定めるところにある．たとえば，RDBMS では，コンピュータの処理上で必要となる，文字 (char)，文字列 (varchar)，日付 (date)，整数 (integer)，2 値 (binary)，浮動小数点数 (single, double)，通貨 (currency) などの **データ型** (data type) による区別だけで，ドメインの特性を表現している．

しかし，データサイエンスの実践では，どのような文字が現れるのか，どのような数値が現れるのかも，その値の **意味** (semantic) まで含めて知る必要がある．たとえば，YES, NO の 2 値であっても，何に対する答えかで，当然扱いは異なってくる．

もちろん RDBMS によっては，とりうる値の集合を明示的に定義してデータ型の代わりに用いることもできるが，それでも，ただ可能な値を羅列できるだけで，たとえば，正数に限るといったことなどすら表現するのは難しい．さらには，値の意味に属するドメインのさまざまな属性を補助的に **メタデータ** (metadata)[66]として付け加えておく，あるいは ER 図の中で説明するなど，まったく方法がな

[66] メタデータは，データの背景情報などデータを説明する（広義の）データであるが，RDBMS ではどう記述するか定まったルールはない．一種のマニュアル（手引き）として存在するだけのことが多い．

いわけではないが，すくなくとも，システマティックに扱えるようにはなっていないのが現状である．このようなところにも，業務をサポートするためにデータの流れを管理するのか，データから何か新たな価値を創出するためにデータを取得し解析するのか，といった立場の違いが現れている．

関係形式データベース

関係形式データベースでは，「記録を生み出す実体とその属性」を熟慮した上で，基本となるテーブルを組み立てている．データサイエンスの実践にあたっても，このようにデータを組織化することで，見通しがよくなり，解析の方針も立てやすい．ただ，データサイエンス実践のためには，現在の関係形式データベースでは不十分な点も多く，さまざまな拡張が必要となる．[67]

---

67) もちろん，いつでも関係形式データベースにしたほうがよいというわけではない．単純なデータテーブルで，利用目的も限られているならば，データファイルとして保存したほうが，能率的で扱いも楽である．

6.8 関係形式データベースを超えて

6.8.1 2次データ

データサイエンスで扱うデータは，いつでも整った形になっているとは限らない．特に官公庁の公表しているデータは，これまでの印刷冊子の形式を踏襲しているせいか，実際の解析に使える形にするのはなかなか厄介である．一つの例として，厚労省の**患者調査データ**

http://www.e-stat.go.jp/SG1/estat/List.do?lid=000001103075

を取り上げてみよう．3年に1回，10月のある一日に実施された全国の病院，医院における患者状況の調査結果が100以上の表にまとめて公表されている．[68] 図6.9は，そのうちの閲覧第40表の最初の一部である．ヘッダーから，これは平成23年10月に実施された病院を対象とした調査結果を，さまざまな条件のもとでの受療率としてまとめたものであることがわかる．

よくみると，この表は単一の表ではなく，条件の組合せで生まれる数多くの表を一つにまとめた「表」であることがわかる．治療形態での分類 { 総数，入院，外来，初診，再来 } で出来る表 5 枚を縦に積み重ねてあり，さらに，それぞれの表が性別 { 総数，男，女 } で出来る 3 枚の表を横に並べたものになっている．[69] つまり閲覧第 40 表は計 15 枚の表を 5×3 に配列した「表」である．

15枚の表それぞれは，傷病の種類と年齢区分の組合せでの10万人当りの受療者数である．したがって，特定の分類での受療者数の様子を知るだけなら，該当の部分だけを切り出せば済むが，治療形態や性別を要因にして受療率の違いを説

68) ダウンロードできる表は，調査年ごとに上巻，下巻，閲覧に分類されている．下巻は都道府県・二次医療圏まで分類した表，閲覧は「報告書非掲載」とあるので，印刷物としては公表していない表のようである．

69) ここでの「総数」は「分類せず」を意味している

平成23年　　　　　　　　患者調査 平成23年10月
閲覧第 40表　　　　　　受療率(人口10万対), 性・年齢階級×傷病大分類×入院－外来(初診－再来)別

注：(1)　総数には、年齢不詳を含む．
　　(2)　宮城県の石巻医療圏、気仙沼医療圏及び福島県を除いた数値である．

	総数 総数	0歳	1〜4	5〜9	10〜14	15〜19	20〜24	25〜29
総数								
総数	6852	8229	7184	4795	3014	2142	2445	2961
Ⅰ 感染症及び寄生虫症	153	435	326	248	132	71	99	111
腸管感染症	28	249	130	53	42	32	33	29
結核	5	0	0	0	0	0	1	2
皮膚及び粘膜の病変を伴うウイルス疾患	39	63	120	130	70	25	23	27
真菌症	30	21	4	3	3	7	23	33
その他の感染症及び寄生虫症	52	101	71	62	18	7	18	19
Ⅱ 新生物	295	72	35	21	17	22	37	50
(悪性新生物)(再掲)	238	8	12	10	9	11	12	15
胃の悪性新生物	27	0	0	0	0	0	0	0
結腸及び直腸の悪性新生物	34	1	−	0	0	1	1	1

図 6.9　患者調査データ閲覧第 40 表の一部

明しようとしたら，このままでは厄介な処理が必要になる．さらに調査年も要因に含めるとしたら，過去の表も含めた処理が必要になる．

解析をするたびに，そんな処理に時間をかけられないとしたら，前節の考え方に沿って一つの表にまとめ直してしまったほうがよい．そのとき，まず記録の対象つまりエンティティーを何に取るか定める必要がある．これが，1 次データなら当然「患者」であるが，この 2 次データの場合は患者群[70]をエンティティーに取るのがよいだろう．

しかし，この表をさらにわかりにくくしているのは「総数」の存在である．行を追って説明すれば，最初に現れる総数は性別の「総数」を意味している．この図では省略されているが，右のほうに進めば「男」，「女」が現れる．また，次の総数は年齢区分をしなかったときの「総数」である．さらに，その次の総数は，以下の表が治療形態で分類しなかったときの「総数」であることを示している．さらに次の総数は，15 枚の表一枚ごとの傷病での分類をしなかったときの「総数」である．

また，この表は「傷病大分類」となっているが，大分類以外に「Ⅰ 感染症及び寄生虫症」といった，それに続くいくつかの大分類をまとめた，**ICD**(international classification of diseases)

http://www.mhlw.go.jp/toukei/sippei/

の章レベルでの縮約値も挿入されている．さらに，細かいことだが，たとえば「(悪性新生物)(再掲)」とあるのは「良性新生物及びその他の新生物」を除いた，「Ⅱ 新生物」章での**縮約値**である．

[70] 患者と異なり，患者群は初めから存在するものではない．この場合でいえば，治療形態，性別，傷病の組合せで定まる事後的な患者の集りである．

治療形態を表す変量と性別を表す変量を導入すれば，すこし冗長にはなるものの，形式的にはこれら 15 枚の表を一つのデータテーブルにまとめることができる．ただし，上のような総数をそのままにしてまとめてしまうと患者群に重複が生じ，初診に現れる患者群と再来に現れる患者群を合わせたものが，外来に現れる患者群といった重複も生ずる．したがって，総数と外来は除外し，{ 入院, 初診, 再来 } と { 男, 女 } の組合せだけでできる，6 枚の表だけを抜き出してまとめることにする．さらに，それぞれの表の，総数，章ごとの縮約値，部分的な縮約値の行もすべて取り除く．図 6.10 は，こうして整えたデータテーブルの一部である．

傷病	治療形態	性別	0歳	1~4	5~9	10~14	15~19	20~24	25~29
結核	入院	男	-	-	-	-	0	0	1
皮膚及び粘膜の病変を伴うウイルス疾患	入院	男	2	1	0	0	0	0	0
真菌症	入院	男	-	-	-	-	0	-	-
その他の感染症及び寄生虫症	入院	男	29	4	1	1	1	2	3
胃の悪性新生物	入院	男	1	0	-	0	0	0	0
結腸及び直腸の悪性新生物	入院	男	0	-	0	0	0	0	0
気管, 気管支及び肺の悪性新生物	入院	男	-	0	-	0	0	0	0
その他の悪性新生物	入院	男	5	10	7	6	5	5	6
良性新生物及びその他の新生物	入院	男	5	2	2	2	1	2	3
貧血	入院	男	1	1	0	1	0	0	1
その他の血液及び造血器の疾患並びに免疫機構の障害	入院	男	4	4	4	1	0	1	1
甲状腺障害	入院	男	3	0	-	0	-	1	0
糖尿病	入院	男	0	1	0	0	1	1	2
その他の内分泌, 栄養及び代謝疾患	入院	男	10	2	2	2	1	1	1
統合失調症, 統合失調症型障害及び妄想性障害	入院	男	2	0	1	1	9	26	44
気分[感情]障害 (躁うつ病を含む)	入院	男	-	0	0	1	2	3	6
神経症性障害, ストレス関連障害及び身体表現性障害	入院	男	0	0	0	3	2	2	3
その他の精神及び行動の障害	入院	男	2	2	3	9	7	10	8
白内障	入院	男	-	-	-	-	0	0	0

図 6.10 整えた患者調査データ閲覧第 40 表の一部

さらに年齢区分も変量の一つとして導入すれば，受療率の列が一本だけの表にまとめられ，このほうが「患者群」ははっきりする．というのも，10 万人当りの受療者数は，10 万人当りの，該当する性・年齢区分に属する受療者数ではなく，該当する性・年齢区分に属する 10 万人当りの受療者数だからである．つまり，性・年齢区分によって，対象とする 10 万人が変化する．しかし，このように年齢区分も変量として導入すると，冗長性はさらに増し，一覧性も悪くなる．目的が，解析のためにデータを整えることであれば，そこまでする必要はないと思うが，いかがだろうか．

なお，まとめるときに除外した，受療率の性や年齢区分をまたがった「総数」を復元するには注意が必要である．上のように，受療率は性・年齢区分ごとの人口構成比が反映されているので，この患者調査の「統計表一覧」の「利用上の注意」にある「受療率の算出に用いた人口」（性・男女別の年齢区分ごとの人口）の重みを利用して計算する必要がある[71]．

---

[71] ただし，この推計人口の表は PDF になっているので，そのままでは計算に使えない．

しかし，この「表」の問題はこれだけではない．値が "-" あるいは "・" となっているセルが結構多い．まず，"・" は，男性の場合に子宮の悪性新生物の行がすべて "・" となっていることからもわかるように，ありえないための欠損であるので，はっきりしている．しかし，"-" は「計数のない場合」，"0" または "0.0" は「推計値，比率等でまるめた結果が表章すべき最下位の桁の1に達しない場合」と説明されている．

実は，もとの1次データは**層化無作為抽出** (stratified random sampling) [72] による調査結果であり，資料「結果の推計と標準誤差」によると，病院入院患者に関しては，生年月日が奇数の患者についてだけしか，傷病の種類や治療形態など，性，年齢以外の調査をおこなっていない．したがって，傷病の種類や治療形態別の受療率を求めるときには，層・性別の拡大率で拡大することで，生年月日の偶奇によらない受療率に直している．確かにこの段階で，患者数が0だと拡大率が求まらず，"-" とせざるをえないのは理解できるが，それなら傷病の種類や年齢区分にかかわらず "-" となるはずが，実際にはそうなっていない．

[72] 層というと，どうしても地層や階層のように積み重なっているイメージが強いが，ここでの層は「集団のグループ分け」にすぎない．ただし，等質と考えられるグループであり，その意味では，地質の違いで分かれる地層と同じである．

――― サンプリング ―――

サンプリング (sampling) は，すべてを調べつくすことが不可能だったり，時間やコストの関係でそれが合理的ではない場合に用いられる手法である．古典的には**実験計画** (design of experiments) と**標本調査** (sampling survey) に分かれるが，「一部を調べることで全体を代表させよう」という点では変わりがない．

違いは，どこで誤差が生まれると考えるかにある．実験計画では，実験をおこなう上で生ずるさまざまな誤差がバランスするように実験を組み立てようとするのに対し，標本調査では，全数調査をすればわかる値を，抽出した個体の値だけから推測したときの誤差を問題にする．いずれの場合も，まず「いかに偏りを少なくするか」が問題であり，次に「いかにバラツキを少なくするか」が問題である．

ここでの層化無作為抽出は，標本調査手法の一つで，病院をその機能や規模で19に分類し，それぞれのグループつまり**層** (stratum) から，いくつかの病院を**ランダム** (random)（無作為）に抽出し[73] 調査している．このように層化することで，層化しないランダム抽出に比べ，層の等質性によって，抽出により生ずるバラツキを少なくすることができるだけでなく，[74] ある種の病院がすべて調査対象から抜けてしまうといった危険も避けられる．なお，この調査では，別途おこなわれている「医療施設静態調査」の結果から，各層の病院数や各病院の持つ患者の割合などを推定し，患者数の推定に役立てている．

[73] ランダムとデタラメは違う．無作為という日本語からもわかるように作為がない，つまり「公平な」という意味である．したがってランダム抽出は，対象を特定の偏りがないように抽出しなければならない．実際には，偏りのない硬貨投げの代わりに乱数生成などで抽出対象を定めている．

[74] 病院の機能や規模を揃えることによって，さまざまな傷病や年齢区分での患者数も似通っていると期待される．それが推定患者数のバラツキを抑えることにつながる．もちろん，本当に抑えることができているかどうかは，検証が必要である．

「計数のない場合」を文字通り解釈すれば，調査対象者のなかに該当のセルの患者がいなければ，それだけで "-" となっているのかもしれない．そうだとすると，一人でも患者がいれば "0"，一人もいなければ "-" ということになる．細かいことのようであるが，実際に解析するとなると，"-" をどう扱ったらよいか大いに悩むことになる．もちろん「総数」を復元するときにも問題になる．

いずれにしても，このような2次データはさまざまな問題を孕んでいる．10万人あたり1人未満は0としてしまうのも乱暴だし，調査時の記入漏れなどをどう扱っているのかなども気になる．電卓も普及していなかった時代には，このような2次データも大いに価値があったかもしれないが，いまや，官庁が公表するデータも，多目的に利用されようとしている時代である．2次データは厄介であり，問題が多い．出版物の形態とは別に，1次データの公開を考える時期に来ていると思われるが，いかがだろうか．これは，何もこの厚労省の患者調査データに限らない．気象庁の地震データや気象データでも同じことで，いまの公表形態では活用しようと思っても話はそう簡単ではない．

実は，この閲覧第40表は，さきに述べた「性・男女別の年齢区分ごとの人口」を用いれば，閲覧第2表の推計患者数から求まる．その意味ではこの「表」は2次どころか **3次データ** (thirdly data) である．言い換えれば，厚労省が公表している多数の表は，基本的ないくつかのテーブルに帰着できる．ただし，年度の推移に伴う年齢区分の変化などもあるので，どう整理するか，この2次あるいは3次データのレベルでも多くの課題が残っている．

6.8.2 テーブル間の関係

関係形式データベースでは，テーブル間の関係を表す手段としては**外部キー** (foreign key) しか用意されていない．

テーブル R のあるカラムの組の値が必ずテーブル S のキーの値として現れ，この値を介して R のどの記録に対しても，参照先となる記録が見つかることが保証されているとき，そのカラムの組はテーブル S を参照する R の外部キーであるという．[75] ただし，そのカラムの組が参照元の R のキーになっている必要はない．[76]

この外部キーの条件は，外部キーの取りうる値がすべて，参照先のキーの取りうる値となっているだけではなく，必ず参照先のテーブルに値が存在していることまで要求しているので，データベースの円滑な運用上は欠かせない条件であるものの，実際に解析の対象として現れるテーブルでは，この条件をいつも満たすことは難しい．[77]

実は最近の研究 [40] で，データベースの管理を離れれば，テーブル間の関係

[75] 実は，テーブル R と S は同一でも構わないので，外部キーは，一つのテーブルのカラムの組同士の関係を表すこともできる．

[76] 外部キーは，参照先のテーブルでキーになっているためこう呼ばれる．

[77] このような外部キーに課せられた強い条件は，マスターとなるようなテーブルを，参照先として想定しているからである．

は，以下のようにドメインの定義を拡張し，個々の値を離れた，拡張ドメイン間の関係と考えたほうがよいことがわかってきた．

拡張ドメイン

テーブルの，一つのカラムの取りうる値の集合だけでなく，いくつかのカラムの組の，取りうる値の集合を，**拡張ドメイン** (extended domain) と呼ぶ．いくつかのドメインの直積集合だけでなく，その部分集合も，拡張ドメインとなる．

たとえば，外部キーが定める関係は，参照元の拡張ドメインが，参照先のキーの拡張ドメインに含まれていることが本質であることがわかる．もし，参照先の記録が見つからなければ，それを**欠損値**として扱えばよい．

さらに，外部キーでは表せない，さまざまなカラムの組の間の関係[78]も存在する．そのいくつかを見ておこう．

[78] テーブル間の関係，つまり「関係の関係」である．

1. ドメインの共有

    6.4.1節の「呼吸量心拍データ」がよい例である．変数「健康状態」と「負荷」は，テーブル「心拍時点」と「呼吸流量」に共通する変数であるが，いずれのテーブルでもキーにはなりえないので，外部キーでこの関係を表現することはできない．しかし，この二つの変数のドメインがテーブルを越えて共有されている，という形で表現できる．

    また，「心拍時点」と「観測時点」が同じ時間軸を共有していることは，仮想的な「時間軸」のドメインを導入し，「心拍時点」のドメインも「観測時点」のドメインも，この「時間軸」ドメインの一部になっている，という形で記述できる．

    さらに，テーブルによって粒度が違うだけで同一の変数であることも，ドメインの共有で表せる．たとえば，片方のテーブルは毎日の記録，もう一方は週末の記録であるような場合である．このような関係は，毎日の記録の日付のドメインに，週末の記録の日付のドメインが含まれる，といった形で記述できる．

2. ドメインのマッピング

    すでに，6.4.1節で述べたように，テーブルによって，正式名と通称，短縮名のように，**値の表記** (value representation) が異なるだけで，同じものを表していることも多い．この場合，ドメインのマッピングを定義することで，数値の変換も含めた関係を記述できる．さらに，片方のテーブルでは

区別しているが，他方では区別していない商品があるような場合も，このようなドメインのマッピングを用いればシステマティックに記述できる．

3. 拡張ドメインによる基数系の表現
   緯度，経度のように度，分，秒がそれぞれ別カラムになっていた場合には，いわゆる**基数系** (radix system) [79] を成すことを記述しておく必要があるが，これは，これら三つの変数のドメインの直積ドメインつまり拡張ドメインが，緯度あるいは経度のドメインを構成することで記述できる．

4. 拡張ドメインによる値制約の表現
   割合，択一解答などには，複数のドメインにまたがる**値の制約** (value restriction) が存在する．このような場合は，構成するドメインの拡張ドメインを単なる直積ドメインではなく，その部分集合として拡張ドメインを定義することで，このような制約を記述できる．

もちろん，このようなドメインの関係は，現行の RDBMS ではシステマティックに扱うことができない．6.8.3 節で紹介する **DandD** のような，**メタデータ**をシステマティックに扱う仕掛けがどうしても必要になる．[80]

[79] 時，分，秒やドル，セントなども基数系の例である．

[80] メタデータは，テーブルの集まりとしての関係形式データベースでは記述しきれない情報を記録する手段として用意されているが，特に形式が定まっているわけではないので，データといっても人間が読んで理解するしかない．

6.8.3 さまざまなレベルでの属性

データを解析するには，変数とその関係だけでなく，さまざまなレベルでの属性が必要になる [39]．

1. 値
   個々の値について記述するしかない属性も存在する．たとえば，**欠損値** (missing value) である．これらに関する適切な情報があるかないかで，その扱いは大きく左右される．

欠損値

欠損値はその理由によって，さまざまに分類される．最初から値が得られなかったための欠落，ありえない値を観測したため生じた欠測，測定限界を越えたための欠測，観測し忘れたり記録しそこなったために生じた欠落，さらには回答拒否による欠落など，さまざまなタイプがある．また，記録は得られたものの，取扱いのミスで欠損した値，あきらかに不適切な値などの（値自体が欠損しているわけではない）欠損値もある．つまりは，文字通り，欠けたり，損なわれたりした値が欠損値である．

2. データベクトル
等質な値をまとめた一つのデータベクトルつまりデータとしての属性は，ドメインの属性といってもよい．関係形式データベースで用いられる型より詳しい型，精度，確度，単位，さらには値制約，個数打ち切り，時間打ち切りなどの属性がある．

3. データテーブル
一つのデータテーブルに関する属性は，そのテーブルの複数のドメインに関係する属性である．したがって，前節の拡張ドメインを用いれば，複数のデータテーブルにまたがる属性も含め記述することができる．

4. データベース
全体的な背景情報であり，たとえば，あらかじめ実験計画や調査計画が立てられていればその記述，データが取得された背景，条件などがある．また参考文献や解析結果，構築されたモデルなどもこの種の属性の一つとして考えられる．

6.8.4 DandD

すでにおわかりのように，**RDBMS** は，データをシステマティックに扱うための，きわめて汎用で，よく考えらたシステムであるが，データサイエンスの目的には不十分な部分も多い．RDBMS が「データを円滑に処理する」ことを目的にしているのに対し，データサイエンスは「データから新たな価値を見つけ出す」ことを目的にしている以上，当然である．

すでに第 1 章で述べたように，データ分析，さらにはデータ解析は，基本的に帰納の繰返しである．帰納は個々の特殊な事柄から一般原理や法則を導き出すことであるが，これは言い換えれば「具象から抽象へ」でもある．[81] データサイエンスの科学としての特徴も，データを抽象化し，データの流れを抽象化し，さらには得られた発見をモデルの形で抽象化するところにある．本節では，このような抽象化を支える一つのインフラとして，著者らが 20 年以上にわたって研究を進めてきた **DandD**(data and description) を簡単に紹介しておく．

まず，関係形式データベースは，あらかじめ十分なシステム設計を行い，データの様態は変化しない，また変化させないという前提で運用されるのに対し，データサイエンスでは，データは上流から下流までさまざまな**縮約** (aggregation) と**拡張** (extension) を繰り返し，その様態は変化を重ねるという前提に立つ．このような変化を反映し，各段階で生まれる属性とデータを一体化させる手段として，**DandD インスタンス** (data and description instance) [82] がある [58]．

[81] これまで，応用 xxxx といった「応用」を冠した名前の学会や学科が数多く設立されては消えていった．具象だけに焦点を当てるアプローチの限界を示しているのではないだろうか．

[82] XML では個々の XML ファイルをインスタンスと呼んでいるので，それにならって DandD インスタンスと呼ぶことにした．

DandD インスタンスは，一つの XML ファイルであり，そこにはデータの変容に沿って，どのようにデータを組織し直すかや，外部キーで表現しきれないデータテーブル間の関係，さまざまなレベルの属性がシステマティックに記述されている．DandD インスタンスによって，データベースには手を加えずに独自の視点でデータを組織し直すことができるだけでなく，データベースに格納されていないデータファイルや Web 上に散在しているさまざまな形式のデータも自由に取り込むことができる．これは**インターデータベース** (InterDatabase) [83] と呼ばれている機能である [41, 57]．

83) インターデータベースには「インターネット上のデータベース」と「複数のデータベースをまたがるデータベース」という二つの意味をかけている．ネットワーク上の DandD インスタンスを調べ，必要なデータを集めてくる**エージェント** (agent) の役割を持ったソフトウェアの一つが，後に述べる TRAD である．

DandD

既存のデータベースシステムやデータファイルには手を加えず，さまざま場所に，さまざまな形で分散したデータをオンタイムに利用でき，データサイエンスの実践にあたって必要となるメタデータも，DandD インスタンスとして一体化するシステムである．

　図 6.11 は，データの流れに沿って作られる DandD インスタンスの例である．データは左から右へ流れている．まず，データテーブルやデータファイルそれ

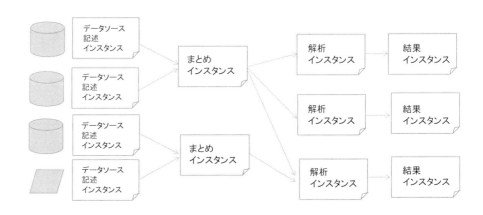

図 6.11 データの流れに沿った，DandD インスタンスの系列

ぞれに付随して DandD インスタンスが作られる．それが「データソース記述インスタンス」である．いま，上二つのデータテーブルを対象とした解析を始めたいとすれば，二つの記述インスタンスを継承した「まとめインスタンス」を作ることになる．たとえば，**呼吸量心拍データ**であれば，呼吸流量の記述インスタンスと，心拍時点の記述インスタンスから「呼吸量心拍まとめインスタンス」が作

られ，ドメインの共有や時間軸のドメインの導入が記述される．

その後，解析の方向性と用いるソフトウェアに合わせ，いくつかの「解析インスタンス」が作られる．呼吸量心拍データの例であれば，呼吸流量の解析，心拍時点の解析，呼吸流量と心拍時点の関係の解析などである．解析の結果も，これまでのインスタンスを継承する形で「結果インスタンス」としてまとめられる．

さらに，残りの関連するデータについても，同様の流れが作られる．図 6.11 でいえば，左下二つのデータテーブルとデータファイルである．これらのデータを踏まえた解析を行うとすれば，先に作られた「解析インスタンス」に併合する形で，新しい「解析インスタンス」をつくる．その結果はふたたび，「結果インスタンス」としてまとめられる．呼吸量心拍データの例でいえば，被実験者の性別や年齢などの背景情報の解析と，呼吸流量と心拍時点の間の関係への反映である．

このように，データの流れに沿って DandD インスタンスを残していくことで，データがアップデートされても，もう一度解析をやり直す必要はなく，DandD インスタンスの系列をたどるだけで，結果をアップデートすることができる．さらに，似たようなデータに対しては，最初の記述インスタンスを修正するだけで，容易に同じような解析が行える．

また，データの上流から下流の流れに関与する人々の間のコミュニケーションがスムーズになるだけでなく，DandD インスタンスには解析結果や構築したモデルの記述も含められるので，データサイエンス実践経験の蓄積も容易となる．データサイエンスを本格的に実践している現場では，よく仕事量の 75% はデータを整えることで費やされていると言われているが，DandD を介した経験の蓄積が進めば，この割合を減少でき，コスト削減につながる．

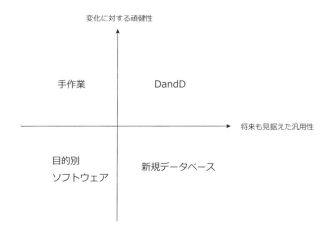

図 6.12 蓄積されたデータを活用するときの DandD の位置づけ

図 6.12 は，蓄積されたデータを活用しようと思ったときの典型的な方法の比較である．すでにおわかりのように，解析に利用できるようにデータを整えるには，さまざまな処理が必要になる．特にデータが散在している場合にはなおさら手間がかかる．手間さえ厭わなければ「手作業」が一つの選択肢であろうが，作業量が多くなれば，その処理のためのソフトウェアの作成が必要になる．さらに，大掛かりになれば，解析用の関係形式データベースを新たに作りなおすことも視野に入ってくる．

「将来も見据えた汎用性」と「変化に対する頑健性」の軸で比較すればDandDも含めた四つの方法の位置づけは図 6.12 のようになる．横軸は，平たく言えば「どれだけの範囲をカバーし続けられるか」であり，汎用性が高ければ高いほど長期のコストは低減する．もちろん，新規データベースを作っても，その作成コストと維持管理費用に見合うだけの利用がなければ，必要に応じて処理ソフトウェアを作るほうが安くつくことになる．[84]

縦軸は，いわば「もとのデータに変化があったり，解析のストラテジーが変わったときの対応力」である．もちろん，そのたびにソフトウェアを作り直したり，データベースを作り直したりするより，「手作業」のほうが小回りがきき，変化に対する対応力には優れている．

その点，DandD は，すでにあるデータベースやデータファイルを DandD インスタンスを介してそのまま利用するため，新たに処理ソフトウェアを作成したり，データベースを作り直す必要はない．また，変化があってもデータ本体とは独立した DandD インスタンスを修正するだけで済むので，頑健性も高い．DandD インスタンスは，いわば「処理手続きの汎用化」の役割も果たしている．

現場では，増え続けるデータに対処するため，過年度のデータはアーカイブとして別の場所に保管したりすることが多いが，[85] データサイエンスの実践上は，このような**ヒストリカルデータ** (historical data) がきわめて重要な手がかりとなることが多い．しかし，ただ保管されただけのデータでは，あとから取り出してもわけがわからないことが多く，それを活用できるようになるまでには，かなり手間がかかる．しかし，似たような事例の DandD インスタンスを出発点にすれば，大幅に手間を減らすことができる．

DandD インスタンスは，汎用なルールにしたがって記述されるので，異なる分野間での経験の共有も容易である．将来的には DandD インスタンスがライブラリーとして集積されれば，似た事例の検索も容易になる．さらに，それがマーケットで売買されるようになれば，自分の抱えているデータと問題に近い DandD インスタンスを購入することで，組織の壁を越えたデータ解析の専門知識の移転 (expertise transfer) も容易になることが期待されている．

現実的な問題として，データそのものを入手することは，ますます困難になり

[84] もちろん，処理速度の点からみれば，目的別ソフトウェアあるいは，目的に合わせて構築したデータベースのほうが優れている．

[85] 会社の運営上必要なくなったデータが，アーカイブとしても保管されずに，捨てられてしまうケースも少なからずある．もったいないが．

つつある．一つは，個人情報，企業内部情報など秘匿すべき情報の漏洩を心配するからであり，もう一つは，データそのものに価値があることがわかってきたため，それなりの対価を支払わなければ，入手できなくなってきているからである．これは，**データの商品化** (commercialization of data) であり，データを収集し提供する**データベンダー** (data vender) と呼ばれるビジネスも盛んである．また，それを仲介する**データブローカー** (data broker) も誕生してきている．

一方，政府や地方公共団体は，**情報公開法** (freedom of information act) により，業務上取得したデータの公開を義務づけられていることもあり，データの公開に前向きである．各省庁や地方公共団体の Web ページからさまざまなデータを入手できる．しかし，6.8.1 節の例からもわかるように，その多くが広報を目的としており，利用しやすいファイル形式になっていないだけでなく，かなり加工の進んだデータが多いため，自分のニーズにあったデータが入手できるとは限らない．

このような状況にあって，DandD はさまざまな役割を果たす．一つは，DandD インスタンスは，データそのものとは独立した存在であるため，データそのものを入手せずとも，データ解析の専門知識の移転は可能である点であり，もう一つは，さまざまなデータ提供形態に対応した記述インスタンスさえ入手すれば，アクセスはずっと容易になる．さらには，DandD インスタンスライブラリーを介した自分の必要とするデータの検索も，より容易になるに違いない．

関係形式データベースを超えて

データを必要なときに必要な部署に円滑に流すことを目的とする関係形式データベースだけでは，データサイエンスの実践には不十分である．外部キーでは表しきれないテーブル間の関係や，さまざまなレベルでの属性などが適切に記述されていて初めて，大きな価値を生み出すデータ解析が可能となる．これをサポートする手段として考えられたのが DandD であり，DandD インスタンスのライブラリーは，データ解析の経験を集積し，それを他部門に伝える役目も果たすだけでなく，解析を典型化し効率化する．

6.9 ソフトウェア

実際にデータを解析するとなると，何らかのソフトウェアを使わざるをえない．ただ，それぞれのソフトウェアには向き不向きがあり，同じことができるにしてもその使い勝手は大きく違う．ソフトウェアは料理でいえば包丁など調理器具であり，包丁にも果物ナイフから牛刀までその用途に応じてさまざまな種類が

あるように，解析ソフトウェアにも小回りの利くシャープなものから，大仕事をするためのソフトウェアまでさまざまであるので，用途にあったソフトウェアを選ぶ必要がある．[86]

6.9.1　表計算ソフトウェア

データを扱うのにもっともよく用いられるソフトウェアは Excel に代表される表計算ソフトウェアであろう．大規模なデータを扱う業務でも使えるよう機能強化したソフトウェアは **BI** (business intelligence) [87] ツールと呼ばれ普及している．表計算ソフトウェアは，データを表にして，目で見ながら直接どのようにでも操作でき，必要に応じて図表も自由に作成できるので日常的なレポート作成には重宝する．

しかし，表計算ソフトウェアに頼りすぎるとデータの海に溺れやすい．だれでも自由に表やデータを直接操作することで大量の図表が作れることが災いして，その作業にのめりこんでしまい，結局のところ，何がわかったのか，何を言いたいのかはっきりしないレポートを作成することになりがちである．しかもそれが多くの場合，個人技に留まる．

もちろん，表計算ソフトウェアの利点は，どんなデータも気軽に扱えるところにある．しかしその裏返しとして，もうすこし視野を広く考えを巡らせ，思わぬ発見をする貴重な機会を逃してしまいがちである．表計算ソフトウェアは，データサイエンスの入口として大いに有効な道具ではあるが，前節までで述べた本格的な実践の手段としては限界があることにはじゅうぶん留意する必要がある．

6.9.2　統計解析ソフトウェア

さまざまな統計手法をソフトウェアとして集積したパッケージは数多く開発されているが，[88] 代表的なものに **SAS** (http://www.sas.com/ja_jp/home.html) や **SPSS** (http://www-01.ibm.com/software/jp/analytics/spss/) がある．前者は医薬分野をはじめ様々なビジネス分野で広く用いられている統計解析パッケージで，後者は社会科学向けに強みをもつ．医薬品認可に必要な統計検定など，あらかじめ定まった統計手法をデータに適用する業務などには信頼性も高く，これら統計解析パッケージの可用性は大きいが，データをブラウジングし試行錯誤を繰り返しながら新たな発見を目指すのには必ずしも適していない．

---

[86] いくら立派な調理器具を買い揃えても，うまい料理がつくれるとは限らない．それぞれのソフトウェアの誕生の背景は，図 6.2 を参照されたい．

[87] BI の一つの進化形が**アナリティクス** (analytics) であろう．アナリティクスはデータ中に有益なパターンを発見し伝えることを目的としている．

[88] 統計解析ソフトウェアの多くが，計算機がまだ高価だった時代に開発された．そのため，まとめて処理するいわゆるバッチ処理を基本にした設計からいまだに逃れられないパッケージも多い．

6.9.3 汎用なデータ解析環境 S と R

1980 年代に米国でデータ解析を柔軟に行える環境を一から作り直そうという気運が盛り上がり，ベル研究所の J.M. Chambers と R.A. Becker の二人によって「データ解析とグラフィックスのための対話型環境」が創られた．これが最初の **S** である [5].[89] その頃ベル研究所では，新しいオペレーティングシステム UNIX やプログラミング言語 C が同じように一から作り直されていた．S にはその開拓者魂が引き継がれている．言語としては未熟であった，この S にオブジェクト指向を導入し，本格的な言語環境として 1988 年にリリースされたのが現在の R や S-PLUS のもとになる S である [5,6,9,43]．その過程で著者も S の改良に協力している．

ベル研究所は米国の電信電話会社 AT&T 傘下の研究所であったため，その研究成果を広く公開する義務があった．この S も広く公開され，一つは商用版の **S-PLUS** (http://www.msi.co.jp/splus/)，もう一つはパブリックドメイン版の **R** (https://www.r-project.org/) として発展してきた．しかし，オン・ディスクとオン・メモリーという違いはあるものの，どちらも S を踏襲しており基本的な違いはない．もちろん，S-PLUS は商用版として信頼性に重きを置き，**ビッグデータ**を扱いやすくする拡張なども早い時期から手掛けており，R は世界中のユーザがボランティアとして自由で活発な改良を重ねてきた.[90] ユーザ作成の膨大な公開ライブラリを有するのも大きな特徴である．そのため，たとえばゲノム解析の分野では R 上でこの公開ライブラリを使うのが一つの標準となっている．

このソフトウェアの最大の特徴は，その柔軟性と汎用性にある．最初に説明したようにデータから新たな価値を創出する過程は一本道ではなく，様子を探りながら試行錯誤を繰り返す，探索の旅である．この旅を成功裏に終わらせるためには，必要な道具がいつでも気楽に快適に使えるような柔軟な環境が必要となる．S ではこれを関数型言語とオブジェクト指向の組合せで実現している．関数型言語ならば，基本的な道具を用意しておきさえすれば，それを組み合わせることでいくらでも必要を満たすことができ，結果の再利用も容易である．また，オブジェクト指向によって，解析対象の多様性をあまり意識せずに一般的な操作ですませられる．S は探索的データ解析を提唱した J. Tukey の弟子たちが作っただけあって，30 年以上たった今のデータサイエンス時代にも色あせずに広く用いられるソフトウェアとなっている．

しかし，本家の S は 1990 年に入って開発が終了しており，開発者自身が考えていた数々の改良点も手つかずのまま残っている．一つはグラフィックス機能の貧弱さである．これは，データ解析のためには，コンピュータの負荷が軽い，必

---

[89] 彼らは「S は Statistics の頭文字ではない．Statistics はソフトウェアにとってはいわば kiss of death で，統計解析用のソフトウェアというだけで，普及を妨げてしまう恐れもある」といって，それまでの統計解析ソフトウェアとは一線を画し，一から開発した．S が何の頭文字なのか，その答えは [43] の p.46 にある．ちなみに，1995 年にリメークされた映画『死の接吻 (Kiss of Death)』を念頭に置いた発言である．もともと，この英語は「命取り」あるいは「災いの元」という意味で，いちど統計解析用ソフトウェアとレッテルを張られたらもうお終い，という危機感が，こう言わせた．

[90] RStudio というフリーソフトウェアを使うと R の使用環境はいくぶん改善する．

要最小限の美しさのグラフィックスで十分という考えで開発を開始したことが尾を引いており，その後の技術の発展を反映した高度なグラフィックスと比較すると，どうしても見劣りがする．魅力的なプレゼンテーションを作ったりするには一工夫必要である．

―― データサイエンスの実践を支えるソフトウェア ――

効果的なデータサイエンス実践を柔軟におこなえる環境が S-PLUS であり，R である．その特徴は，関数型言語とオブジェクト指向の組合せにある．最近では，これらのソフトウェアをバックエンドとする，さまざまなアプリケーションも開発されている．TRAD(TextilePlot, R and DandD) は，第 7 章で紹介する高次元データ空間の可視化ソフトウェア TextilePlot をフロントエンドとし，R をバックエンドとするソフトウェアで，その中核を DandD が担っている．

もう一つの問題点は，S 式と呼ばれる式を 1 行ずつ入力するコマンドベースのヒューマンインタフェースにある.[91] いまや 1 行ずつコマンドを入力するインタフェースは少数派であるが，あえてその利点を挙げるとすれば，1 行ずつ入力することで，自分のやりたいことを確かめ，解析を一歩ずつ着実に進める機会が与えられていることであろう．すでに 30 年以上の歴史をもつ S とその後継ソフトウェアも衣替えする時期に来ており，米国でもさまざまな議論がなされているようであるが，人材の確保がいつも問題で，一向に具体化しない．

[91] R の普及に伴い，コマンド入力をグラフィカルインタフェースで置き換えたり，表計算ソフトや RDBMS のバックエンドとして使えるようにする試みがすでに商用化されている．

6.10 データ行列と線形代数

一般的に，データをいくつかのデータテーブルの集まりとして考えることで，データを的確に捉えることができるようになることは，すでに理解されたとおりである.[92] 本節では，さまざまな銘柄の日々の株価からなるデータテーブルのように，各カラムの重み付き和を考えることに意味があるときには，それを行列とみなすことで，線形代数を利用した簡潔な解析が可能であることに注目する．たとえば，株価データなら，重み付き和は，まさしく**ポートフォリオ** (portfolio) の価値であるので，線形代数の枠組みにフィットするが，たとえば，いわゆるメタボ指数 (body mass index)

[92] データテーブルには ID や日付など，数値ではない値も含まれるので，一般にデータテーブルそのものがデータ行列となることは少ない．データテーブルのいくつかのカラムを取り出したものがデータ行列となる．

$$BMI = \frac{体重}{身長^2} \tag{6.1}$$

のような非線形な演算は，まったく線形代数の守備範囲外である．

一般的に，データテーブルの各カラムの重み付き和そのものに意味があることはむしろ稀であると考えたほうがよい．それでもこの枠組みがある程度有効なのは，第11章でも詳しく説明するように，非線形な指標でも，近傍では線形近似が可能だからである．したがって，線形代数の枠組みでの解析では，線形演算の意味と，その限界をよくわきまえる必要がある．

6.10.1 データ行列

p個の実数値をとる変量$X_1, X_2, \ldots, X_p$の値が同時にn回観測されたとき，得られたデータを次のような行列の形にまとめることができる．

$$X = \begin{pmatrix} x_{11} & x_{12} & \cdots & x_{1p} \\ x_{21} & x_{22} & \cdots & x_{2p} \\ & & \cdots & \\ x_{n1} & x_{n2} & \cdots & x_{np} \end{pmatrix}$$

このような行列を**データ行列** (data matrix) [93]と呼ぶ．この行列の各行（横方向の並び）が1回の観測で得られたp個の値の組，つまり記録であり，データ行列は関係形式のデータテーブルを行列とみなしたものである．なお，線形代数では，行列は線形変換の一つの表現とみなすのが普通であるが，データ行列には，そのような意味がないことに注意する必要がある．

6.10.2 個体空間と変量空間

データ行列の各行をp次元線形空間のn点の座標とみなしたとき，行ベクトルの集まりを収める空間の各点は記録あるいは「その記録を作り出した**個体** (individual)」に対応していると考えられるので，その空間を**個体空間** (individual space) と呼ぶ．逆にデータ行列の各列をn次元線形空間のp点の座標とみなせば，各点は「各変量」に対応するので，その空間を**変量空間** (variate space) と呼ぶ．

いずれの場合も，データ行列は高次元空間の点の集まりに対応するが，それを空に浮かぶ雲に模して**データの雲** (data cloud) と呼ぶことが多い．[94] どのような雲があるのか，それを探ることがデータ解析の最初のステップであるが，直接眺めることはできないので，間接的に眺めるためのさまざまな方法が開発されている．第7章では，個体の雲の様子を探る古典的な方法であるクラスター分析と主成分分析を紹介し，雲の様子をそのまま眺める方法であるTextilePlotを紹介する．

[93] 要素が数値ばかりでなくてもデータ行列と呼ぶこともあるが，そのような行列には以下のような線形代数の演算は適用できないので，**データフレーム** あるいは**配列** (array) と呼んで区別したほうがよい．ただし，ここでの配列は行列の拡張としての配列ではなく，「値の並び」という意味での配列である．

[94] 第I部では，データを各変量の値の並びと定義した．そうすると狭義には，データの雲は変量空間での雲ということになる．次の第7章では個体空間における雲のことを個体の雲と呼んで区別する．

---個体---

個体は 6.7.3 節の実体のことであるが，データ解析の基本的な対象となる「自立した存在」であることを強調するため，今後は個体と呼ぶことにする．人間や植物などの個体だけでなく，記録を生み出す，商品，売上，観測，実験なども個体と呼ぶことになる．

6.10.3 中心化

データ行列 X の各列ベクトル $\bm{x} = (x_1, x_2, \ldots, x_n)^T$ [95]を**データベクトル**と呼ぶ．このように「変量の値の並び」をベクトルとみなすことで，第 I 部で現れたさまざまなデータの代表値を線形代数の枠組みで見直すことができる．

まず，平均値 $\bar{x}$ は，すべての要素が 1 のベクトル $\bm{1}$ との内積を n で割った値

$$\bar{x} = (\bm{1}^T \bm{x})/n$$

である．[96] したがって，

$$\frac{1}{n} \bm{1}\bm{1}^T \bm{x} = \bar{x}\bm{1}$$

はすべての要素が平均値 $\bar{x}$ である n 次元ベクトルとなり，平均値からの偏差ベクトルは

$$\bm{d} = \bm{x} - \frac{1}{n}\bm{1}\bm{1}^T\bm{x} = \bm{x} - \bar{x}\bm{1} = \left(\mathrm{I} - \frac{1}{n}\bm{1}\bm{1}^T\right)\bm{x} \tag{6.2}$$

と表せる．この演算を「$\bm{1}$ と直交するベクトルからなる線形部分空間」[97]への正射影子であると考えれば，偏差ベクトルの意味も直観的に理解しやすい．実際，$\bm{p}$ をすべての要素が $1/\sqrt{n}$ である単位ベクトルとすれば

$$\bar{x}\bm{1} = \left(\frac{1}{n}\bm{1}\bm{1}^T\right)\bm{x} = (\bm{x}^T\bm{p})\bm{p}$$

のように，$\bar{x}\bm{1}$ は $\bm{x}$ を「$\bm{1}$ の定数倍からなる 1 次元線形部分空間」へ射影したベクトルであることは明らかであろう．[98] 今後，行列 $\mathrm{I} - P$ による演算を**中心化** (centering) と呼ぶことにする．データ行列 X 全体に演算 $\mathrm{I} - P$ を施した $Y = (\mathrm{I} - P)X$ が中心化されたデータ行列である．ただし，

$$P = \frac{1}{n}\bm{1}\bm{1}^T .$$

個体空間なら，この演算は原点をデータの雲の重心位置

$$\bm{1}^T X / n$$

[95] $\bm{x}^T$ は $\bm{x}$ の転置ベクトル (transposed vector) を表す．

[96] $\bm{x}^T\bm{x}$ はベクトル $\bm{x}$ の内積でスカラー値となるのに対し，$\bm{x}\bm{x}^T$ は行列となる．いずれも，ベクトルを行列の特別な場合とみなすことで，行列積の定義から導かれる簡明な事実である．

[97] 「$\bm{1}$ と直交するベクトルからなる線形部分空間」は，要素の和が 0 であるベクトルすべてからなる線形部分空間といってもよい．

[98] $\bm{p}$ はこの 1 次元線形部分空間の，ノルムを 1 に基準化した基底ベクトルである．

に取り直して眺めることに相当し，次の第 7 章の主成分分析で，重心位置を座標軸の回転の中心にとるためにも用いられる．

変量空間なら，各変量の値の中心が原点となるように変換して眺めることに相当し，第 9 章の変量間の相関で，中心からの変化を調べるためにも用いられる．

いずれにしても，中心化はしばしば必要になる演算であるが，そのことで，もとのデータ行列の持っていた中心位置の情報は失っていることに留意する必要がある．必要に応じて，重心の位置なり，変化の中心位置の情報を回復しないと，中心化した値だけでは結果の解釈が困難になることも多い．

射影行列

射影の概念はいたるところに登場する．「射影」は文字通り物に光を当ててその影を作ることであるが，特に，影を作る面に垂直に光を当てたときの射影を直交射影あるいは**正射影** (orthogonal projection) という．線形空間では，このような射影は**射影行列** (projection matrix) と呼ばれる行列 P による演算で表される．P の満たすべき条件としては，まず，ベキ等性 $P^2 = P$ がある．一度射影したものにまた光を当てても変化しないはずだからである．さらに，直交射影となるためには対称性 $P^T = P$ が必要となる．この二つの性質をもった行列を正射影子という．当然，影を作る面（部分空間）は P の像空間 $\mathrm{Im}(P)$ である．

逆に，まず影を作る面（部分空間）が先に与えられたときには，正射影子は，その空間の基底ベクトルを列ベクトルとする行列 X から，$P = X(X^T X)^{-1} X^T$ のようにして作ることができる．たとえば，$X = \mathbf{1}$ にとれば $P = \mathbf{1}\mathbf{1}^T/n$ はベクトル $\mathbf{1}$ の張る 1 次元部分空間への正射影子であり，$\mathrm{I} - P$ は $\mathbf{1}$ と直交するベクトルからなる線形部分空間への正射影子である．

問題 6.10.1 一般的に，P が正射影子なら $\mathrm{I} - P$ も正射影子になることを示しなさい．

6.10.4 尺度規準化

データベクトル $\boldsymbol{x}$ の分散は，(6.2) の**偏差ベクトル** (deviance vector) $\boldsymbol{d}$ を用いて

$$s^2(\boldsymbol{x}) = \frac{1}{n}\|\boldsymbol{d}\|^2 = \frac{1}{n}\boldsymbol{d}^T\boldsymbol{d} = \frac{1}{n}\boldsymbol{x}^T(\mathrm{I} - P)\boldsymbol{x} \tag{6.3}$$

と表せる．なお，今後ベクトル x のノルムとしてはユークリッドノルム $\|x\| = \sqrt{x_1^2 + \cdots + x_n^2}$ を用いる．ここで，$\bar{x}\mathbf{1}$ と d は直交するので，**ピタゴラスの定理**

$$\|x\|^2 = \|\bar{x}\mathbf{1}\|^2 + \|d\|^2 \tag{6.4}$$

が成り立つ．両辺を n で割れば，1.3 節の等式

$$\overline{x^2} = \bar{x}^2 + s^2(x)$$

が得られる．

問題 6.10.2 式 (6.3) が成り立つことを確かめなさい．

問題 6.10.3 $\bar{x}\mathbf{1}$ と d が直交，つまり内積が 0 であることを確かめなさい．

すでに第 1 章で学んだように，標準偏差 $s(x)$ はデータベクトル x の尺度の一つで，$s(x)$ で割ることが一つの**尺度規準化** (scaling) [99] となる．ただし，$s(x)$ は x を中心化した上での尺度であるので，この尺度規準化も式 (6.2) の偏差ベクトル d に適用することになる．つまり

$$\tilde{x} = \frac{d}{s(x)} \tag{6.5}$$

が，x の中心と尺度を規準化したデータベクトルとなる．

問題 6.10.4 式 (6.5) の規準化したデータベクトル $\tilde{x}$ の中心が 0，尺度が 1 となることを示しなさい．

もちろん，尺度として標準偏差ではなく，データベクトルの要素の絶対的な大きさをとれば，別の規準化が生まれる．たとえば

$$\check{x} = \frac{x}{\|x\|/\sqrt{n}} \tag{6.6}$$

である．[100] いくつかのデータベクトルを同時に考えるとき，その単位の違いを解消するためには有効な尺度の規準化である．この二通りの尺度規準化の使い分けは 7.2 節の主成分分析でより詳しく述べる．

[99] 規準化に似た言葉に基準化，正規化がある．前者はあらかじめ存在する一つの基準に合わせるための変換であり，後者は標準的な値にするための変換である．ここでは，標準偏差を単位 1 とするだけの変換なので規準化と呼ぶことにした．

[100] 数学では，ベクトルの規準化といえばノルムを 1 に揃える $x/\|x\|$ のことである．しかし，(6.6) は x の要素当りの尺度をそろえることを目的としているので $\sqrt{n}$ の違いが生まれている．

式 (6.3) の $\boldsymbol{x}$ を X で置き換えることによって分散 $s^2(\boldsymbol{x})$ をデータ行列 X の場合へ拡張すれば，**分散共分散行列** (variance covariance matrix) と呼ばれる $p \times p$ 行列

$$S = \frac{1}{n}D^T D = \frac{1}{n}X^T (\mathrm{I} - P)X$$

が得られる．[101] ただし，$D = (\mathrm{I} - P)X$ は偏差である．

たとえば，この行列 S の $(1,2)$ 要素 s_{12} は変量 X_1, X_2 の偏差ベクトル $\boldsymbol{d}_1, \boldsymbol{d}_2$ の内積

$$s_{12} = \frac{1}{n}\boldsymbol{d}_1{}^T \boldsymbol{d}_2 = \frac{1}{n}\boldsymbol{x}_1^T (\mathrm{I} - P)\boldsymbol{x}_2,$$

つまり，第 5 章で紹介した X_1, X_2 の共分散である．さらに $\boldsymbol{d}_1$ と $\boldsymbol{d}_2$ の成す角度の余弦

$$r_{12} = \frac{\boldsymbol{d}_1{}^T \boldsymbol{d}_2}{\|\boldsymbol{d}_1\| \|\boldsymbol{d}_2\|}$$

が相関係数であり，S の要素で表せば，

$$r_{12} = \frac{s_{12}}{\sqrt{s_{11}s_{22}}}$$

となる．

[101] $s^2(\boldsymbol{x})$ の s は standard deviation の s，S は Squares の S なので 2 乗の違いが生じている．混乱しやいので注意してほしい．

問題 6.10.5 分散共分散行列 S が対称行列であることを確かめ，さらに非負定値行列であることを確かめなさい．

また，**行列のノルム** (matrix norm) として，すべての要素の 2 乗和の平方根を用いれば，[102] 式 (6.4) とおなじように，**ピタゴラスの定理**

$$\|X\|^2 = \|PX\|^2 + \|D\|^2$$

が成り立ち，$\|D\|^2$ が**データ行列の分散**を表していると考えられる．ちなみに，$\|D\|^2 = \mathrm{tr}(D^T D)$ である．

なお，分散共分散行列 S の対角要素 $\boldsymbol{v}(X) = \mathrm{diag}(S)$ [103] は，各変量の分散からなる p 次元ベクトルであり，その平方根が各変量の尺度を表している．したがって，尺度規準化は X を中心化した上での

$$\frac{D}{\sqrt{\boldsymbol{v}(X)}}$$

である．ただし，ここで平方根は要素ごとの平方根，割り算は各列ベクトルに対する要素ごとの割り算とみなす．

個体空間で考えれば，尺度規準化は各軸の尺度を規準化することに相当し，変量空間で考えれば，この空間の点の座標ベクトルであるデータベクトルのノルム

[102] この行列ノルムは第 7 章でデータ行列全体のバラツキの指標として頻繁に用いられる．7.2 節の囲み記事を参照．なお，$\mathrm{tr}(A) = \sum_i A_{ii}$ は行列 A の**トレース** (trace) である．

[103] 記号 diag は行列の対角要素をベクトルとして取り出す演算，あるいは逆にベクトルからその値を対角要素とする対角行列を作り出す演算として用いられる．

をすべて1に規準化することに相当する．中心化と同じように，尺度規準化も，各変量が持っている重要な属性の一つである尺度の情報を失うことになるので，注意深く用いる必要がある．

データ行列

データテーブルの各カラムが同等な意味を持つ数値ベクトルで，その重み付き和に意味があれば，データテーブルを一つの行列とみなして，線形代数の枠組みで扱うことができる．データ行列を，行単位に座標ベクトルとみなしたときの空間を個体空間，列単位に座標ベクトルとみなしたときの空間を変量空間という．

第7章　個体の雲の探索

本章では，まずデータテーブルの記録つまり個体相互の関係を探る古典的な方法を二つ紹介する．最初に紹介するクラスタリングは，個体間の距離だけにもとづいて，個体の雲がいくつかの塊からなるものとして眺める方法であり，次の主成分分析は，個体空間の軸を取り直して個体の雲をなるべく区別しやすい方向から眺める方法であり,[1]　データテーブルをデータ行列とみなせる場合に有効な方法である．さらに，汎用な方法として TextilePlot を紹介する．クラスタリングや主成分分析は，個体の雲をある特定の側面から眺めようとするのに対し，TextilePlot は個体の雲をそのまま眺める方法である．

7.1　クラスタリング

データテーブルが，関係形式のテーブルであることを思い出していただけば，**個体の雲** (cloud of individuals) は直積空間 $D_1 \times D_2 \times \cdots \times D_p$ の部分集合 R にほかならないことがおわかりになるだろう．記録から定まる，個体間の距離にもとづいて，雲をいくつかの塊にまとめることで，個体相互の関係をさぐるのが，**クラスタリング** (clustering) である．

[1] 皆目見当がつかないことを「雲をつかむような」というが，ここでは，まさに個体の雲の様子をつかもうとしている．本書では，各変量のとる値の並び，つまりデータテーブルの各カラムを，データと呼んでいるので，混乱を避けるため，以降は**データの雲**ではなく**個体の雲**と呼ぶことにする．

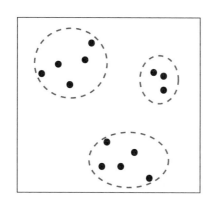

図 7.1　クラスタ

図 7.1 の，破線で囲まれたような塊が**クラスタ** (cluster) である．

― さまざまな距離 ―

p 次元実ベクトル $\boldsymbol{x}, \boldsymbol{y}$ 間の距離としてもっともよく用いられる距離が，いわゆる**ユークリッド距離** (Euclidean distance)

$$d(\boldsymbol{x}, \boldsymbol{y}) = \sqrt{\sum_{j=1}^{p}(x_j - y_j)^2}$$

で，ピタゴラスの定理が成立し，直観的にはもっとも理解しやすい距離である．ユークリッド距離以外によく用いられる距離としては，**最大距離** (maximum distance)

$$d(\boldsymbol{x}, \boldsymbol{y}) = \max_j |x_j - y_j|,$$

あるいは**絶対和距離** (absolute sum distance)

$$d(\boldsymbol{x}, \boldsymbol{y}) = \sum_{j=1}^{p} |x_j - y_j|$$

がある．絶対和距離は**街区距離** (cityblock distance, Manhattan distance) とも呼ばれる．$p=2$ のとき，碁盤の目のように道路が配置された街での，$\boldsymbol{x}$ から $\boldsymbol{y}$ への走行距離になるのでこの名前が付いている．特定の座標だけが大きくずれたときの敏感性からいうと，最大距離がもっとも敏感，絶対和距離がもっとも鈍感，ユークリッド距離がその中間に位置する．

一方，$\boldsymbol{x}, \boldsymbol{y}$ が p 個のカテゴリカルな値のベクトルの場合には，**一致距離** (coincidence distance)

$$d(\boldsymbol{x}, \boldsymbol{y}) = \#\{(x_j, y_j) \mid x_j \neq y_j, j = 1, 2, \ldots, p\}$$

がもっとも自然な距離であろう．もし，これらの変量が同等な変量でなければ，それぞれの変量に重み $w_j > 0, j = 1, 2, \ldots, p,$ を付けた

$$d(\boldsymbol{x}, \boldsymbol{y}) = \sum_{j=1}^{p} w_j \mathrm{I}_{\{x_j \neq y_j\}}$$

のような距離を用いることも考えられる．なお，いずれの距離も，原点からの距離 $d(\boldsymbol{0}, \boldsymbol{x})$ が，ベクトル $\boldsymbol{x}$ のノルムになる．

なお，$\#A$ は集合あるいは事象 A の要素数を表し，I_A は条件 A を満たせば 1，

`dist(), Dist(){DSC}`

満たさなければ 0 の値をとる**指示関数** (indicator function) である．また，一般的に距離は 3 公理を満たす必要があるが，クラスタを構成するには，必ずしもすべての公理を満たす必要はない．特に三角不等式を満たさなくてもクラスタを構成する上で支障はない．距離の代わりに，このような**擬似距離** (pseudo distance) あるいは**類似度** (similarity) を用いることも多い．[2]

クラスタを構成する方法として，よく知られている方法が ***k*-means 法** (*k*-means clustering) である．この方法は，与えられた n 点の集合 $\{\boldsymbol{x}_j\}$ から

$$\sum_{i=1}^{k} \sum_{\boldsymbol{x}_j \in S_i} d(\boldsymbol{x}_j, \boldsymbol{\mu}_i)$$

が最小になるように k 個のクラスタ $S_1, S_2, \ldots, S_k$ を定める．ただし，ここでの距離 d は通常ユークリッド距離で，$\boldsymbol{\mu}_i = (\sum_{\boldsymbol{x}_j \in S_i} \boldsymbol{x}_j)/(\#S_i)$ である．つまり，各クラスタ S_i 内での点の平均（重心）$\boldsymbol{\mu}_i$ からの距離の和が最小になるように分割するアルゴリズムが *k*-means 法である．

したがって，*k*-means 法は，雲を k 個のクラスタに分けて，各クラスタ S_i を $\boldsymbol{\mu}_i$ で代表させたいという目的には有効であるが，データの背後にある現象を探りたいというデータサイエンスの目的には必ずしも合致していない．まず，クラスタの個数 k が未知であるのが普通で，しかも，すでに存在しているクラスタを見つけるのが目的だからである．たとえば *k*-means 法では生成されない細長い形状のクラスタも，データの様子を探るという観点からは極めて重要なクラスタである．

そこで登場するのが，**階層的クラスタリング** (hierarchical clustering) である．このクラスタリングでは，距離の近い点から順に併合して，より大きなクラスタを作っていき，その過程を樹の形で表現する．したがって，点の間の距離ばかりでなく，クラスタ間の距離も必要になる．集合 A, B 間の代表的な距離としては次のように，点の間の距離から定義された，**集合間の距離**が用いられることが多い．もちろん，これら集合間の距離は，一点からなる集合なら，もとの距離そのままである．

- 最長距離 (complete linkage)

$$d(A, B) = \max_{\boldsymbol{a} \in A, \boldsymbol{b} \in B} d(\boldsymbol{a}, \boldsymbol{b})$$

- 最短距離 (single linkage)

$$d(A, B) = \min_{\boldsymbol{a} \in A, \boldsymbol{b} \in B} d(\boldsymbol{a}, \boldsymbol{b})$$

[2] このように，座標が与えられれば距離は定まるが，距離が定まったからといって座標が一意に定まると限らない．たとえば，直線上ならば 3 点の距離は，もっとも離れた 2 点間の距離は残りの距離の和になるので位置が定まるが，直線上ではなく 2 次元以上の空間での距離はこのような性質をもたない．それでも近似的な配置を求めたいとき，用いられるのが**多次元尺度構成法** (MDS) である [7]．

- 平均距離 (average)

$$d(A,B) = \frac{\sum_{\boldsymbol{a}\in A, \boldsymbol{b}\in B} d(\boldsymbol{a},\boldsymbol{b})}{(\#A)(\#B)}$$

最長距離を用いると，全体的にまとまりのよいクラスタ (complete linkage) が生成される．最短距離を用いると，少しでもつながりのあるクラスタは併合される (single linkage) ことになるので，たとえば細長い形状のクラスタも生成されやすい．平均距離はその中間に位置する．

―― 変量の選択 ――

ここでは，各記録の値すべてを反映した個体間の距離を用いてクラスタリングする前提で，話を進めてきたが，実際にはクラスタリングの目的に合わない変量の値は，除外する必要がある．たとえば，個体を識別する ID のような，名目的な値をとる変量は除く必要があるし，カテゴリカルな変量に関しては，その値の一致度数がどれだけの意味があるかも，よく考える必要がある．さらに，変量が目的変量と説明変量というように区別できる場合には，階層的クラスタリングに代えて，分類樹あるいは回帰樹 [9] といった方法でのクラスタリングも考える必要がある．

7.1.1　ウイルス RNA 変異データ

遺伝を司るのが染色体であることはよく知られている．1 本の染色体上では，4 種類の塩基対 (base pair) A-T，T-A，G-C，C-G の並びで遺伝情報があらわされている．**DNA シークエンス** (DNA sequence) は，この対の片側だけを読んだ A，T，G，C の並びであらわされる．体細胞で対になっていた相同染色体は生殖細胞（半数体）になる段階で互いに分離し，いずれか 1 本が子孫に継承される．したがって，相同染色体の対のうち，必ず，一つは父親由来，もう一つは母親由来であり，祖先をたどる有力な手がかりを与える．

しかし，親の持っている染色体の DNA シークエンスがそのまま子孫に継承されるわけではなく，相同染色体が分離する段階で，2 本の染色体は**組換え** (recombination) によってまだらに混じりあい，さらに**変異** (mutation) や**淘汰** (selection) といったプロセスを経て次世代に遺伝情報は継承される．したがって，遺伝の経緯が同じであっても，まったく同じ DNA シークエンスを継承しているわけではない．

しかし，DNA シークエンスが類似していれば遺伝情報も近いと考え，個体のクラスタリングを行えば，疾患遺伝子の位置を同定したり遺伝の経緯を明らかに

する重要な手がかりが得られる．もちろん，最大の問題は，DNA シークエンスの長さである．たとえば，人の場合，半数体で約 30 億もの塩基対がある．

ここでは，そう大きくない，インフルエンザウイルスの持っている **RNA シークエンス** (RNA sequence) の階層的クラスタリングを例として取り上げる．RNA シークエンスは DNA シークエンスのコピーであるが，ウイルスのなかには DNA を持たず RNA だけを持っているウイルスがあり，インフルエンザウイルスもその一つである．

インフルエンザウイルスには大きく分けて，A，B，C の三つの型があり，RNA シークエンスの形状が異なる．A 型と B 型は $HA, NA, PA, PB1, PB2, M, NP, NS$ の八つの部分から成るのに対し，C 型は $HE, PA, PB1, PB2, M, NP, NS$ の七つの部分から成っている．

各型は，さらにいくつかのサブタイプに分類される．たとえば，A 型ならば，HA と NA が，どのようなタイプのシークエンスかによって分類されている．現在，HA には $H1$ から $H18$ まで，NA は $N1$ から $N11$ までの分類がある．サブタイプはこの組合せで表される．[3]

なかでも，A 型のサブタイプ $H1N1$ は豚インフルエンザ (swine influenza) と呼ばれるインフルエンザウイルスの一つで，$H5N1$ は鳥インフルエンザ (avian influenza, bird flu) と呼ばれるインフルエンザウイルスである．ちなみに，豚インフルエンザは約 13,588 塩基対からなるのに対し，鳥インフルエンザは，ほぼ同数の塩基対からなるものの，必ずしも一定していない．

[3] インフルエンザウイルスは，活発に変異するので，新しいサブタイプが次々現れる．

DNA, RNA シークエンスデータの入手

世界中のゲノムデータが米国の **NCBI**(National Center for Biotechnology Information) に集められており，http://www.ncbi.nlm.nih.gov/genome より自由に入手できる．[4] 特に，インフルエンザウイルスの RNA シークエンスデータは，このサイトの

 http://www.ncbi.nlm.nih.gov/genomes/FLU/FLU.html

で，Database を選び，A, B, C の型や，検出された動物の種類，サブタイプなどを指定すれば，ダウンロードできる．実際，次のようにすれば，以下で例として用いる「鳥インフルエンザの RNA シークエンスデータ」とまったく同じものをファイル FASTA.fa としてダウンロードできる．

1. Select sequence Type で Nucleotide を選ぶ

2. Type を A, Host を Avian, Country/Region を any, Segment を 4(HA), Subtype H を 5, Subtype N を 1, Sequence length の Min と Max をい

[4] ダウンロードデータの形式はしばしば変更される．実際，このデータの説明部分である最初の行の形式は，ここ数年で変更になった．このデータの場合も，同じ期間を指定しても，報告が遅れた記録が追加されることもあるので，ダウンロードする時期により多少の差異が生まれる可能性は否定できない．

ずれも 1742，Collection Date を 2008 年 1 月 1 日から 2015 年 3 月 31 日とする．

3. Show results をクリック

4. Nucleotide(FASTA) を指定してダウンロード

ダウンロードしたファイル FASTA.fa はテキストファイルで，テキストエディタなどで自由に眺めることができる．各シークエンスは記号>で始まり，そのシークエンスの説明であるヘッダーの後に RNA シークエンスが続いている[5]．

5) ここでは，わかりやすいようにヘッダーの後で改行してあるが，実際には改行なしの 1 行である．

```
>JQ710457 A/Eurasian eagle owl/Korea/23/2010 2010/11/26 4 (HA)
TTCATTCTGTCAAAATGGAGAAAATAGTGCTTCTCTTTACAACAATCAGCCTTGTTAAAAGCGATCATAT
TTGCATTGGTTATCATGCAAATAACTCGACAGAGCAGGTTGACACAATAATGGAAAAGAACGTTACTGTT
ACACATGCCCAAGACATACTGGAAAAGACACACAACGGGAAGCTCTGCGATCTAAATGGAGTGAAGCCTC
TGATTTTAAAAGATTGTAGTGTAGCGGATGGCTCCTCGGAAACCCATTGTGTGACGAATTCATCAATGT
```

これはファイル FASTA.fa のほんの最初の一部であるが，このシークエンスはまだ**アライメント** (alignment) という前処理が行われていない．変異のうちでも，挿入 (insertion)，重複 (duplication)，欠失 (deletion)，転座 (translocation) などが起きていると，それ以降の位置も順繰りにずれてしまい，そのあとがすべてずれたままの比較になってしまう．これを防ぐために行われる前処理がアライメントである．

ここでは，アライメントの代わりに，長さが 1742 のシークエンスに限って，クラスタリングをする．つまり，このようなずれが起きていないと思われるシークエンスだけに注目する．その意味では，これはかなり部分的である．本格的にアライメントまで行うと，欠損値 NA が含まれるようになり，長さも一定でなくなるので，距離をどのように定義するかなど，解決しなければならない問題がいろいろ生まれるので，ここではこれ以上触れないことにする[6]．

6) NCBI のサイトでは，オンラインでアライメントもできるようになっている．

鳥インフルエンザウイルス RNA シークエンスのクラスタリング

ダウンロードしたファイル FASTA.fa を用いて，鳥インフルエンザウイルスの階層的クラスタリングをおこなってみよう．R にはゲノム配列を解析するのに必要なさまざまな関数をパッケージ化した seqinr[7] があるので，これを一部利用することにする．そして，ここでのクラスタリングの目標を，RNA シークエンスの変異から，インフルエンザウイルスがどのように蔓延していったかを探ることにおく．ウイルスは頻繁に変異を繰り返すので，変異の様子からその移動の様子を追いかけやすい．ダウンロードするとき，長さ 1742 の RNA シークエンスに限った理由の一つは，特に日本での蔓延に焦点を当てるためである．

7) R にはさまざまなユーザ作成のパッケージがあり，自由にダウンロードし，インストールできる．パッケージ seqinr もその一つである．これ以降の R での操作を再現するには，このパッケージをあらかじめインストールしておく必要がある．

```
> library(seqinr)
> H5N1=Read.fasta("FASTA.fa")
> dd=Dist(H5N1)
> hh=hclust(dd, method="single")
> lab=dimnames(H5N1)[[1]]
> plot(hh, labels=lab, cex=0.3)
```

hclust(), pclust(), cutree()

これで，図7.2が描かれる．パッケージseqinrにもダウンロードしたファイルを読み込む関数read.fastaが用意されており，一般性を重視して，読み込んだ各記録を枝とするリストを返すが，ここでは，シークエンスの長さを一定にしてあるので，操作に便利なデータ行列にして返す関数Read.fastaを用いている．

Read.fasta(){DSC}, Dist(){DSC}

--- リスト ---

コンピュータ上で，もっとも汎用なデータの格納形式が**リスト** (list) である．Rでも，このリストを，一般的なオブジェクトの格納形式として用いている．実際，**データフレーム**はリストの一つである．リストは，樹形図で表せるような枝分かれ構造をもち，その末端にさまざまなオブジェクトがぶら下がっている．したがって，どんな異種のオブジェクトでも，リストを用いれば，ひとまとめにしておくことができる．

また，関数Distは記録間の一致距離を求める関数である．この関数で距離を求めたあと，関数hclustで階層的クラスタリングをおこなっている．その上で，各行のラベルを取り出し，それを用いて，階層的クラスタリングの結果を関数plotで図示している．ちなみに，クラスタ間の距離としてP.131の最短距離を用いるため，method="single"と指定してクラスタリングをおこなっている．これは，RNAシークエンスの変異を追いかけるという目的のためには，もっとも変異の少ないRNAシークエンスを含むクラスタ同士を併合するのが自然だからである．

図7.2のような図は，**クラスタ樹** (cluster tree) [8] と呼ばれる．この図では，ダウンロードした152のウイルスすべてを対象としているので，図が込み合いわかりにくいが，対象としているRNAシークエンスを距離の近い順にクラスタにまとめていったプロセスの全貌を眺めることができる．クラスタ樹は樹形図のひとつであり，末端には152のウイルスの個体が並んでおり，新しいクラスタを形成するたびに，枝が節を作って一本にまとまり，上に伸びていく．なお，この図の縦軸は，そのまとまったときのクラスタ間の距離を示している．したがって，

[8] クラスタ樹のことを**デンドログラム** (dendrogram) と呼ぶことも多いが，デンドログラムはクラスタリングの結果だけでなく一般的に生物の系統樹などの意味でも用いられる．

図 7.2 クラスタ樹

この縦軸の値を見れば，かなり早い段階で，いくつかのクラスタにまとまってしまっていることがわかる．

そこで，このクラスタ樹を，高さ40で切ってみると，次のように10のクラスタからなることがわかる．

```
> ct=cutree(hh, h=40)
> split(lab, ct)
$`1`
 [1] "Korea/2010/11"    "Mongolia/2009/07" "Mongolia/2009/07"
 [4] "Mongolia/2009/07" "Tottori/2011/01"  "Mongolia/2009/07"
 [7] "Mongolia/2009/07" "Hyogo/2011/01"    "Shimane/2011/02"
[10] "Tottori/2011/02"  "Hokkaido/2010/10" "Hokkaido/2010/10"
[13] "Quang Ninh/2013/04" "Quang Ninh/2013/05" "Vietnam/2012/03"
[16] "Vietnam/2012/03"  "Vietnam/2012/03"  "Tochigi/2011/01"
[19] "Hyogo/2011/02"    "Hokkaido/2011/01" "Hokkaido/2011/02"
[22] "Oita/2011/02"     "Mongolia/2009/08" "Kagoshima/2010/"
[25] "Kagoshima/2011/"  "Kagoshima/2010/"  "Kagoshima/2010/"
[28] "Kagoshima/2010/"  "Kagoshima/2010/"  "Kagoshima/2010/12"
[31] "Hyogo/2011/01"    "Miyazaki/2011/02" "Kochi/2011/01"
[34] "Korea/2010/12"    "Miyazaki/2011/02" "Miyazaki/2011/02"
[37] "Miyazaki/2011/02" "Nagasaki/2011/01" "Nagasaki/2011/01"
```

```
 [40] "Nagasaki/2011/02"   "Oita/2011/02"        "Oita/2011/02"
 [43] "Oita/2011/02"       "Oita/2011/02"        "Long An/2014/07"
 [46] "Long An/2014/07"    "Long An/2014/07"     "Long An/2014/07"
 [49] "Quang Ninh/2013/05" "Quang Ninh/2013/05"  "Quang Ninh/2013/04"
 [52] "Quang Ninh/2013/04" "Vietnam/2011/09"     "Vietnam/2012/"
 [55] "Vietnam/2012/"      "Vietnam/2012/"       "Vietnam/2012/"
 [58] "Vietnam/2013/01"    "Vietnam/2013/01"     "Vietnam/2013/02"
 [61] "Vietnam/2013/04"    "Vietnam/2013/04"     "Vietnam/2013/06"
 [64] "Vietnam/2011/11"    "Vietnam/2014/01"     "Vietnam/2014/01"
 [67] "Hyogo/2011/02"      "Tokushima/2011/02"   "Aichi/2011/02"
 [70] "Aomori/2011/03"     "Kyoto/2011/02"       "Miyazaki/2011/02"
 [73] "Miyazaki/2011/02"   "Miyazaki/2011/02"    "Nagasaki/2011/02"
 [76] "Tochigi/2011/02"    "Tottori/2011/02"     "Hokkaido/2011/01"
 [79] "Hokkaido/2011/01"   "Mongolia/2009/08"    "Mongolia/2009/07"
 [82] "Mongolia/2009/07"   "Fukushima/2011/01"   "Fukushima/2011/01"
 [85] "Fukushima/2011/01"  "Fukushima/2011/01"   "Fukushima/2011/01"
 [88] "Shimane/2011/02"    "Shimane/2011/03"     "Shimane/2011/01"
 [91] "Shimane/2011/02"    "Tottori/2011/01"     "Tottori/2011/02"
 [94] "Yamaguchi/2011/02"  "Fukushima/2011/01"   "Tottori/2010/12"
 [97] "Aomori/2008/"       "Aomori/2008/"        "Hokkaido/2011/01"
[100] "Hokkaido/2011/02"   "Hokkaido/2011/01"    "Hokkaido/2011/01"
[103] "Hokkaido/2011/01"   "Hokkaido/2011/01"    "Hokkaido/2011/01"
[106] "Hokkaido/2011/01"   "Mongolia/2010/05"    "Mongolia/2010/05"
[109] "Mongolia/2010/05"   "Mongolia/2010/05"    "Vietnam/2012/"
[112] "Vietnam/2012/"      "Vietnam/2012/"       "Vietnam/2012/"

$`2`
[1] "Bhutan/2010/02"

$`3`
 [1] "Egypt/2011/01" "Egypt/2012/05" "Egypt/2011/02" "Egypt/2011/05"
 [5] "Egypt/2011/05" "Egypt/2011/09" "Egypt/2011/09" "Egypt/2011/09"
 [9] "Egypt/2011/09" "Egypt/2011/09" "Egypt/2010/12" "Egypt/2010/12"
[13] "Egypt/2011/02" "Egypt/2010/12" "Egypt/2012/01" "Egypt/2011/01"
[17] "Egypt/2011/01" "Egypt/2011/01" "Egypt/2011/01"

$`4`
[1] "Laos/2008/"

$`5`
[1] "Bangladesh/2013/02"

$`6`
[1] "Vietnam/2008/01"

$`7`
[1] "Vietnam/2014/04" "Vietnam/2014/04" "Vietnam/2014/04" "Vietnam/2014/04"
[5] "Vietnam/2014/04"
```

```
$‘8‘
[1] "California/2011/08" "California/2011/08" "California/2011/08"
[4] "California/2011/08" "California/2011/08" "California/2011/08"
[7] "California/2011/08" "California/2011/08"

$‘9‘
[1] "Vietnam/2013/06"

$‘10‘
[1] "Hong Kong/2009/"
```

関数splitの返す値はリストで，枝ごとにその要素が表示される．`$’1’`の`$`はそれぞれの枝を示す記号で，そのあとの番号はクラスタ番号である．各記録のラベルは，記録された場所と年月日となっている．そこで，日本を含むクラスタ，つまり番号1のクラスタだけに注目してその様子を眺めてみよう．これは部分樹の詳細を眺めることにほかならない．

```
> H5N1.1=H5N1[ct==1,]
> dd.1=Dist(H5N1.1)
> hh.1=hclust(dd.1, method="single")
> lab.1=dimnames(H5N1.1)[[1]]
> plot(hh.1, lab=lab.1, cex=0.3)
```

これによって描かれた図7.3のクラスタ部分樹では，最も右にベトナムの6個体が並んでおり，その左に日本での個体が並んでいる．その中にはモンゴルの1個体と，韓国の2個体が混じっている．ふたたび，このクラスタ樹を高さ4.5で切ってみると，つぎのような内訳となる．

```
> ct.1=cutree(hh.1, h=4.5)
> split(lab.1, ct.1)
$‘1‘
 [1] "Korea/2010/11"     "Tottori/2011/01"   "Hyogo/2011/01"
 [4] "Shimane/2011/02"   "Tottori/2011/02"   "Hokkaido/2010/10"
 [7] "Hokkaido/2010/10"  "Tochigi/2011/01"   "Hyogo/2011/02"
[10] "Kagoshima/2010/"   "Kagoshima/2011/"   "Kagoshima/2010/"
[13] "Kagoshima/2010/"   "Kagoshima/2010/"   "Kagoshima/2010/"
[16] "Kagoshima/2010/12" "Hyogo/2011/01"     "Miyazaki/2011/02"
[19] "Kochi/2011/01"     "Korea/2010/12"     "Miyazaki/2011/02"
[22] "Miyazaki/2011/02"  "Miyazaki/2011/02"  "Nagasaki/2011/01"
[25] "Nagasaki/2011/01"  "Nagasaki/2011/02"  "Oita/2011/02"
[28] "Oita/2011/02"      "Oita/2011/02"      "Oita/2011/02"
[31] "Tokushima/2011/02" "Aichi/2011/02"     "Aomori/2011/03"
[34] "Kyoto/2011/02"     "Miyazaki/2011/02"  "Miyazaki/2011/02"
[37] "Nagasaki/2011/02"  "Tochigi/2011/02"   "Tottori/2011/02"
[40] "Shimane/2011/02"   "Shimane/2011/03"   "Shimane/2011/01"
[43] "Shimane/2011/02"   "Tottori/2011/01"   "Tottori/2011/02"
```

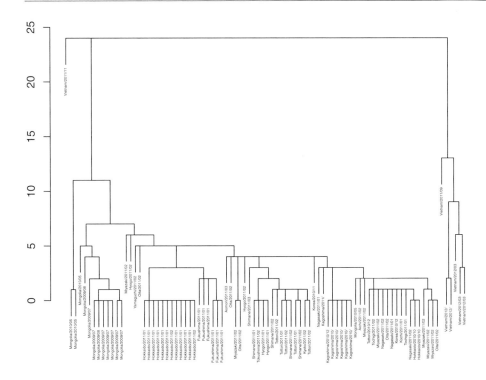

図 7.3 クラスタ部分樹

```
[46] "Tottori/2010/12"    "Mongolia/2010/05"

$`2`
[1] "Mongolia/2009/07" "Mongolia/2009/07" "Mongolia/2009/07"
[4] "Mongolia/2009/07" "Mongolia/2009/07" "Mongolia/2009/08"
[7] "Mongolia/2009/08" "Mongolia/2009/07" "Mongolia/2009/07"

$`3`
[1] "Vietnam/2012/03"

$`4`
[1] "Vietnam/2012/03" "Vietnam/2012/03"

$`5`
 [1] "Hokkaido/2011/01"  "Hokkaido/2011/02"  "Hokkaido/2011/01"
 [4] "Hokkaido/2011/01"  "Fukushima/2011/01" "Fukushima/2011/01"
 [7] "Fukushima/2011/01" "Fukushima/2011/01" "Fukushima/2011/01"
[10] "Fukushima/2011/01" "Hokkaido/2011/01"  "Hokkaido/2011/02"
[13] "Hokkaido/2011/01"  "Hokkaido/2011/01"  "Hokkaido/2011/01"
[16] "Hokkaido/2011/01"  "Hokkaido/2011/01"  "Hokkaido/2011/01"
```

```
        $`6`
        [1] "Oita/2011/02"

        $`7`
        [1] "Vietnam/2011/09"

        $`8`
        [1] "Vietnam/2012/" "Vietnam/2012/"

        $`9`
        [1] "Vietnam/2011/11"

        $`10`
        [1] "Hyogo/2011/02"

        $`11`
        [1] "Miyazaki/2011/02"

        $`12`
        [1] "Yamaguchi/2011/02"

        $`13`
        [1] "Mongolia/2010/05" "Mongolia/2010/05"

        $`14`
        [1] "Mongolia/2010/05"
```

日本での個体が含まれているのは，クラスタ 1, 5, 6, 10, 11, 12 であるが，圧倒的にクラスタ 1 の個体が多く，それ以外のクラスタは，いずれも 2011 年の 1 月か 2 月の日本での個体だけから成っている．一つの推測にすぎないが，これらのクラスタは，クラスタ 1 の発生が日本国内で（変異し）飛び火したものと考えることもできる．そこで，クラスタ 1 の 47 個体に注目してみよう．

```
        > H5N1.2=H5N1.1[ct.1==1,]
        > Ord
         [1]  1  3  9 17 31 34  4 40 41 42 43 44 45  2  5 39 10 11 12
        [20] 13 14 15 16 24 25 26 27 28 29 30 32 33 18 21 22 23 35 36
        [39] 19 20 38  8 46 37  6  7 47
        > TransPlot(H5N1.2[47,], H5N1.2, cex=0.6, ord=Ord)
```

TransPlot(){DSC}

関数 TransPlot は，最初の引数で与えたシークエンスを基準として，次の引数で与えられたデータ行列の各行のシークエンスがどれだけ変異しているかを，図示するために作った簡単な関数である．この関数で得られた図 7.4 では，変異した箇所だけが，何に変異したかが示されている．なお，横軸は座位[9]であり，オブジェクト Ord{DSC} は，変異した箇所の比較がしやすいように，シークエンスの表示順序を与えるために作った添字ベクトルである．

[9] ゲノムシークエンスでは，塩基対の存在場所のことを，**座位** (locus) と呼んでいる．

ここでは，モンゴルで発見されたウイルスのシークエンスを基準としているが，図 7.4 から，変異の様子が大きく異なる二つのグループからなることがわかる．上から鹿児島までの第 1 グループは，変異の箇所も比較的少なく，モンゴルのウイルスからの変異とみなすこともできるが，後半の第 2 グループは変異の箇所もその様子も大きく異なる．

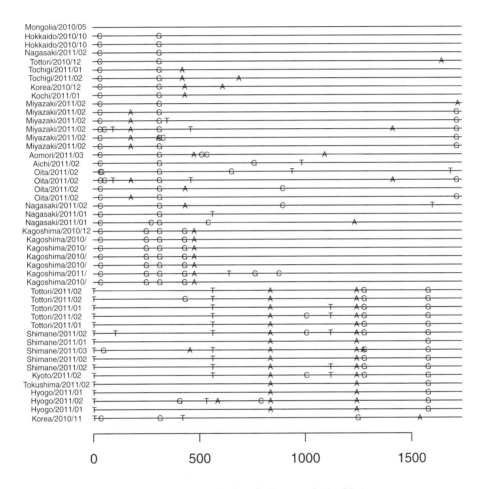

図 7.4 モンゴルの個体を基準とした変異の様子

第 1 グループで，モンゴルのウイルスにもっとも近いのは，北海道の 2 個体と長崎の 1 個体で，いずれも 2 箇所の同一変異しかない．モンゴルの記録が 2010 年 5 月であることを考慮すれば，モンゴルからのウイルスが日本に渡来する途中で 2 箇所の変異を起こして，北海道と長崎に渡り，それが九州各地をはじめとする各地へ広がっていったのではないかという推測が成り立つ．その中には韓国の

個体も含まれるが，これは変異の位置からして，日本での変異とは独立な変異ではないかと考えられる．

第2グループは，鳥取，島根，京都，徳島，兵庫そして韓国での個体である．しかし，韓国の個体は変異の位置がかなり異なっており，これら関西でのウイルスが渡ったとも，逆に韓国からのウイルスが渡ってきたとも考えにくい．かといって，第1グループのウイルスが変異したとも考えにくい．このデータは，長さが1742のシークエンスに限っているだけでなく，あくまでも報告されたRNAシークエンスに限られるので，近隣の諸国で，報告がなかったりカバーしきれていなかったりすれば，ここには現れない．それでも，このように見てくると，モンゴルのウイルスが近隣諸国を通過する過程で少しずつ変異をし，それが関西に到来したという説明はそれなりに説得力を持つに違いない．

このように，階層的クラスタリングで，データからいろいろなことが見えてくることはおわかりになったに違いない．しかし，階層的クラスタリングは，距離だけにもとづいて行われるので，距離では表しきれない差異は抜け落ちてしまう．このウイルス変異の例でいえば，同じ3箇所の変異といっても，どこの3箇所かでずいぶん意味が違ってくるが，そこまでは追いきれない．やはり，最後は，図7.4のように，もとの記録に戻って，その詳細を確かめる必要がある．

この例では，クラスタリングによってすばやく全体像をつかみ，対象とするウイルスを絞りこむことができた．変異を具体的に確かめるための一つの基準として，モンゴルのウイルスを取り上げることができたのも，クラスタリングのおかげである．

7.2　主成分分析

階層的クラスタリングが，個体の雲がいくつかの塊からなるものとして，その様子を探ろうとするのに対し，**主成分分析** (PCA, principal component analysis)は，**座標軸** (coordinate axes) を，なるべく各個体を区別しやすい座標軸に取り直すことで，その雲の様子を探ろうとする.[10] それを例示したのが図7.5と図7.6である．図7.5の実矢印で示されているような座標軸を取れば，5点の座標は互いに異なり区別できるが，図7.6のような座標軸を取ってしまうと，5点のうち2点の座標が重複してしまい，区別できなくなる．これは極端な例ではあるが，座標軸の取り方次第で，もとの空間での点配置がずいぶん違って見えてくることは，おわかりいただけるであろう．

先にも述べたように，クラスタリングは個体間の距離さえ定義できればよいのに対し，主成分分析はデータ行列そのものにもとづいている．したがって，その列の重み付き和にどれだけ意味があるかどうかが，常に問題となる．たとえば，

[10] 座標ベクトルは，すべての座標軸つまり座標系が与えられて初めて各点の位置を定めるが，特に座標系が指定されていなければ，暗黙のうちに $e_1 = (1, 0, \ldots, 0)^T, \ldots, e_p = (0, 0, \ldots, 1)^T$ を座標ベクトルと考えていることが多い．

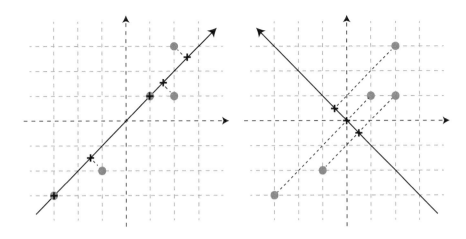

図 7.5 個体が区別しやすいような座標軸　　**図 7.6** 個体が区別しにくい座標軸

よく取り上げられる「身長」と「体重」の例は微妙である．身長と体重の重み付き和がなにを表すのか，どんな指標となるのか，考えれば考えるほどわからなくなる．もちろん，一つの様子を探る手段として主成分分析を利用するのはよいが，その結果を結論とするのには無理がある．どうしても，わかったようでわからない結果の感を免れない．データサイエンスの実践としては，主成分分析の結果を踏まえ，6.10 節の (6.1) の BMI のような意味のはっきりした指標までたどり着くか，あるいはその先の解析に何らかの形で役立てることを考える必要がある．

7.2.1　新しい座標軸の求め方

$n \times p$ データ行列 X [11]) が表す個体空間の n 点の，新しい座標軸ベクトル a（ノルムが 1 の単位ベクトルとする）上における座標は演算 Xa で求まる．この座標軸ベクトル a をできるだけこれら n 点が区別しやすいように取るのが主成分分析である．ただし，どれだけ区別しやすいか，つまりどれだけ座標がばらけているかどうかを表す指標としては，その座標軸上の座標の 2 乗和をとる．したがって，形式的には

　　ユークリッドノルム $\|Xa\|^2$ が最大になるような座標軸ベクトル a をみつける

ことになる．この座標軸ベクトルを a_1 としよう．

多くの場合，新しい座標軸一つだけで，すべての点をうまく区別できるようになるとは限らない．さらに座標軸を導入するとしたら，最初に求めた座標軸とは

[11]) ここでは，データ行列 X の要素はすべて実数と仮定する．

直交しているほうがわかりやすい．そこで第 2 軸の座標軸ベクトルとして，

$$a_1 \text{ と直交し，} \|Xa\|^2 \text{ が最大になるような } a \text{ をみつける}$$

ことになる．

この手続きを繰り返すことで，最大 $m = \min(n, p)$ 個の新しい直交座標軸ベクトル $a_1, a_2, \ldots, a_m$ が求まる．[12] 主成分分析では，これらの座標軸を**主成分軸** (principal component axes) と呼び，順に第 1 主成分軸，第 2 主成分軸，$\ldots$，第 m 主成分軸と名付けている．また，それぞれの軸での n 点の座標ベクトルを**主成分** (principal component) と呼んでいる．つまり，$y_1 = Xa_1, y_2 = Xa_2, \ldots, y_m = Xa_m$ が順に第 1 主成分，第 2 主成分，$\ldots$，第 m 主成分となる．

[12] 後でわかるように，本当に求まる座標軸は，行列 X の階数と同じだけの本数である．

行列演算

線形代数では，p 次元ベクトル $a = (a_1, a_2, \ldots, a_p)^T$ に対する $n \times p$ 行列 X の演算 Xa を，単に，ベクトル a をベクトル Xa に移す線形写像と理解することが多いが，X がデータ行列の場合は，次のような解釈のほうが適切である．

一つは，Xa を X の列ベクトル $x_1, x_2, \ldots, x_p$ の線形結合

$$a_1 x_1 + a_2 x_2 + \cdots + a_p x_p$$

とみなす解釈である．これは，Xa を n 次元**変量空間**における p 点の座標ベクトルの重み付き和と考えていることになる．

もう一つは，Xa を X の行ベクトル $x^{(1)}, x^{(2)}, \ldots, x^{(n)}$ と a との内積を n 次元ベクトルとしてまとめた

$$Xa = (x^{(1)}a, \ x^{(2)}a, \ldots, \ x^{(n)}a\ )^T$$

とみなす解釈である．a を座標軸ベクトルと考えれば，その座標軸上での座標ベクトルを求めている．これは，Xa を p 次元**個体空間**における n 点での，新たな座標軸上の座標ベクトルを求める演算と考えていることになる．

これらをまとめれば，上のようにして求めた，新しい座標軸ベクトルを並べた行列を $A = (a_1, a_2, \ldots, a_m)$ として，**主成分行列** (principal component matrix) が

$$Y = (y_1, y_2, \ldots, y_m) = XA$$

のように求まる．

ただし，m 本の座標軸を一本ずつ求める必要はなく，次の囲み記事からわかるように，$X^T X$ の**固有値** (eigenvalue)，**固有ベクトル** (eigenvector) を求めるだけでよい．

eigen()

── 2 次形式の最大化と固有値，固有ベクトル ──

$\|X\boldsymbol{a}\|^2 = \boldsymbol{a}^T X^T X \boldsymbol{a}$ からわかるように，主成分分析で最大化する値は対称行列 $X^T X$ の 2 次形式[13]になっている．よく知られた線形代数の定理から，規準化された 2 次形式の値

$$\frac{\|X\boldsymbol{a}\|^2}{\|\boldsymbol{a}\|^2}$$

は，$X^T X$ の最大固有値に対応する固有ベクトル $\boldsymbol{a}_1$ で最大化され，その最大固有値が最大値となる．同様に，$\boldsymbol{a}_2$ は，次に大きな固有値に対応する固有ベクトルとして求まる．したがって，$X^T X$ の固有値を大きな順に $\lambda_1, \lambda_2, \ldots, \lambda_m$ とすれば，それに対応する固有ベクトルを順に並べた直交行列が行列 A になり，$\|\boldsymbol{y}_i\|^2 = \|X\boldsymbol{a}_i\|^2 = \lambda_i$, $i = 1, 2, \ldots, m$, となる．ただし，固有ベクトルには定数倍の自由度がある．本書ではそのうち，ノルム 1 のベクトルつまり単位ベクトルを固有ベクトルと呼ぶことにする．

---

[13] **2 次形式** (quadratic form) は多変数の 2 次式であるが，その係数を与える行列は必ず対称行列でなければならないので，少し特殊な 2 次式である．

上の囲み記事からもわかるように，$X^T X$ の固有値それぞれが，新しい座標軸での n 点の座標の**バラツキ** (variability)[14] $\lambda_i = \|\boldsymbol{y}_i\|^2$ を表していると考えられる．そこで，規準化した固有値

$$\frac{\lambda_i}{\sum_{i=1}^m \lambda_i}, \quad i = 1, 2, \ldots, m$$

を各主成分の**寄与率** (contribution) と呼ぶ．

この寄与率を頼りに，大きい寄与率の主成分軸をいくつかを選ぶことによって，次元の縮小を図ることもできる．たとえば，p 次元の個体空間の n 点を，2 次元あるいは 3 次元空間に落として眺めるのが一つである．

また，主成分軸ベクトル $\boldsymbol{a}_i$ の各要素は，データ行列の各列ベクトルつまり変量に対する重みを与えている．そこで，これを列ベクトルとして並べた行列 A を**変量重み行列** (variate weight matrix) と呼ぶことにする．

問題 7.2.1 変量重み行列 A は**列直交行列** (column orthogonal matrix) つまり $A^T A = \mathrm{I}$ であることを示しなさい．

問題 7.2.2 正方行列 A が列直交行列ならば，$AA^T = \mathrm{I}$ つまり行直交でもあることを確かめなさい（ヒント $A^T = A^{-1}$）．このとき A は単に**直交行列** (orthogonal matrix) と呼ばれる．

[14] 「ばらつき」は，価格のばらつき，品質のばらつきのように，値が一定でないことを意味している．第 I 部での**データの広がり**には，このようなばらつき以外に範囲幅など必ずしもばらつきとは言えないものも含まれているため，ばらつきに注目したデータの広がり方のことを，ここでは特に**バラツキ**と記している．

> **── データ行列のノルム ──**
>
> データ行列 X のノルムとして，$\|X\| = \left(\sum_{ij} X_{ij}^2\right)^{1/2} = \left(\mathrm{tr}(X^T X)\right)^{1/2}$ を考える．[15] X があらかじめ**中心化**されていれば，$\|X\|^2$ は各列の分散の和で，**データ行列の分散** (variance of data matrix) と考えられる．このノルムは直交変換で不変つまり直交行列 A に対し $\|XA\|^2 = \|X\|^2$ である．主成分分析の場合は $n \geq p$ であれば A は正方行列で直交行列となるが，そうでない限り列直交行列でしかない．しかし，A の各列が $X^T X$ の固有ベクトルであることに注意すれば $\|Y\|^2 = \|XA\|^2 = \|X\|^2$ が常に成立する．したがって，主成分分析はこのノルムを保つように新しい座標軸を選び直していることになる．また，$\|Y\|^2 = \sum_{i=1}^m \|\boldsymbol{y}_i\|^2 = \sum_{i=1}^m \lambda_i$ からわかるように，寄与率は，新しい座標軸それぞれが担う座標の分散の割合 $\|\boldsymbol{y}_i\|^2/\|Y\|^2$ を表している．

[15] 行列の大きさを表す**行列のノルム**には，ここでの定義以外にも，演算子としてのノルム $\|X\| = \sup_{\boldsymbol{a}}\{\|X\boldsymbol{a}\|/\|\boldsymbol{a}\|\}$ など，さまざまなノルムがある．

問題 7.2.3 $\|Y\|^2 = \|\sum_{i=1}^m \boldsymbol{y}_i\|^2$ であることを示しなさい．

主成分分析を実際に適用するにあたっては，いくつかの注意が必要である．

- **中心化**
  軸を取り直すとき，原点をどこに置くかで結果が変わってくる．主成分分析では，$\|X\boldsymbol{a}\|^2$ を最大化するような新しい軸を求めているが，これが新しい座標での n 点の座標のバラツキとなるためには，何らかの意味で，n 点の中心が原点になっている必要がある．さもないと，大きな座標に値が集まっているだけでもこのノルムは大きくなってしまい，バラツキを表しているとはいえなくなる．

  あらかじめ n 点 $\boldsymbol{x}^{(1)}, \boldsymbol{x}^{(2)}, \ldots, \boldsymbol{x}^{(n)}$ の重心が原点になるよう X を**中心化**しておけば，新しい座標軸系での原点も保たれるので，主成分分析で個体の雲の様子をさぐるときには，必ずといっていいほど，データ行列の中心化が行われる．また，こうすれば主成分分析の結果はいつも**位置不変**となる．

- **尺度規準化**
  各変量の尺度もそろえておく必要があることが多い．寄与率が，$X^T X$ の固有値で決まることからもわかるように，大きな値を取る変量は寄与率に大きく貢献し，重視される．したがって，たとえば，ある変量の尺度を小さくとれば，見かけ上の値は大きくなるが，そうすると，それまで重みが小さかった変量が急に重視されるようになったりするので気が抜けない．

少なくとも単位はそろえておく必要があるが，6.10 節で述べたように，そのための**尺度規準化**は一通りではない．用途に合わせて適切な尺度規準化を行う必要がある．いずれにしろ，尺度規準化の操作をおこなっておけば主成分分析の結果は**尺度不変** (scale invariant) になるが，行わなければ尺度が変わるたびに異なる雲の姿が見えてきてしまうことになる．

- 中心化と尺度規準化

    中心化と尺度規準化のどちらを先に施すかにも注意が必要である．たとえば，R の関数 scale ではまず中心化をおこなった上で，各列のノルムを 1 に規準化するのがディフォルトである．その結果，各列の平均が 0，分散が 1 に規準化される．

    一方，主成分分析を行う関数 prcomp では，中心化だけを行うのがディフォルトになっている．つまり，どのような尺度で各列を規準化するか選択の余地を残している．[16]

    データ行列の各列をその標準偏差で規準化するのは，一見合理的であるが，もともとの値の絶対的な大きさに意味がある場合には，平均値回りのバラツキの指標の一つでしかない，標準偏差での規準化は必ずしも適当ではない．

    そんな場合，あらかじめデータ行列の各列のノルムを 1 に揃えてしまう，つまり値の 2 乗和が 1 となるような内訳に直してしまうのも一つである．[17] 単位の違いなどによる，見かけ上の変量間の差異も，これで解消される．これは，scale(X, center=F) のように，関数 scale に引数 center=F を与えることで実現できる．

- 変換

    変量重み行列 A が求まったら，それは中心化を行う前のデータ行列に適用したほうがよい．こうすることで，新たな軸を取る前と取った後で，どのように個体の雲が変化したか比較しやすい．

- 符号の任意性

    座標軸ベクトル a には符号の任意性がある．$-a$ でもその座標軸上の座標の符号が変わるだけで同等である．符号の付き方はアルゴリズムによって異なり，一意的ではない．結果を解釈するとき，符号を変えてみると解釈しやすくなることが多いので，試してみるとよい．

[16] prcomp に引数 scale=T を与えれば，関数 scale を適用したときのように，各列の平均が 0，分散が 1 となるように規準化される．

[17] 値がすべて正のときは，2 乗和を 1 とする代わりに和が 1 あるいは 100 となるような規準化をして，内訳に直しておくのもよい．

7.2.2 都道府県の力

主成分分析の例として，民力 CD-ROM [3] から起こした次のような**民力デー
タ**を引用し取り上げよう．このデータは，2005 年時点での各都道府県のさまざ
まな 25 属性を記録とするデータフレームである．最初の 3 行を表示すれば次の
ようになる．

```
> Ppower[1:3,]
         人口    世帯数   事業所数  県民所得     国税    地方税  農業産出額
北海道 5650573 2522295   270504   145293 1379098  546638     10579
青森   1479358  551806    74341    32498  242730  131442      2402
岩手   1405060  488354    72456    34152  224269  123476      2587
       林業産出額 水産水揚  工場数  工業出荷額  就業者数  商店販売額
北海道     463.7   761331   10668      51199  2796200  20247834
青森        88.2   107727    3188      10997   731000   3693933
岩手       193.4   108752    4126      20209   715500   3525821
       電力消費  預貯金  公共事業費  着工住宅数  自動車台数  教育費
北海道    11256  336487    1611254      49183     3720320  945495
青森      2671   70174     324170       8971      999912  264053
岩手      2631   76438     339411       8906      983234  277808
       書雑販売高  新聞部数  テレビ台数  電話回線数  郵便通数  面積
北海道    177154   2235101    1652081    6154045   650837  83455
青森      40213    531167     470546    1384375   114626   9607
岩手      35185    471524     443942    1300483   114618  15279
```

Ppower{DSC}

いずれの属性も年間の数値である．人口，世帯数，事業所数については特に説明
は不要であろう．県民所得は億円単位，国税と地方税は百万円単位であり，ここ
までを基本指数と呼んでいる．

次の農業産出額と林業産出額は億円単位で，水産水揚はトン単位である．工場
数は説明不要であろう．工業出荷額は正確には工業製造品年間出荷額で，億円単
位であり，就業者数までが産業活動指数である．

商店販売額は正確には商店年間販売額で百万円単位，電力消費は KWh 単位，
預貯金は億円単位，公共事業費は正確には一般公共事業費で百万円単位である．
着工住宅数と自動車台数はいうまでもないだろう．ここまでが消費指数である．

教育費と，書雑販売高つまり書籍雑誌販売高は，いずれも百万円単位である．
新聞部数は新聞の購読部数で，テレビ台数，電話回線数，郵便通数はそのままで
あり，ここまでが文化指数と呼ばれている．最後の面積はその都道府県の面積で
あり，単位は平方 km である．

まず，47 都道府県の活力の違いを眺めてみよう．人口と面積は絶対的で，変
えようがなく，活力そのものではないので除き，データ行列の各列のノルムが 1
となるような，絶対的な尺度での規準化をあらかじめおこなっておく．また，関

数 prcomp の返す値は，そのままではわかりにくいので，関数 Show.prcomp を利用するとよい．この関数は，図 7.7 のような主成分散布図を描いた上で，次のような，第 2 主成分までの値を表示する．[18]

scale(), prcomp(), Show.prcomp(){DSC}

```
> X=Ppower[,-c(1,25)]
> p=prcomp( scale(X, center=F) )
> Show.prcomp(p)
[[1]]
[[1]]$寄与率
[1] 0.7807595
[[1]]$主成分
      鳥取       高知       島根       佐賀       徳島       福井
 0.6148082  0.7386977  0.7586514  0.7884993  0.7936668  0.8583321
      山梨       宮崎     和歌山       秋田       香川       沖縄
 0.9144802  0.9827039  1.0125829  1.0236479  1.0537918  1.1072056
      大分       山形       富山       奈良       岩手       青森
 1.1219095  1.1397622  1.1615443  1.2359736  1.2435153  1.2615485
      石川       長崎       滋賀       愛媛       山口       熊本
 1.2649266  1.2710743  1.3371064  1.4129386  1.4934078  1.5203431
    鹿児島       三重       福島       岡山       栃木       群馬
 1.5759422  1.9163512  1.9197410  1.9804242  2.0117736  2.0622448
      岐阜       長野       宮城       新潟       京都       茨城
 2.1375787  2.2037674  2.2555092  2.3816837  2.6693761  2.8204758
      広島       静岡       福岡       兵庫       千葉     北海道
 2.8983628  4.0232546  4.6346197  5.1423200  5.2658840  5.4726629
      埼玉     神奈川       愛知       大阪       東京
 6.2076668  7.8899678  8.1061165  9.7458839 18.6664942
[[1]]$変量重み
  林業産出額   農業産出額   水産水揚   工業出荷額   自動車台数
 -0.02243990  0.01272416  0.04173623  0.14833352  0.15736979
  公共事業費     教育費      工場数   テレビ台数   就業者数
  0.16587157  0.17942387  0.20031048  0.20536288  0.21088505
    電力消費   事業所数     世帯数   新聞部数   県民所得
  0.21284453  0.21315032  0.22170870  0.22318191  0.23340019
  電話回線数  書雑販売高  着工住宅数    預貯金     地方税
  0.23561613  0.24566659  0.24607859  0.25195435  0.25891594
  商店販売額  郵便通数     国税
  0.26576539  0.26583356  0.26820185

[[2]]
[[2]]$寄与率
[1] 0.1089697
[[2]]$主成分
      東京       福井       山梨       沖縄       滋賀       富山
-1.2860363  0.3899030  0.4225122  0.4727771  0.5293035  0.5386096
      奈良       石川       京都       香川       徳島       高知
 0.5400230  0.5494922  0.6089181  0.6283900  0.6636015  0.6886448
    和歌山       島根       大阪       佐賀       鳥取       岡山
 0.6889600  0.7301869  0.7792223  0.8295531  0.8586238  0.8741428
```

[18] 関数 Show.prcomp で主成分散布図を描くと，関数 identify が呼び出されるので，必要な点をクリックすればラベルが付く．そのうえで右クリックで抜ければ第 2 主成分までの詳細が表示される．なお，この関数は，前節の注意を反映して，座標軸ベクトルの符号を適切に選び，主成分の原点も中心化前の原点に戻している．また，主成分や変量重みも大きさの順に並びかえ表示してくれる．第 3 主成分以上を表示したり，座標軸ベクトルの符号をそのままにしたり，原点を戻さないなどのオプションは，関数定義をご覧いただきたい．

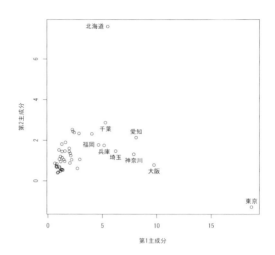

図 7.7 人口と面積以外の都道府県属性の主成分散布図

```
       山形        山口        岐阜        愛媛        広島        秋田
  0.9448736   0.9608161   1.0383906   1.0461343   1.0566814   1.0713506
       長崎        大分        群馬       神奈川        栃木        三重
  1.1375644   1.1973772   1.2439352   1.3142261   1.3549932   1.4457033
       青森        埼玉        熊本        宮崎        福島        兵庫
  1.4500583   1.4699193   1.4715706   1.5226828   1.6010951   1.7505612
       福岡        岩手       鹿児島       愛知        静岡        茨城
  1.7738304   1.8116022   1.8969370   2.1348238   2.3145538   2.3359454
       新潟        宮城        長野        千葉       北海道
  2.3790500   2.4334282   2.5262618   2.8659907   7.5982194
[[2]]$変量重み
       国税      郵便通数     商店販売額      地方税        預貯金
 -0.168654601 -0.164459716 -0.152868008 -0.114898505 -0.083015254
      工場数     書雑販売高     着工住宅数    電話回線数      県民所得
 -0.020781413 -0.013814256 -0.010692619  0.008038721  0.014174182
     事業所数     新聞部数      電力消費       世帯数       就業者数
  0.031876637  0.032762869  0.052324268  0.063977980  0.069195320
    テレビ台数   工業出荷額      教育費      自動車台数    公共事業費
  0.073765088  0.109795977  0.124446167  0.168356265  0.174037822
    林業産出額   農業産出額     水産水揚
  0.421368798  0.505113612  0.601687624
```

まず，寄与率を見るとわかるように，第 1 主成分と第 2 主成分だけで 89% 近くを占めている．言い換えれば，図 7.7 で，個体の雲の様子はほとんどつかめることになる．さらに，変量の重みを調べると，第 1 主成分は第 1 次産業以外の指標に

重みが集中しており，逆に，第2主成分は第1次産業の指標三つに重みが集中している．つまり，第1次産業以外の活力を横軸に，第1次産業の活力を縦軸にとると，47都道府県の区別はしやすいということを示唆している．

実際，北海道は上に大きく外れ，東京は右に大きく外れている．また，その他の府県のなかで千葉県と愛知県が右上にあるので，その下に位置する福岡県などに比べると，第1次産業の活力もある県ということになるだろう．

問題 7.2.4 尺度を規準化しない場合も含め，さまざまな尺度で規準化して，結果がどのように変わるか確かめてみなさい．

さて，同じデータ行列を1人当りの属性値に直したら個体の雲の見え方はどう変わるのか調べておこう．

```
> X2=X/Ppower[,1]
> p2=prcomp(scale(X2, center=F))
> Show.prcomp(p2)
[[1]]
[[1]]$寄与率
[1]  0.4271016
[[1]]$主成分
       宮崎         岩手         鳥取         鹿児島        秋田
 -0.23177488  -0.04575969   0.16690711   0.26308882   0.31594061
       青森         北海道        佐賀         島根         高知
  0.34623156   0.39068815   0.49272506   0.49366427   0.49381859
       長野         大分         熊本         長崎         山形
  0.50209173   0.53842225   0.60943190   0.64486709   0.65882030
       新潟         福島         徳島         茨城         沖縄
  0.74048854   0.76538998   0.80868880   0.99196488   1.05832393
       和歌山       愛媛         宮城         栃木         奈良
  1.05850235   1.10922857   1.17949158   1.20664150   1.23553921
       三重         群馬         岐阜         山口         山梨
  1.26810635   1.29727806   1.35549381   1.36921321   1.42630951
       千葉         福井         滋賀         静岡         富山
  1.46697318   1.48640523   1.48670746   1.58162667   1.61293765
       兵庫         香川         石川         埼玉         福岡
  1.69545033   1.73499800   1.78190483   1.78583159   1.91928464
       広島         岡山         神奈川       京都         愛知
  1.96119384   2.10504280   2.18669811   2.27067098   2.89335164
       大阪         東京
  3.50619102   7.00247046
[[1]]$変量重み
    農業産出額      林業産出額      水産水揚        公共事業費
    -0.323497855   -0.320595815   -0.236369163   -0.111117095
       教育費         自動車台数      テレビ台数      事業所数
    -0.077966988   -0.077485779   -0.004589736    0.006157319
       就業者数       電力消費       世帯数         新聞部数
     0.016222284    0.025827867    0.035189956    0.062202732
       工業出荷額     工場数         電話回線数      県民所得
```

```
       0.064549842    0.084697704    0.093009124    0.094444289
         書雑販売高       着工住宅数         預貯金          地方税
       0.136944544    0.156412260    0.184888550    0.250209520
         郵便通数        商店販売額         国税
       0.405329482    0.414119096    0.448849462
```

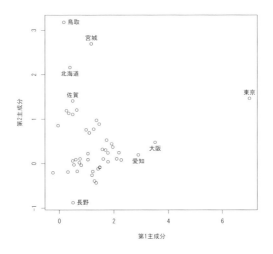

図 7.8　一人当りの都道府県属性の主成分散布図

```
[[2]]
[[2]]$寄与率
[1] 0.2064124
[[2]]$主成分
         長野            岐阜            群馬            栃木            宮崎
    -0.87907746    -0.43330592    -0.39195524    -0.26353579    -0.20787252
         秋田            奈良            山形            山梨            滋賀
    -0.19068543    -0.18075725    -0.17624464    -0.12048327    -0.08949206
         福井            徳島            大分            新潟            埼玉
    -0.08230213    -0.03999441    -0.02992446     0.01823141     0.03933373
         高知            京都           和歌山           熊本            富山
     0.05818026     0.07910034     0.08581400     0.08775078     0.10175067
         福島            岡山            愛知            沖縄            石川
     0.10346963     0.10498982     0.19328300     0.22082989     0.23778850
        神奈川           兵庫            静岡            広島            福岡
     0.24319421     0.30240456     0.31682981     0.36821587     0.44306308
         大阪            香川            愛媛            茨城            三重
     0.47639066     0.52817196     0.69035092     0.76028861     0.77436618
         岩手            千葉            山口            島根            青森
     0.85491238     0.88785476     0.97416906     1.10564661     1.13060182
```

```
         鹿児島        長崎        佐賀        東京       北海道
      1.18998274  1.20383316  1.40832080  1.46495655  2.16229598
         宮城        鳥取
      2.69325274  3.17647647
[[2]]$変量重み
     林業産出額        工場数     工業出荷額    自動車台数
   -0.244843721  -0.221080364  -0.159321990  -0.041611048
      事業所数       預貯金      県民所得      電力消費
   -0.022420162  -0.021917026  -0.015230857  -0.011901869
      就業者数      新聞部数     公共事業費    テレビ台数
   -0.006627042  -0.005474216   0.009589060   0.012439422
      電話回線数      教育費     書雑販売高    着工住宅数
    0.013802747   0.017854593   0.032177582   0.032317813
       世帯数     農業産出額      地方税      郵便通数
    0.032518488   0.036960976   0.056640646   0.080749705
        国税    商店販売額     水産水揚
    0.118453501   0.165245759   0.897944344
```

今度は，第1主成分と第2主成分を合わせても寄与率は63%程度にしかならない．図7.7と同じように，図7.8の主成分散布図も東京が大きく右に外れている点では変わりはないが，ずいぶん様子が違って見える．その理由は，第2主成分の変量重みにある．水産水揚の重みが突出している．したがって，第1次産業のうちでも特に水産業に焦点を当てる結果となっており，図7.8で見れば，北海道以外に，宮城と鳥取が上に外れ，長野が下に外れている．つまり，一人当りにすると，水産業の水揚量が都道府県を分ける2番目の重要な鍵となるというのが，この結果の示唆するところであろう．

問題 7.2.5 一人当りではなく，1面積当りの属性値にしたら，主成分分析の結果はどう変わるか調べてみなさい．また，消費指数や文化指数などに限って主成分分析したらどう変わるかも見てみるとよい．

7.2.3 特異値分解

主成分分析は，$X^T X$ の固有値，固有ベクトルを求める問題に帰着するが，X の**特異値分解**[19] (singular value decomposition) を用いることで，$X^T X$ の計算を省略できる．特異値分解とは，任意の $n \times p$ 行列 X の

$$X = UDV^T$$

の形の分解である．ただし，U, V はそれぞれ $n \times m, p \times m$ 列直交行列[20]，D は要素が非負の $m \times m$ 対角行列で，$m = \min(n, p)$ である．

[19] 「得意値分解」という誤変換も，それなりに味わい深い．`svd()`

[20] 列直交行列については，7.2.1 節を参照されたい．また，対角行列は対角線以外の要素はすべて 0 である行列のことである．

―― 主成分分析とクラスタリング ――

主成分分析とクラスタリングは，特別なモデルを導入したりせずに，個体の雲の様子を，なんとか把握しようとする目的では一致している．もっとも大きな違いは，雲の各点をできるだけ区別する方向で眺めようとするか，いくつかの塊（クラスタ）を成しているものとして眺めようとするかである．

- 主成分分析では，データ行列の値をフルに使って，もっとも点の区別がしやすいような新たな座標系を見つけようとするのに対し，クラスタリングでは，個体間の距離だけからクラスタを構成しようとする．

- 主成分分析では，個体空間の次元の縮小，たとえば 2 次元平面への射影が行えるが，クラスタリングでは，クラスタを作り上げるだけで，次元の縮小までは行えない．しかし，クラスタ樹を眺めれば，次元にかかわらずクラスタの相互の位置関係や，その構成要素まで探索することで雲の様子を多角的に把握することができる．

- 主成分分析では変量の混合を行うのに対し，クラスタリングでは変量の混合は行わない．したがって，クラスタリングの結果は，意味の違う変量が混じっていても，それなりに解釈が可能である．

- 主成分分析の結果は，尺度の規準化の仕方や座標軸ベクトルの符号を除いて，一意であるが，クラスタリングの結果は，どのような距離で個体間の距離を測るかによって変わる．

- 主成分分析の結果は，寄与率さえ高ければ，2 次元，3 次元に射影した姿から，雲の形状をある程度推測できるが，クラスタリングの結果から，実際のクラスタの形状を推測するのは困難である．

残念ながら，大学の線形代数の講義では，特異値分解が正面から取り上げられることはほとんどない．しかし，どんな行列 X にも適用できる点で対角化よりも汎用であるだけでなく，U の列ベクトル $u_i, i = 1, 2, \ldots, m,$ が値空間 $\mathcal{U}$ の座標軸ベクトル，V の列ベクトル $v_i, i = 1, 2, \ldots, m,$ が**核補空間**[21] $\mathcal{V}$ の座標軸ベクトルを与えている点でも理解しやすい．また，D の対角要素 $d_1, d_2, \ldots, d_m$ は**特異値** (singular value) と呼ばれ，空間 $\mathcal{V}$ の座標軸と空間 $\mathcal{U}$ の対応する座標軸の間で，尺度を変える役割を担っている．

[21] **核補空間**は値空間を作り出す（最小な）定義域で，著者の造語である．

値空間，核補空間

$n \times p$ 行列 X の**値空間**（像空間）(range space, image space) は，X の p 本の列ベクトルが張る空間[22] $\mathcal{U} = \{X\boldsymbol{a} \mid \boldsymbol{a} \in \mathbb{R}^p\}$ であり，それに対応する空間が**核補空間** (kernel complementary space)，つまり**核空間** (kernel space) $\mathrm{Ker}(X) = \{\boldsymbol{a} \mid X\boldsymbol{a} = \boldsymbol{0}\}$ の直交補空間 $\mathcal{V} = \mathrm{Ker}(X)^\perp$ である．核空間の要素はすべて X によって $\boldsymbol{0}$ に移されてしまうので，その直交補空間 $\mathcal{V}$ の要素だけが，本質的に値空間を作り出す役割を果たしている．実は，$\mathcal{V}$ は X の n 本の行ベクトルが張る空間でもある．実際，$X\boldsymbol{a}$ を X の行ベクトルとの内積を並べたベクトルと考えれば，$\mathrm{Ker}(X)$ は n 本の行ベクトルすべてと直交するベクトルの張る空間であることがわかる．つまり，補核空間 $\mathcal{V}$ は X の n 個の行ベクトルの張る空間に他ならない．これから，いわゆる次元定理 $\dim(\mathcal{U}) = p - \dim(\mathrm{Ker}(X)) = \dim(\mathcal{V})$ も導かれ，この二つの空間に共通な次元 r が行列 X の**階数** (rank) となる．

---

[22] ベクトル $\boldsymbol{x}_1, \boldsymbol{x}_2, \ldots, \boldsymbol{x}_m$ の張る空間は，その線形結合 $c_1\boldsymbol{x}_1 + c_2\boldsymbol{x}_2 + \cdots + c_m\boldsymbol{x}_m$ すべてから成る線形部分空間のことである．どんな線形部分空間にも必ず零ベクトル $\boldsymbol{0}$ が含まれる．

特異値分解を用いれば，行列演算 $X\boldsymbol{a}$ は

$$X\boldsymbol{a} = \sum_{i=1}^{m} d_i(\boldsymbol{v}_i^T \boldsymbol{a})\boldsymbol{u}_i$$

のように書き表せる[23]．したがって，ベクトル $\boldsymbol{a}$ の空間 $\mathcal{V}$ への射影の座標軸ベクトル $\boldsymbol{v}_1, \boldsymbol{v}_2, \ldots, \boldsymbol{v}_m$ 上の座標 $\boldsymbol{v}_i^T \boldsymbol{a}$, $i = 1, 2, \ldots, m$, を求め，それを特異値倍した値を，新しい座標軸 $\boldsymbol{u}_1, \boldsymbol{u}_2, \ldots, \boldsymbol{u}_m$ 上の座標としたときの空間 $\mathcal{U}$ での位置が，$X\boldsymbol{a}$ であると解釈できる．特に X が $n \times n$ 対称行列であれば，行ベクトルと列ベクトルは等しいので，$\mathcal{U} = \mathcal{V}$，つまり $U = V$ となり，特異値分解は対角化 $X = VDV^T$ に帰着する．

X の特異値分解を用いれば，$X^T X = VD^2V^T$ から主成分分析に必要な結果がすぐ得られる．つまり，V が変量重み行列 A，D^2 の対角要素が $\lambda_1, \lambda_2, \ldots, \lambda_m$ を与える．また，$Y = XV = UD$ で主成分行列が求まる．ただし，記録数 n がかなり大きく，変量数 p が比較的小さい場合には，まず $X^T X$ を求めてしまい，それを対角化して V と D^2 を求めたほうが，比較的小さな $p \times p$ 行列の固有値，固有ベクトルを求めるだけで済むので，計算は楽である．

逆に，記録数 n が比較的小さく，変量数 p がかなり大きい場合には，$XX^T = UD^2U^T$ であることを利用して求めたほうがよい．比較的小さな $n \times n$ 行列 XX^T を対角化して U と D^2 を求め，$VD = X^T U$ から V を求められる．D は対角行列であるので，解 V を求める計算はごく単純である．このアルゴリズム [56] は，ゲノム解析など，変量数が膨大な割に，記録数が少ないときに，よく利用される．

[23] $\boldsymbol{u}_i^T X = d_i \boldsymbol{v}_i^T$, $X\boldsymbol{v}_i = d_i \boldsymbol{u}_i$ が成り立つので，$\boldsymbol{u}_i$ は**左特異ベクトル** (left singular vector)，$\boldsymbol{v}_i$ は**右特異ベクトル** (right singular vector) と呼ばれる．

さて，ここまでは，X を空間 $\mathcal{V}$ から空間 $\mathcal{U}$ への線形変換とみなしての，特異値分解の解釈であったが，先にも述べたように，データ行列はこのような線形変換としての意味はないので，次のような言換えが必要になる．

主成分分析の結果の解釈

変量重み行列 A は X を特異値分解 $X = UDV^T$ としたときの V である．また，V の列ベクトル $v_1, \ldots, v_m$ が新しい座標軸ベクトルを与え，これら新しい座標軸での n 点の座標は $Y = UD$ の各列で与えられる．さらに，V の行ベクトル $v^{(1)}, \ldots, v^{(p)}$ が，もとの p 本の座標軸ベクトル $e_1 = (1, 0, \ldots, 0)^T, e_2 = (0, 1, \ldots, 0)^T, \ldots, e_p = (0, 0, \ldots, 1)^T$ の新しい座標系での座標ベクトルを与える．たとえば，もとの第 1 座標軸ベクトル e_1 の新しい座標系での座標は順に $e_1^T v_i, i = 1, 2, \ldots, m,$ であるが，これらを横に並べたベクトルがちょうど $v^{(1)}$ になっている．

これを利用したのが**バイプロット** (biplot) であり，主成分散布図上に，もとの座標軸がどのように見えるか重ね描きしたものである．[24] 図 7.7 に対応したバイプロットを描けば図 7.9 のようになる．

```
> biplot(p, col=1)
```

図 7.9 は，主成分軸ベクトルの符号の調整や，原点の復元などを行っていないため，違った図のように見えるが，左右反転させ，原点を復元し，点のラベルを取り除けば，図 7.7 と同等になる．旧座標軸の射影が重ね描きされている点が，本質的な違いである．第 1 主成分軸が，第 1 次産業以外の指標に重きを置き，第 2 主成分軸が，第 1 次産業の指標に重きを置いて作られた軸であることは，すでに見てきたとおりであるが，それが水産水揚，農業産出額，林業産出額の軸が揃って上を向き，残りの変量の軸が左に向いていることに反映されている．

確かに，バイプロットは主成分分析の結果をまとめて一枚の図として示す方法として優れているが，混み合っていて，外れた個体以外の雲の様子はわかりにくい．やはり，最初は単純な主成分散布図と数値で結果を把握し，その上でバイプロットの利用を考えるとよいだろう．

[24] バイプロットは，しばしば「個体と変量を同時に眺めるための図」と呼ばれるが，正確には，第 1 主成分軸と第 2 主成分軸からなる平面，つまり主成分平面に射影した個体空間の n 点の散布図に，p 本の旧座標軸の射影を重ね描きした図である．`biplot()`

7.3 高次元個体空間の可視化 —TextilePlot—

高次元空間の個体の雲の様子を探る手段として，古典的なクラスタリングと主成分分析を紹介してきたが，いずれも隔靴掻痒の感を免れない．それを解消す

7.3 高次元個体空間の可視化 —TextilePlot— 157

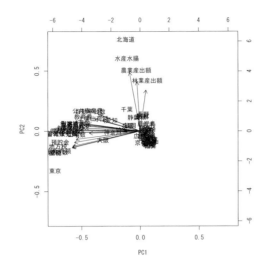

図 7.9 人口と面積以外の都道府県属性のバイプロット

る一つの手段としてよく用いられるのが，9.1 節の**対散布図**であるが，これとてデータの全体像をつかむには歯がゆいことに変わりがない．そこで，本節では高次元空間の個体の雲をそのまま平面上で眺める手段として著者らが開発してきた**TextilePlot**[25] [24–26] を紹介する．[26]

TextilePlot のルーツは**並行座標軸プロット** (parallel coordinate plot) [20] にある．[27] 高次元空間は数多くの座標軸を有しており，雲の姿をそのまま眺めるのは難しい．しかし，それらの座標軸を平面上に並行して並べれば，眺められるというのが，並行座標軸プロットの基本的なアイディアである．そうすると，もとの高次元空間の一点が，並行座標軸プロットでは各座標軸での座標の組で表わせることになるが，それではわかりにくいので，座標点を折れ線で結んで表示する．これが並行座標軸プロットである．

確かに，並行座標軸プロットはいくら高次元になっても，並べる座標軸を増やせばよいだけであるので，次元の制約なしに，雲の様子を平面上で眺めることができる．しかし，各座標軸の原点と軸の尺度をうまく選ばない限り，煩雑になるだけで一向に雲の様子が見えてこないことも否めない．そこで，TextilePlot では新たに**水平性規準** (horizontality criterion) を導入して，各座標軸の原点と軸の尺度を定めることでこの問題を解決している．

少し式で説明しておくと，TextilePlot では，データテーブル X の列 x_j が，

25) Textile は織物のことである．水平性規準で描いた並行座標軸プロットが，織った布地のように見えることから名付けた．「すだれプロット」というアイデアもあったが，なんとなく重たそうなので国際的にも説明なしにわかる TextilePlot に落ち着いた．

26) 可視化あるいは「みえる化」は一種のはやり言葉であるが，具体的に何なのかは，はっきりしていない．ここでの可視化は，個体の雲をそのまま平面上で見えるようにするという意味での可視化である．なお，TextilePlot は個体空間から変量空間へ視点を変えることもできるように設計されている．

27) 並行座標軸プロットと書くか平行座標軸プロットと書くか悩ましいが，座標軸を並べたことのほうが本質で，平行であることは副次的でしかないので，ここでは並行座標軸プロットと記すことにした．

数値ベクトルなら
$$y_j = \alpha_j \mathbf{1} + \beta_j x_j,$$
非数値ベクトルなら，**対比**で行列 X_j に数値化した上で，
$$y_j = \alpha_j \mathbf{1} + X_j \beta_j$$
として，j 番目の並行座標軸上の座標を定めている．つまり，主成分のように変量を混ぜ合わせたりせず，各変量ごとにその座標軸の原点 α_j と尺度 β_j あるいは β_j を選ぶことだけで，並行座標軸上に表示するときの座標を定めている．したがって，TextilePlot でのデータ表現は位置・尺度不変である．そのため，主成分分析のように，もとのデータテーブル X の各列をどのように規準化するか悩む必要もない．

具体的には，**水平性規準**は
$$\sum_{j=1}^{p} \|y_j - \xi\|^2 \tag{7.1}$$

を最小化するよう，ベクトル ξ，位置パラメータ $\{\alpha_j, j=1,2,\ldots,p\}$，尺度パラメータ $\{\beta_j$ あるいは $\beta_j, j=1,2,\ldots,p\}$ を選ぶだけのシンプルな規準である．[28]

ベクトル ξ は j によらないベクトルであり，各折れ線それぞれに対して，規準となる水平線を定める．したがって，式 (7.1) は折れ線それぞれの，この水平線からの乖離度の総和であると考えられる．折れ線それぞれが水平に近くなればなるほど，(7.1) の値は小さくなるので，この規準は「折れ線それぞれがなるべく水平に近くなるように」各軸の原点と尺度を定める規準であることになる．

TextilePlot がどんなものか理解していただくために，まず，第 6 章でデータ例として用いた，**アイリスデータ**を TextilePlot で眺めてみよう．[29] すでに第 6 章で紹介したように，このデータは 3 種類のアイリスの花を 50 ずつ採取して計測した結果で 150 記録あり，図 7.10 での折れ線 150 本がこれらの記録に対応している．左端の花 は「エンティティーが花」であることを示しており，これから，それぞれの花の属性が記録になっていることがわかる．

その右の最初の軸はアイリスの種 (Virginica, Versicolor, Setosa) を表す変量に対応し，これらの座標は水平性規準から定まっている．つまり，「どの折れ線も水平に近くなるように各座標軸の原点と尺度を定める水平性規準」で，カテゴリカルな変量の各水準の座標も自然な形で定めることができる．ただ，これで求めた座標は 3 水準の位置を示すにすぎないので，座標軸は描かれていない．[30] 種 Virginica, Versicolor, Setosa の 3 水準が円板であらわされているが，その半径から，該当する記録数の大きさがわかる．つまり，円板の半径が記録数に比例するように描かれているが，この例では同一記録数なので，円板の半径はすべて同じである．

[28] 実際には何らかの制約を課さないと，すべて 0 とする自明な解しか得られない．TextilePlot では，$\{y_j, j=1,2,\ldots,p\}$ から作ったデータ行列 Y の分散 (6.10 節を参照) $\|(I-P)Y\|^2$ を一定にするという制約のもとで最小化している．

[29] 本書で紹介する TextilePlot 例に関しては，テスト用の DandD インスタンスが用意されているので，URL パネルから選択するだけで再現できる．

[30] TextilePlot では，原則，可能な値が連続していて，その範囲が明示的に与えられていれば座標軸を引く．

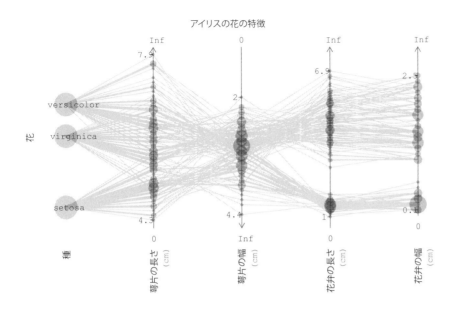

図 7.10 アイリスデータの TextilePlot

　残りの変量は，すべて数値変量で座標軸が引かれている．軸の上下に置かれた数値は可能な値の範囲を表し，この場合は，幅や長さなので 0 と Inf（無限大）になっている．これとは別に，実際に現れた値の最大値と最小値が座標軸上に示されており，たとえば「萼片の長さ」の最大値は 7.9, 最小値は 4.3 であることが読み取れる．

　また，数値軸の上に小さな円板が描かれていることがあるが，これは，その中心の値に重複があることを示している．カテゴリカルな変量の場合と同じように，円板の半径は重複数に比例する．実は，このデータは 0.1 cm 単位でしか記録されていないので，このような値の重複が存在する．数値だけを眺めていると見過ごしがちな，このようなデータの特徴も即座に読み取れるのが TextilePlot の一つの特徴である．

　ここで「萼片の幅」の軸の向きが逆転していることに注目していただきたい．これは，**水平線基準**からするとこの変量だけは，他の変量とは逆の動きを示していると考えたほうがよいからである．言い換えれば，花弁の長さや幅，萼片の長さが大きくなると萼片の幅は小さくなるというのが，これら 3 種のアイリスの花に共通な特徴であることを示唆している．なお，各軸名にかっこ書きされているのは単位であり，この場合，いずれも cm である．

　さて，TextilePlot は座標軸の並び順によって異なった印象を与える．図 7.10

はディフォルトの場合で，もとのデータファイルでの出現順をそのまま反映した並びになっている．一般的には，並べる順序の工夫が必要になることが多い．どう順序を定めるかについてはさまざまな可能性があるが，その一つの答えが**座標軸のクラスタリング** (clustering of coordinate axes) [31] である．これは，二つの座標軸の間の「距離」を「その間を結ぶ折れ線の傾きの絶対和」で定義し，それにもとづいた階層的な座標軸のクラスタリングをおこなった結果を反映するように座標軸を並べ替える方法である．図 7.10 に対応する TextilePlot は図 7.11 になる．[32]

[31] ここでの階層的クラスタリングは，7.1 節でのクラスタリングとは違うことに注意されたい．7.1 節は，「個体」のクラスタリングであり，ここでのクラスタリングは「変量」つまり「座標軸」のクラスタリングである．

[32] TextilePlot の View メニューで Order of Warps を選べば軸の順番を並べ替えられる．

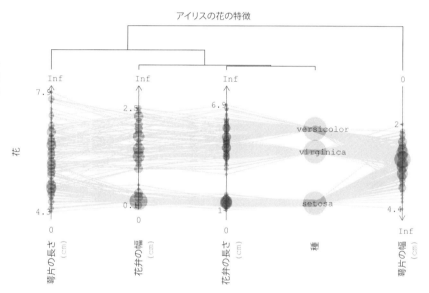

図 7.11 軸を並べ替えた，アイリスデータの TextilePlot

上部に描かれた「樹」が座標軸の階層的なクラスタリングを表している．この**クラスタ樹**から，まず，「種」にもっとも近い変量は「花弁の長さ」であり，種 Setosa は，このデータに関する限り，「花弁の長さだけで 100% 他の種と区別できることがわかる．また，「花弁の幅」は「花弁の長さ」とかなり水平に近い折れ線で結ばれているので，種の区別には補助的にしか役立たないだろうと推測される．

結局，さらに Setosa 以外の種の区別をするとしたら，花弁が長い種を Virginica, 短い種を Versicolor と判断し，補助的に花弁の幅を用いることになるだろう．アイリスデータは，これまで**判別分析** (discriminant analysis) や**サポートベクターマシン** (support vector machine) のテストデータとしてよく用いられる有名な

データ例であるが，このような高級な道具を持ち出さなくとも，TextilePlot でデータそのものを視覚的に眺めるだけで同じようなことが直感的に理解できてしまえば，大いに助かることは間違いない．特に，第 6 章で述べたようにデータサイエンスの実践にとっては重要で，データをよくブラウジングして適切なストラテジーを立てるのに欠かせない道具となりつつある．

TextilePlot のさまざまな機能を利用すれば，ある条件を満たす記録だけを残したり，変量を落としたり，各変量ごとの値の分布状態や，どのような記録が多いかなど，さまざまな観点からデータを吟味することができる．たとえば，高級な道具を使うとかえって見えなくなってしまうような，少数の外れ値などの様子も詳細に調べることができる．

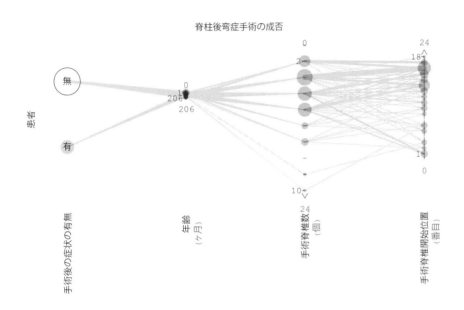

図 7.12 脊柱後弯症データの TextilePlot

図 7.12 のデータも，よく例として用いられることの多い，子供の**脊柱後弯症** (kyphosis) が手術で治ったかどうかの記録 81 件からなる**脊柱後弯症データ**である．[33] この図から，対象つまりエンティティーが「患者」であり，手術がうまくいって脊柱後弯症が無くなったかどうかとその患者の属性の記録の TextilePlot であることがわかる．手術後の症状の有無が，黒丸と白丸であらわされているのは，「有」か「無」の論理値であるからで，カテゴリカルな変量のときと同じように，丸の大きさが記録数に比例している．その大きさを見れば，治ったケースのほうが多いものの，治らなかったケースもそれなりに存在することがわかる．

[33] このデータは R のデータ例の一つである．`data(kyphosis){gam}`

その隣は，手術時の生後月数を示す変量に対応する軸で，206ヶ月の患者までいたこともわかる．しかし，水平性規準からこの軸の尺度が極めて大きく設定されているため，座標が一か所に固まってしまっているように見える．TextilePlotでこのようなノット (knot, 節) が生まれるのは，その変量が他の変量と直交しているようなときである．[34] したがって，この TextilePlot は，手術の成否は生後月数とほとんど関係ないことを示唆していることになる．

残りの二つの座標軸は，手術した脊椎の個数を表す変量と，手術開始位置を表す脊椎の番号を表す変量に対応する軸である．ここで，これらの座標軸の表現の仕方がカテゴリカルの場合とも，数値の場合とも違うことに注意していただきたい．カテゴリカルの場合に似てはいるものの，下向きあるいは上向きの矢頭だけがそれぞれの軸に置かれている．これは水準に順序のある**順序カテゴリ** (ordered category) 変量だからである．

さて，アイリスデータのときと同じように，座標軸の階層的クラスタリングで軸の順序を定めてみよう．

[34] 他と無関係な動きをする変量，つまり直交する変量が TextilePlot でノットを形成することがあるのは，すべての折れ線についてなるべく水平性を確保するには，少数の直交する変量の値はノットに押しつぶしてしまったほうがよいからである．変量の直交性に関しては，第 9 章を参照されたい．

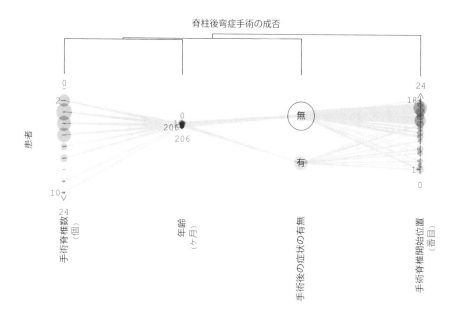

図 7.13 軸を並べ替えた，脊柱後弯症データの TextilePlot

図 7.13 で，すでにある程度の答えは出てしまっている．つまり，手術の成否を決める第一の要因は手術開始位置で，頭から離れた位置であればあるほど成功する可能性が高まることを示唆している．手術した脊椎の個数も手術の成否にある程度の関係があり，手術した脊椎の個数が多くなれば成功率が下がることは，

軸の方向が開始位置とは逆であることからも見てとれる．さらにクラスタ樹をみると，脊椎の個数と年齢の間にも何らかの関係がありそうなことがわかるが，これは手術の成否とは直接関係なく，生後月数が多くなればなるほど手術する必要のある脊椎の数も増えるという関係を示しているにすぎないように見える．

このような TextilePlot の示唆することは，実際，8.1.3 節で**一般化線形モデル**などを用いて数値的に確かめられることと一致する．TextilePlot はデータを直観的に理解するには優れた道具ではあるが，最終的な結論はこのようなモデルを用いて数値的にも押さえておくことが，説得力を増す意味でも，将来への展開の道を開くためにも必要であろう．しかし，特定の解析ソフトウェアやモデルに飛びつく前に，TextilePlot でデータのそのままの姿を探っておくことは，間違いない解析をするためにも欠かせない作業であろう．

本節の残りでは，クラスタリングで用いた鳥インフルエンザウイルスの RNA シークエンスデータと主成分分析で用いた民力データが TextilePlot ではどのように見えるのか確かめておくことにする．

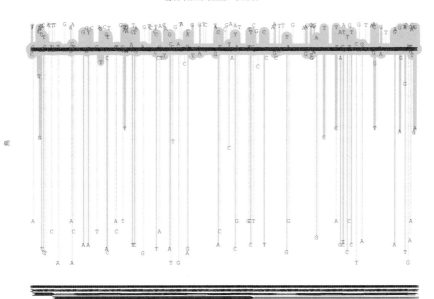

図 7.14 鳥インフルエンザウイルス RNA シークエンスデータの TextilePlot

図 7.14 が，7.1 節で例として取り上げた鳥インフルエンザウイルスの RNA シークエンスデータの TextilePlot である．[35]

座位数つまり 1 記録の長さ 1742 に対応して軸も同じ数だけあり，軸名はつぶ

35) この場合は，変量数のほうが記録数よりも多いので，7.2.3 節で紹介したようなアルゴリズムが自動的に採択されている．したがって，水平性規準による軸の原点，尺度の選択も，大して時間はかからない．

れてしまっているが，全体的な様子はよくわかるであろう．記録数 152 に対応して折れ線も 152 本あるが，そのほとんどが黒い帯の塊となっている．下側に伸びた折れ線は，ごく少数の記録に関する変異を示しており，ある程度まとまった変異は，でこぼこのグレーの塊として見える．TextilePlot の各記録のグラフィカルな同定の機能を利用すれば，7.1 節でみつけたようなクラスタの姿を探ることもできるが，紙幅の都合でこのデータに関してはここで止めておくことにする．なお，ゲノム解析に特化した TextilePlot が，熊坂夏彦君の Web サイト

http://kumasakanatsuhiko.jp/projects/disentangler/

で公開されているので，興味がおありの方は，このソフトウェアを使ったゲノム解析の論文 [27, 36] と合わせ参照されたい．

さて，7.2 節で例として用いた**民力データ**の TextilePlot はどのようになるであろうか？ 図 7.15 が人口と面積を除いた残りの指標そのままの姿である．農

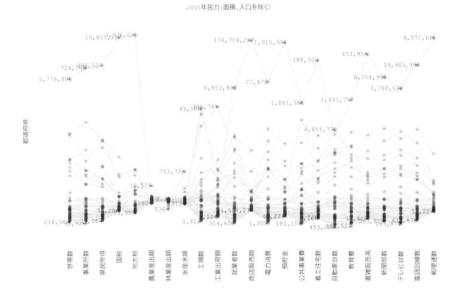

図 **7.15** 民力データの TextilePlot

業産出額，林業産出額，水産水揚がノットに近くなっているのは，すでに主成分分析でわかったように，これらと残りの変量は相補う関係にあるからである．さらに，一つ大きな外れ値があるが，これはもちろん東京都である．しかし，よく見てみると，工場数，工業出荷額，自動車台数はそれほど外れていない．東京都は，他の指標すべてで，他の道府県を圧倒するものの，工業出荷額や自動車台数

ではそれほどでもないことを示している．これなども，主成分分析などでは見逃しがちな点であろう[36]．

さらに，軸をクラスタリングして並べ替えれば，図7.16のようになる．左端

[36] TextilePlotの個体の同定機能を用いて，愛知県や大阪府がどの折れ線に対応しているか確かめてみるとよい．

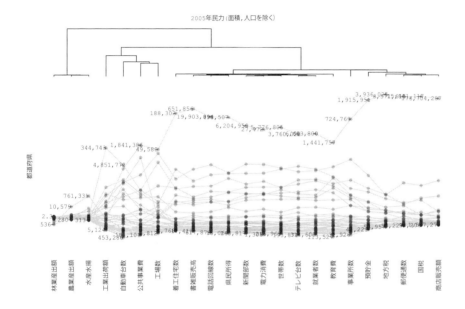

図 7.16 軸を並べ替えた，民力データの TextilePlot

に，第1次産業の指標三つが並び，クラスタ樹でも最後に加わるクラスタを構成している．その右には，東京都があまり外れていない3指標に公共事業費を加えた4指標がもう一つ別のクラスタを構成している．さらに右にある残りの指標は変量としてはかなり近い動きをしている指標であり，特に東京都を際立たせる指標になっていることがわかる．

次のステップとしては，第1次産業の3指標に制限して TextilePlot を描き，第1次産業という側面からみた都道府県の違い，つまり主成分分析での第2主成分に相当する側面をもっとダイナミックに眺めたり，その隣のクラスタに制限したり，残りの指標に制限したりすることで，データの様子を突き詰めていくこともできる．このような TextilePlot のさらに高度な利用に関しては，稿を改めることにしたい．

---- **TextilePlot** ----

TextilePlot を用いれば，平面上の折れ線の集まりとして，高次元空間の個体の雲の，そのままの姿を眺めることができる．一般的に知られている並行座標軸プロットとの大きな違いは，水平性規準によって軸ごとに原点と尺度を定める点にある．この規準により，二つの変量が線形関係にあればその間を結ぶ線分はすべて平行となり，互いに直交する変量ならば，どちらかの変量が，軸上で一点に固まるノットを作る．このようなことを手掛かりにして，個体の違いだけでなく，変量相互の関係も視覚的に探ることができる．さらに，軸つまり変量のクラスタリング機能も用いれば，関係の深さに応じて軸の位置を並べ替えられ，変量相互の関係が掴み易くなる．

　TextilePlot は，各軸の原点と尺度を水平性規準で定めるだけであるので，もとのデータテーブルの各列の位置や尺度には依存しない．カテゴリカルなデータベクトルの各水準の座標も，この規準から定まり，欠損値が存在していても一向にかまわない．したがって，対象とするデータテーブルになんらの制限もない．さらに，単位やデータの型や値の範囲など，解析に役立つさまざまな情報も同時に表示されるよう，工夫されているので，軸や記録の削除や変換などのオプショナルな機能も援用すれば，さまざまな視点から，ブラウジングを楽しく進められる．これが TextilePlot を用いる最大のメリットである．

第8章 変量間の関係

第7章では，個体の雲を直接あるいは間接に眺めることで，個体相互の位置関係を探った．しかし，このような位置関係よりも，個々の個体を超えた，変量間の**関係**，つまり変量の間の結びつきを知ることが重要なことも多い．変量の間の関係がわかれば，原因と結果といった形で，裏に潜む現象を説明することもできるし，原因となる変量の値を把握することで，結果となる変量の値を予測したり，コントロールしたりすることも可能になる．

ただし，変量間の関係は，個体の位置関係とは異なり，「個々の個体に依存しない変量間の関係」を探ることになるので，どうしても「記録の等質性」が欠かせない．たとえば，個体空間で個体がいくつかのクラスタに分かれているような場合，それを無視して変量間の関係を求めても，あまりはっきりした関係は浮かび上がってこない．このような場合には，それぞれのクラスタごとに変量間の関係を求めたうえで，それらをまとめあげる必要がある．本章では，関係のモデルのうちでも，もっとも簡単な線形回帰モデルから始め，一般化線形モデル，非線形回帰モデル，正準相関分析，コレスポンデンス分析と進む．

8.1 回帰モデル

回帰モデル (regression model) [1]は，**被説明変量**と**説明変量**という明確な区別のある「関係のモデル」である．被説明変量を Y，説明変量を $x_1, x_2, \ldots, x_p$ としたとき，その間を結ぶ

$$Y = f(x_1, x_2, \ldots, x_p) + \epsilon \tag{8.1}$$

の形の関係が回帰モデルと呼ばれる．ϵ が回帰モデルならではの**誤差項** (error) と呼ばれる項で，これを 0 と置いたときに成り立つ関係がいわゆる**関係**[2]になり，$f(x_1, x_2, \ldots, x_p)$ は**回帰関数** (regression function) と呼ばれる．ここでの誤差項は，モデルは現実の近似にすぎず，食い違いが生ずるに違いないという考えから，それを吸収するために導入されている．別の見方をすれば，個々の個体に依存しない変量間の関係を求めようとしている以上，個体の差異をこのような形で吸収する必要があることになる．

[1] 英語の regression には，戻る，退化，遡及といった意味がある．このモデルが「子供の形質を親の形質に遡及する」ことを確かめるような使い方で始まったので，この名前が定着した．日本語の「回帰」も「元へ戻る」という意味で一致している．

[2] 「関係」の一般形は $g(Y, x_1, x_2, \ldots, x_p) = 0$ で，誤差の入った関係が $g(Y, x_1, x_2, \ldots, x_p) = \epsilon$ である．これが陽な形に書ければ (8.1) となる．

回帰関数 $f(x_1, x_2, \ldots, x_p)$ が線形関数のときには，式 (8.1) は

$$Y = \beta_0 + \beta_1 x_1 + \beta_2 x_2 + \cdots + \beta_p x_p + \epsilon \tag{8.2}$$

となり，**線形回帰モデル** (linear regression model) と呼ばれる．モデル (8.2) は変量間の回帰関係であるが，これに対応したデータベクトル間の回帰関係は，

$$\boldsymbol{y} = \beta_0 \boldsymbol{1} + \beta_1 \boldsymbol{x}_1 + \cdots + \beta_p \boldsymbol{x}_p + \boldsymbol{\epsilon} \tag{8.3}$$

となる．ただし，$\boldsymbol{y}$ は被説明変量 Y の値ベクトル，$\boldsymbol{x}_1, \boldsymbol{x}_2, \ldots, \boldsymbol{x}_p$ は対応する説明変量 $x_1, x_2, \ldots, x_p$ の値ベクトルである．[3] さらにベクトル $\boldsymbol{1}, \boldsymbol{x}_1, \boldsymbol{x}_2, \ldots, \boldsymbol{x}_p$ を並べたデータ行列を X とすれば，(8.3) はさらに

$$\boldsymbol{y} = X\boldsymbol{\beta} + \boldsymbol{\epsilon} \tag{8.4}$$

と書き換えることもできる．[4] ただし，$\boldsymbol{\beta} = (\beta_0, \beta_1, \ldots, \beta_p)^T$ である．

[3] 被説明変量と説明変量だけでなく，目的に応じて，従属変量と独立変量，目的変量と制御変量といった呼び方もなされる．

[4] X は**説明変数行列** (explanatory variable matrix) あるいは**計画行列** (design matrix) と呼ばれる．後者の呼び方は，あらかじめ実験計画が立てられていた場合には X がその計画を反映しているからである．また，$\boldsymbol{\beta}$ は回帰係数ベクトルと呼ばれる．なお，説明変量行列ではなく説明変数行列と呼んでいるのは，囲み記事にあるように，この行列は条件となる説明変量の値の行列だからである．

[5] ここでは，変量は Y のように大文字，値は $x_1, \ldots, x_p$ のように小文字で表す慣例に従っている．

線形回帰モデル[5]

回帰モデルでは，結果を表す被説明変量 Y にはランダム性が含まれていてもよいが，原因となる説明変量 $x_1, x_2, \ldots, x_p$ の値は制御できると考え，ランダム性は含まれていないとする．したがって，説明変量がランダムであっても，その記録された値の条件のもとで考える．言い換えれば，回帰モデルは Y の条件付き期待値と，その条件となる説明変量の値の間の関係を表すモデルである．したがって，第 9 章で導入する条件付き期待値の記号を用いれば，

$$E(Y|x_1, x_2, \ldots, x_p) = f(\boldsymbol{x})$$

が回帰モデルにおける関係ということになる．ただし，$\boldsymbol{x} = (x_1, x_2, \ldots, x_p)^T$ は説明変量の値からなるベクトルである．この関係を，ある値 $\boldsymbol{x}_0$ の近くに限れば，関数 $f(\boldsymbol{x})$ のテイラー展開による一次近似

$$f(\boldsymbol{x}) \approx f(\boldsymbol{x}_0) + (\boldsymbol{x} - \boldsymbol{x}_0)^T \nabla f(\boldsymbol{x}_0)$$

が利用できる．ただし，$\nabla f(\boldsymbol{x}_0)$ は関数 f の勾配ベクトル (gradient) である．したがって，$\beta_0 = f(\boldsymbol{x}_0) - \boldsymbol{x}_0^T \nabla f(\boldsymbol{x}_0)$, $\boldsymbol{\beta} = \nabla f(\boldsymbol{x}_0)$ とおけば，$f(\boldsymbol{x}) \approx \beta_0 + \boldsymbol{x}^T \boldsymbol{\beta}$ なる線形近似が得られ，線形回帰モデル (8.2) となる．

どんな関係でも，説明変量の値の変化が大きくない限り，このような線形回帰モデルで十分近似できるので，このような限界さえわきまえれば，簡潔でありながら，強力なモデルとなることを示している．

> **最小二乗法**
>
> 散布図上に直線を重ね描きして，横軸の変量と縦軸の変量間の関係も示したいことがある．このために，一般的に用いられる方法が**最小二乗法** (least squares) で，式で表せば，散布図上に点 $(x_i, y_i), i = 1, 2, \ldots, n,$ が与えられたとき，
>
> $$\sum_{i=1}^{n} (y_i - a - bx_i)^2 \to \min$$
>
> となるような直線 $y = a + bx$ の切片 a と傾き b を求める方法である．直線と各点の距離を縦軸で測り，誤差の 2 乗和を最小にするような直線を求める方法であることからこの名前が付いている．定義からわかるように，横軸と縦軸の役割は対称ではない．横軸の値に対して縦軸の値がなるべくよく説明できるような直線 $y = a + bx$ つまり**回帰直線** (regression line) を求めようとしているのが，最小二乗法である．
>
> 一般的な最小二乗法は，誤差の 2 乗和
>
> $$\|\boldsymbol{y} - X\boldsymbol{\beta}\|^2$$
>
> を最小にするような $\boldsymbol{\beta}$ を求め，それを推定値 $\hat{\boldsymbol{\beta}}$ とする方法である．一見，このような解を求めるのは簡単ではなさそうだが，$X\boldsymbol{\beta}$ が X の列ベクトルの線形結合であることに注意すれば，$X\hat{\boldsymbol{\beta}}$ が $\boldsymbol{y}$ の列ベクトルの張る空間への正射影 $X(X^T X)^{-1} X^T \boldsymbol{y}$ となるような $\hat{\boldsymbol{\beta}}$ を求めればよいことがわかる．このとき $\boldsymbol{y}$ は $X\hat{\boldsymbol{\beta}}$ と直交するので，
>
> $$\boldsymbol{y} = X\hat{\boldsymbol{\beta}} + \hat{\boldsymbol{\epsilon}}$$
>
> のように直交分解される．ここでの $\hat{\boldsymbol{\epsilon}}$ は**残差ベクトル** (residual vector) と呼ばれ，得られた関係がどれだけの誤差を持った近似なのかを表しているベクトルである．

問題 8.1.1 最小二乗法の解となる a, b を $(x_i, y_i), i = 1, 2, \ldots, n,$ を用いた式で表せ．

式 (8.4) は式 (8.3) の書換えにすぎないので，行列演算 $X\boldsymbol{\beta}$ は X の列ベクトルの線形結合と理解することになる．これは，7.2.1 節の行列演算の 2 種類の解釈でいえば，個体空間での新たな座標軸での座標ベクトルを求める演算ではなく，変量空間での座標ベクトルの重み付き和を求める演算である．そのときの重みがベクトル $\boldsymbol{\beta}$ である．また，関係 $\boldsymbol{y} = X\boldsymbol{\beta}$ はこの変量空間での超平面[6]を表している．さらに一般的には，関係 $\boldsymbol{y} = f(\boldsymbol{x}_1, \ldots, \boldsymbol{x}_p)$ は超曲面を表すので，回帰

[6] 2 次元を超える平面や曲面は，超平面あるいは超曲面と呼ばれる．

[7) Mammals はライブラリー MASS に含まれている mammals と同じものである.]

モデルはこのような超平面や超曲面を変量空間で見つけ出そうとしていることになる．

さて，まず簡単な線形回帰モデルの適用例を見てみよう．図 8.1 は，哺乳類の体重 (kg) と脳の重さ (g) の散布図である．[7)]

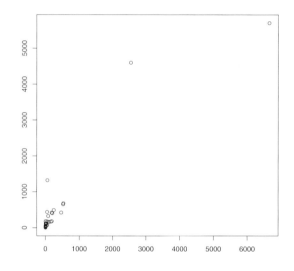

図 8.1 哺乳類の体重と脳の重さ

体重も脳の重さも極端に大きな 2 種があるので，その他の種の体重と脳の重さはあまりはっきり見えない．そこで両方とも対数変換してみると，図 8.2 のようになる．

```
> l.Mammals=log(Mammals)
> plot(l.Mammals)
```

[Mammals{DSC}]

これで，少し関係らしきものが見えてきたので，とりあえず線形回帰モデルを当てはめてみよう．

```
> lm.result=lm(brain.wt~body.wt, data=l.Mammals)
> abline(lm.result)
> identify(l.Mammals$body.wt, l.Mammals$brain.wt, rownames(l.Mammals))
```

散布図上に回帰直線を重ね描きし，いくつかの点にラベルを付けたのが図 8.3 である．[8)] 回帰直線を重ね描きしただけなのに，図 8.2 とはずいぶん印象が違うことがおわかりになるだろう．また，極めて体重が重い，外れ値にみえた，アフリカ象とアジア象が回帰直線からそんなに外れておらず，かえって人間 (Man) やチンパンジーなどのほうが外れていることがわかる．下に大きく外れているのは，オポッサムである．

[8) 散布図は 2 次元個体空間の図示である．そこに回帰直線を重ね描きすることは，変量空間での関係 $y = \beta_0 \mathbf{1} + \beta_1 \mathbf{x}$ を，個体空間での関係に焼きなおして図示していることになる．]

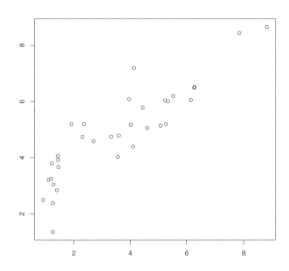

図 8.2 対数変換後の哺乳類の体重と脳の重さ

これだけだと，きわめて大雑把な話にすぎないが，回帰係数の値を確認してみると興味深いことがわかる．それを説明しよう．

```
> lm.result
Call:
lm(formula = brain.wt ~ body.wt, data=l.Mammals)
Coefficients:
     (Intercept)   l.Mammals$body.wt
          2.4501              0.6825
```

この当てはめ結果を式で表せば，y_i を i 番目の哺乳類の体重，x_i をその脳の重さとして，回帰モデル

$$\log(y_i) = 2.4501 + 0.6825 \log(x_i) + \hat{\epsilon}_i, \quad i = 1, 2, \ldots, n$$

が最小二乗法によって当てはめられたことになる．回帰係数の 0.6825 は，2/3 つまり 0.6667 とかなり近い．対数変換をもとへ戻せば，これは，ほぼ

$$脳の重さ \propto 体重^{2/3}$$

の関係になる．体重の 2/3 乗が体表面積とほぼ比例することを考えればさらに，

$$脳の重さ \propto 体表面積$$

と言い換えることもできる．呼吸量が体表面積に比例する動物が多いこと，脳がカバーしなければならない皮膚感覚は体表面積に比例することなどを考慮すれ

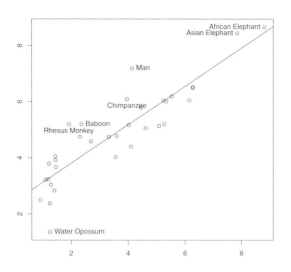

図 8.3 回帰直線を重ね描きした散布図

ば，ごく自然な関係である．また，あらかじめ体重も脳の重さも対数変換することで直線関係が見えてきた理由もはっきりする．

さらに，回帰直線を当てはめるのに**頑健回帰** (robust regression) の一つである l_1 回帰を用いれば

```
> library(quantreg)
> rq.result=rq(brain.wt~body.wt, data=l.Mammals)
> rq.result
Call:
rq(formula = brain.wt ~ body.wt, data=l.Mammals)
Coefficients:
    (Intercept) l.Mammals$body.wt
      2.4861929         0.6669167
Degrees of freedom: 34 total; 32 residual
```

rq(){quantreg}

のように回帰係数はさらに 2/3 に近づく．人間やチンパンジーなど上に外れた値の影響を受けにくい頑健回帰[9]を用いたからである．

[9] 頑健回帰は**ロバスト回帰**と呼ばれることもあるが，頑健のほうが意味がわかりやすいので，本書ではこの用語を用いる．

--- 頑健回帰 ---

l_1 回帰は，最小二乗法における 2 乗和の代わりに絶対和を用いて回帰パラメータを推定する．外れ値や少し性質の異なるデータが混じっているときでも，その影響を受けにくい回帰モデルがあてはめられる．このような方法は，一般的に**頑健回帰**あるいは**ロバスト回帰**と呼ばれる．

8.1.1 放射性物質拡散データ

2011年3月11日に起きた東北地方太平洋沖地震が引き起こした津波は，家屋や施設を押し流しただけでなく，福島原子力発電所の事故を引き起こし，大量の放射性物質が全国に拡散するといった大きな災害をもたらした．本節では，どのように放射性物質が拡散していったのか，公開データからわかる範囲で見てみよう[10]．

原子力規制委員会放射線モニタリング情報のWebサイト

```
http://radioactivity.nsr.go.jp/ja/
```

からダウンロード[11]した，47都道府県の市区町村の施設等で3月11日15時から19日23時まで1時間ごとに測定された**空間放射線量率**(air radiation dose rate)データのCSVファイルが，`radiation.csv`である．これをRに読み込み，その一部を眺めてみると

```
> Radiation=read.csv("radiation.csv")
> Radiation[1:3, 1:10]
   place mplace X1h X2h X3h X4h X5h X6h X7h X8h
1 北海道 札幌市  NA  NA  NA  NA  NA  NA  NA  NA
2 青森県 青森市  NA  NA  NA  NA  NA  NA  NA  NA
3 岩手県 盛岡市  NA  NA  NA  NA  NA  NA  NA  NA
```

のようになる[12]．ファイルには，観測施設ごとの記録が1行ずつ入っており，第1列は都道府県名，第2列は観測施設の所在地，第3列以降が3月11日15時から1時間おきの空間放射線量率（μSv/h，マイクロシーベルト毎時）になっている．3月13日になるまでは，放射線は観測されていないので値はすべてNAである．

このデータフレーム`Radiation`は，エンティティーを都道府県（観測施設）に想定したデータテーブルになっている．このデータが各施設ごとの観測データを集めたものである以上，このようなエンティティーを想定するのは当然である．しかし，いざデータを取得してみると，空間放射線量率がどのように時間変化していったかに興味の中心が移る．つまり，時刻をエンティティーにして，各時刻での47都道府県での空間放射線量率という見方をしたくなる[13]．

そこで，このデータテーブルを転置し，データ行列に直す．その際，第1列の県名はデータ行列の列ラベルに移す．第2列の所在地は，とりあえずこれからの解析には必要ないので，除いておくことにする．

```
> Radiation2=t(as.matrix(Radiation[, -(1:2)]))
> colnames(Radiation2)=Radiation[,1]
> Radiation2[1:3,1:8]
     北海道 青森県 岩手県 宮城県 秋田県 山形県 福島県 茨城県
```

[10] 慶應義塾大学での2011年秋の学部3年生向けのゼミの中で，菅澤翔之助君らとともにおこなった解析をもとにしている．

[11] 2014年末までは，このWebサイトからダウンロードできたが，現在どこからダウンロードできるか不明である．`radiation.csv{DSC}`

[12] 読み込んだとき，`X1h`のような，頭に`X`が付け加わったラベルになるのは，Rでは数字で始まる名前は許されないからである．

MacOS上のRでは，データをファイルから読み込むとき，ファイルの漢字コードとRでの漢字コードを合わせるため`fileEncoding="cp932"`のような追加引数が必要になるかもしれない．

[13] このように，同じデータであっても，何をエンティティーとして想定するかは，目的によって変わってくる．

```
     X1h    NA   NA   NA   NA   NA   NA   NA   NA
     X2h    NA   NA   NA   NA   NA   NA   NA   NA
     X3h    NA   NA   NA   NA   NA   NA   NA   NA
```

これで，201 × 47 データ行列 Ratiation2 が得られた．その様子をもう少し眺めてみるために 47 本の時系列を重ね描き

```
> matplot(Radiation2, col=1, type="l", ylab="")
```

してみると，図 8.4 のようになる．この図から，観測値が存在するのは早いところで約 33 時間後つまり 13 日 0 時からであることがわかる．

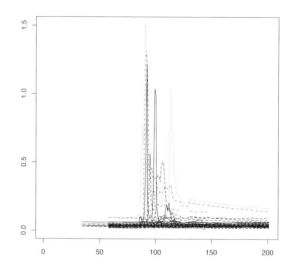

図 8.4　2011 年 3 月 11 日 15 時からの，各地での 1 時間ごとの空間放射線量率

空間放射線量率の時間的な推移をもう少し詳しく調べるために，東京都 (新宿区) の時系列だけ取り出して描いたのが，図 8.5 である．

```
> plot(Radiation2[,13],type="l",xlab="",ylab="")
```

この図では，経過時間 90 時間と 100 時間の付近で一回ずつ比較的大きな放射線量率の急上昇（スパイク）が存在する．ニュース等でよく知られているように，本震後の 3 月 15 日 8 時 25 分に，福島原子力発電所の 2 号機で白煙が観察されており，同日 9 時 38 分には 4 号機で火災が発生している．したがって，この二つのスパイクがこれら二つの事象によるものであることは容易に想像できる．このようなスパイクは，東京のみならず他の地点でも，同じように観測されている．そこで，まずこれらのスパイクの発生時刻が各観測点の福島原発からの距離と，どのような関係があるか探索してみることにしよう．

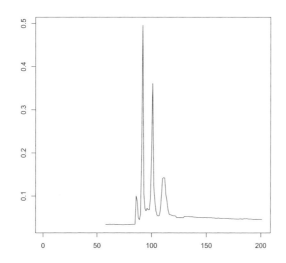

図 8.5 東京都（新宿区）での 1 時間ごとの空間放射線量率

到達時間と距離

まず，スパイクが発生した時刻を求める必要があるが，これはもとの radiation.csv から目視で求めることにした．[14] その結果，目立ったスパイクが観察されなかった福井，和歌山，広島，愛媛，佐賀，高知，長崎，大分，熊本，宮崎の各県は除外した．また，宮城，福島の両県はデータそのものがすべて欠損値 NA となっていたので，スパイクの時点は求まらない．さらに，福島原発で二つの事象が起きた時刻前後の風向きを調べたところ南西方向を中心としていたので，福島原発よりも北方の，新潟，山形，秋田，宮城，岩手，青森，北海道に関しては，事情が異なるので今回の解析対象からは除外することにした．

[14] 目視は原始的であるが，このように数がそれほど多くない場合は，速くて確実である．

なお，国立情報学研究所福島第一原発事後タイムライン

http://agora.ex.nii.ac.jp/earthquake/201103-eastjapan/radiation/timeline/

から（1 時間おきではないが）福島県福島市および飯館村の空間放射線量率のデータが入手できたので，2 地点について 1 回ずつのスパイク時点も解析の対象とすることにした．さらに，東京大学環境放射線情報

http://www.u-tokyo.ac.jp/ja/administration/erc/report_201103_j.html

から（これも 1 時間毎ではないが）千葉県柏市での観測データを入手し，2 回のスパイク時点も追加することにした．

これらのスパイク時点は，1 回目の事象に関するデータフレーム Spike1 と 2 回目の事象に関するデータフレーム Spike2 としてまとめてある．たとえば，

Spike1,Spike2{DSC}

Spike1 の最初の 5 行は

```
> Spike1[1:5,]
       dist1 scale1 time1
柏市      191   0.56  14.5
福島市     62  20.60  19.5
飯舘村     39  41.70  18.0
茨城      122   1.40   9.0
栃木      133   1.20  10.0
```

のようになっており，最初の 3 記録は追加した記録である．ここで，dist1 は，Google Map で求めた福島原発からの距離 (km)，scale1 はスパイクの高さ (μSv/h)，time1 は 3 月 15 日 0 時を基準にしたスパイク時点 (h) である．Spike2 についても同様であるが，欠損値のため 7 記録少ない 23 記録である．

最初のスパイク時点（到達時間）を距離に線形回帰すると，

```
> result=lm(time1-8.42~-1+dist1,data=Spike1)
> result
Call:
lm(formula = time1 - 8.42 ~ -1 + dist1, data = Spike1)
Coefficients:
   dist1
0.03608
```

となり，距離に対する回帰係数は約 0.036 である．この逆数がちょうど拡散速度に対応するので，言い換えれば，放射性物質は平均的な速度 27.7(km/h) で全国に拡散していったことになる．なお，モデル式の左辺で 8.42 が差し引いてあるのは，第 1 回の事象の起きた時間 3 月 15 日 8 時 25 分が，3 月 15 日 0 時を起点として 8.42 時間後だからである．したがって，モデル式の右辺には −1 を含め，定数項を入れないモデルにしている．

念のため，このモデルの当てはまり具合を見ておこう．

```
> sig=sd(result$residuals)
> beta=coef(result)
> plot(Spike1$dist1, Spike1$time1, xlab="", ylab="")
> abline(8.42, beta)
> abline(8.42+2*sig, beta, lty=2)
> abline(8.42-2*sig, beta, lty=2)
```

によって図 8.6 が得られる．横軸が距離 (km)，縦軸がスパイク時点 (h) である．図 8.6 における回帰直線の上下の破線は，当てはめたモデルから，その誤差 ϵ の標準偏差の 2 倍離れた位置に引かれている．ほとんどすべての点が破線の内側にあるので，この線形回帰はそれなりに信頼できると考えてよい．[15]

2 回目の事象についても，time1, dist1, Spike1 をそれぞれ time2, dist2, Spike2 に置き換え，8.42 を 9 時 38 分に相当する 9.63 に置き換えれば，同様な

---

[15] 誤差に正規分布を仮定すれば，それぞれの点が破線の外に出る確率は上下に約 2.3%ずつである．

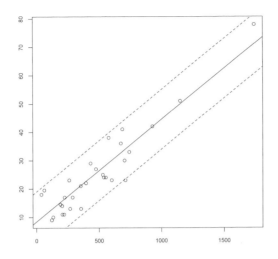

図 8.6 最初のスパイク時点の距離への回帰

結果が得られる．距離の回帰係数は 0.06153，つまり，2 回目は少し遅い平均的な速度 16.25 (km/h) で放射性物質が全国に拡散していったことになる．このモデルの当てはまり具合は，図 8.7 に示したとおりで，第 1 回と同様，線形回帰モデルで十分説明できている．

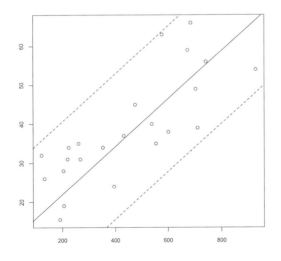

図 8.7 2 番目のスパイク時点の距離への回帰

スパイクの高さと距離

スパイクの高さつまり放射線量率と距離の関係についても解析しておこう．哺乳類の脳の重さと体重の間の関係のように

$$(スパイクの高さ) \propto (距離)^\gamma$$

のような関係があるのではないかと推測できる．$\gamma = -2$ なら放射性物質が平面的に拡散し，$\gamma = -3$ なら立体的に拡散していることになる．

```
> result=lm(log(scale1)~log(dist1),data=Spike1)
> result
Call:
lm(formula = log(scale1) ~ log(dist1), data = Spike1)
Coefficients:
(Intercept)    log(dist1)
     15.058        -3.055
```

この結果から，立体的に拡散していったことがかなりはっきり見えてきた．当てはめの様子は図 8.8 のとおりであり，問題のない当てはめである．2 番目のスパ

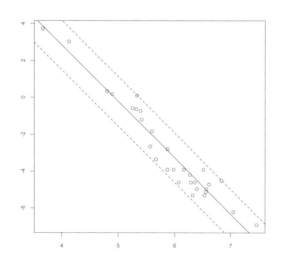

図 8.8 最初のスパイクの高さの対数を対数距離に回帰

イクについても，ほぼ同じ結果で，距離の対数に対する回帰係数は -3.07，当てはめ結果は図 8.9 のようになる．

このように，公開されたデータだけでも，うまく組み合わせて解析すれば「放射性物質はほぼ一定速度で全国に拡散した」とか「放出された放射性物質が空間

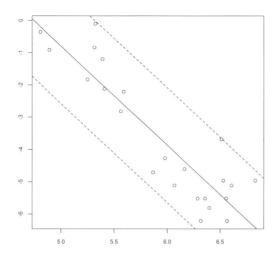

図 8.9 2 番目のスパイクの高さの対数を対数距離に回帰

的(3次元的)に拡散した」などデータの裏に潜んでいる現象のさまざまな側面を明らかにすることができる.

8.1.2 湿度吸収実験データ

すでに 1.2 節で取り上げた,冊子の湿度吸収実験データを解析してみよう.もとのデータを,R のデータフレームとして作り直したのが Humid である.   Humid{DSC}

```
> Humid
   処理時間 箱 列 位置 処理前 処理後
1        24  1  1   上   1630   1635
2        24  1  2   上   1635   1640
3        72  2  1   上   1635   1655
4        72  2  2   上   1630   1655
5        72  3  1   上   1640   1665
6        72  3  2   上   1635   1665
7        24  1  1   中   1630   1640
8        24  1  2   中   1640   1635
9        72  2  1   中   1610   1620
10       72  2  2   中   1635   1655
11       72  3  1   中   1635   1650
12       72  3  2   中   1640   1655
13       24  1  1   下   1630   1635
14       24  1  2   下   1630   1635
15       72  2  1   下   1605   1620
```

16	72	2	2	下	1610	1620
17	72	3	1	下	1640	1655
18	72	3	2	下	1635	1655

変量のうち，処理時間，箱，列は，数値データのようにも見えるが，実験条件としてカテゴリカルデータにしている．Rのクラスでいえば，factorクラスのオブジェクトである．位置も，もちろんfactorオブジェクトである．まずは，なにも考えずに，このデータに線形回帰モデルを当てはめてみよう．

```
> lm.result=lm(処理後 - 処理前~．, data=Humid)
> lm.result
Call:
lm(formula = 処理後 - 処理前 ~ ．, data = Humid)
Coefficients:
(Intercept)     処理時間72         箱2          箱3
    1.9444        15.8333      -3.3333          NA
       列2          位置上        位置中
    0.5556         6.6667      -0.8333
```

増えた重量が吸収した水分に相当するので，処理後と処理前の差を被説明変量に，残りを説明変量にして，線形モデルを当てはめているが，表示された回帰係数はなんともわかりにくい．わかりにくい理由はいくつかあるが，一つはカテゴリカルデータの数値化が自動的に行われている点にある．

Rでのディフォルトの対比は**処理対比** (treatment contrast) と呼ばれるもので，

$$\begin{pmatrix} 0 & 0 & 0 & \cdots & 0 \\ 1 & 0 & 0 & \cdots & 0 \\ 0 & 1 & 0 & \cdots & 0 \\ \vdots & & & \ddots & \\ 0 & 0 & 0 & \cdots & 1 \end{pmatrix}$$

がその対比行列である．つまり，最初の水準はすべて0で表し，残りの水準は，一か所だけ1で残りは0の値の組で表している．[16]

このように，処理対比では最初の水準はすべて0で置き換えられ，残りの水準だけがこの水準と対比した形で表に現れる．もう少し具体的にいえば，回帰モデルで，$k-1$ 本の 0, 1 ベクトルに導入される係数を $\beta_1, \beta_2, \ldots, \beta_{k-1}$ とすれば，β_1 が2番目の水準の役割の大きさを表すパラメータ，β_2 が3番目の水準に対応するパラメータ，... となる．最初の水準の役割の大きさは常に0であるので，パラメータは導入されない．言い換えれば，$\beta_1, \beta_2, \ldots, \beta_{k-1}$ は最初の水準の役割を0としたときの相対値で，回帰モデルにおける2番目以降の水準の役割の大きさを表現していることになる．

[16] Rでは水準のディフォルトの順番はアルファベット順である．この順番を変えるには，関数 factor に追加引数 levels を与えて処理すればよい．この追加引数には，望む順番に水準を並べた文字列ベクトルを与える．

―― カテゴリカルデータの対比による数値化 ――

回帰モデルを当てはめるとき，カテゴリカルデータは，何らかの形で数値化する必要がある．しかし，各水準に適当に数値を割り当てたのでは，その割り当て方に大きく依存したモデルとなってしまう．たとえば，水準 A, B, C に 1, 2, 3 を割り当てると B は A の 2 倍，C は A の 3 倍，あるいは A, B, C は順に等間隔に並んでいるといった余分な意味を加えたモデルとなり，結果の解釈も難しくなる．したがって，カテゴリカルデータの数値化に当たっては，なるべく特別な意味を持たないような数値化が必要である．

水準数を k としたとき，もっとも簡単な数値化は，8.2.2 節のように，1 本のカテゴリカルデータベクトルを k 本の 0,1 ベクトルで表す方法であるが，こうすると必ずベクトル **1** と線形従属になってしまい，定数項の入った線形回帰モデル (8.3) の表現の一意性がなくなり，係数も不定となる．そこで，線形回帰モデルでは，1 本少ない $k-1$ 本のベクトルで，1 本のカテゴリカデータベクトルを表現する．その表現の仕方は，**対比** (contrast) と呼ばれ，具体的には $k \times (k-1)$ **対比行列** (contrast matrix) で表される．

対比行列の各行が各水準に対応し，その水準をどのような値の組で表現するかを定めている．一般的に，対比行列の満たすべき条件は，各列が線形独立であるだけでなく，**1** とも線形独立になることである．

ここで，湿度吸収実験データの例に戻ってみると，説明変数行列 X は次のような 0,1 行列である．[17] 処理時間は 24，箱は 1，列は 1，位置は下が，最初の水準であるため，これらの水準に対応する列は現れていない．

[17] R では変量名と水準名を合わせて，説明変数行列の各列のラベルとしている．

```
> model.matrix(lm.result)
   (Intercept) 処理時間72 箱2 箱3 列2 位置上 位置中
1            1          0    0   0   0      1      0
2            1          0    0   0   1      1      0
3            1          1    1   0   0      1      0
4            1          1    1   0   1      1      0
5            1          1    0   1   0      1      0
6            1          1    0   1   1      1      0
7            1          0    0   0   0      0      1
8            1          0    0   0   1      0      1
9            1          1    1   0   0      0      1
10           1          1    1   0   1      0      1
11           1          1    0   1   0      0      1
12           1          1    0   1   1      0      1
13           1          0    0   0   0      0      0
14           1          0    0   0   1      0      0
15           1          1    1   0   0      0      0
16           1          1    1   0   1      0      0
```

```
17            1         1  0  1  0    0     0
18            1         1  0  1  1    0     0
```

この説明変数行列をみると，箱3の回帰係数がNAになっている理由も判明する．処理時間72の列ベクトルから箱2の列ベクトルを引くと，ちょうど箱3の列ベクトルになっている．つまり，この行列の列の間には明白な線形従属性が存在する．もとのデータに戻ってみれば，24h処理したのは箱1だけで，しかも箱が同じなら処理時間も同じである．これが線形従属性を生みだしている原因で，それが $X^T X$ の非正則性にも繋がっている．

しかし，よく考えてみると箱を説明変数の一つとして採用したのが間違いだったことがわかる．この実験では，箱が違うからといって何か特別のことがあるわけではなく，湿度吸収量の要因になるとは考えにくい．そこで，これを外して回帰し直せば

```
> lm.result=lm(処理後 - 処理前 ~ . - 箱, data=Humid)
> lm.result
Call:
lm(formula = 処理後 - 処理前 ~ . - 箱, data = Humid)
Coefficients:
(Intercept)      処理時間72           列2          位置上          位置中
     1.9444         14.1667        0.5556         6.6667        -0.8333
```

のような当てはめ結果が得られる．最初の切片項 (Intercept) の1.9444は，ここに現れていない水準，つまり対比の基準となる水準の組合せ（処理時間24，列1，位置下）のときに期待される湿度吸収量であり，処理時間を72hにすれば，14.1667グラム増え，列2に置けば0.556グラム増える．さらに位置に関しては，上段に置けば6.6667グラム増えるが，中段に置くと0.8333グラム減ってしまうことがわかる．処理時間が長ければ吸収量も増えるのは当然であるし，箱の隙間から入ってくる湿気にさらされやすい上段に置いた冊子の束が湿気を吸いやすいのも当然である．これが，回帰モデルの当てはめからわかることであるが，誤差の大きさは考慮していない．どれだけこれらの要因が効くかを調べるには，さらに**分散分析** (ANOVA, analysis of variance) を行う必要がある．[18]

[18] e-05 は 10^{-5} 倍を意味しており，−05 はべき数 (exponent) と呼ばれる．

```
> anova(lm.result)
Analysis of Variance Table
Response: 処理後 - 処理前
            Df Sum Sq Mean Sq  F value    Pr(>F)
処理時間     1 802.78  802.78  31.3083 8.692e-05 ***
列           1   1.39    1.39   0.0542   0.81959
位置         2 202.78  101.39   3.9542   0.04556 *
Residuals   13 333.33   25.64
---
Signif. codes: 0 '***' 0.001 '**' 0.01 '*' 0.05 '.' 0.1 ' ' 1
```

分散分析表 (analysis of variance table) と呼ばれるこの表について詳しく説明する紙幅はないので，読者自ら学んでいただくしかないが，最後の列の **p 値** [19] と呼ばれる値が判断の目安になる．この値が小さければ小さいほど，その要因の有意性は高い．この出力では，* の数でその有意性の高さを一目でわかるようにしている．この分散分析の結果として，処理時間は極めて有意に湿度吸収量を左右し，その次に，位置が有意に湿度吸収量を左右することがわかる．

[19] p 値に関しては，第 9 章，第 10 章で詳しく説明するので参照されたい．

8.1.3 脊柱後弯症データ

7.3 節で TextilePlot のデータ例として取り上げた，脊柱後弯症データに回帰モデルを当てはめてみよう．といっても，被説明変量は，手術後に脊柱後弯が治ったかどうかを表す 2 値を取る変量である．これに，今までのような線形回帰モデルを当てはめてよいわけはない．被説明変量の 2 値を 0 と 1 として，説明変量の線形結合で表される線形回帰モデルの右辺が丁度 0 あるいは 1 になることはほとんど期待できず，それどころか，右辺は負の値や 1 よりも大きな値をとる可能性すらある．つまり，被説明変量が離散値をとるような場合には線形回帰モデルは適切ではないことになる．

そこで考えられたのが，**一般化線形モデル** (generalized linear model) である．一般化線形モデルでは，線形回帰モデル (8.2) を

$$g(\mathrm{E}(Y|x_1, x_2, \ldots, x_p)) = \beta_0 + \beta_1 x_1 + \cdots + \beta_p x_p$$

の形に一般化する．関数 g は**リンク関数** (link function) と呼ばれる関数で，左辺と右辺の間に非線形性があれば，それを吸収する役割を果たす．線形回帰モデル (8.2) でノイズ ϵ が正規分布すると仮定すれば，$g(y) = y$ のときの一般化線形モデルと同じになる．

被説明変量 Y が 0 か 1 の値をとるときは

$$\mathrm{E}(Y|x_1, x_2, \ldots, x_p) = P(Y=1|x_1, x_2, \ldots, x_p)$$

のように条件付き期待値 [20] は，1 をとる条件付き確率に帰着するので，一般化線形モデルは $p_y = P(Y=1|x_1, x_2, \ldots, x_p)$ のモデル，

$$g(p_y) = \beta_0 + \beta_1 x_1 + \cdots + \beta_p x_p \tag{8.5}$$

となる．リンク関数 g にはさまざまな選択肢があるが，もっともよく用いられるのが，**対数オッズ** (logarithmic odds) $g(p) = \log(p/1-p)$ である．

[20] 条件付き確率については，第 9 章を参照されたい．

オッズ

競馬，競輪，競艇，オートレースなどでおなじみの**オッズ** (odds) を，競馬の場合で説明すると，総投票数を n，ある馬の得票数を n_1 として，その馬が勝てば，的中した人は n/n_1 倍の配当金が得られる．[21] 日本の公営競技では，この倍率をその馬のオッズといっているようであるが，よく考えてみると，総投票数 n の中には，的中した投票数も含まれており，その分は投じたお金が戻ってくるだけであるので，儲けだけを考えるなら $(n-n_1)/n_1$ がオッズになる．さらに，勝つ可能性は得票数に比例すると考えれば，その馬が勝つ可能性 $p = n_1/n$ を用いて，オッズは $(1-p)/p$ と書けることになる．

---

[21] ここでは最も単純な単勝式の場合を考えており，胴元の取り分はなしに単純化している

対数をとることで，モデル (8.5) の左辺が $-\infty$ から ∞ までの値をとるようになり，右辺との整合性もよくなる．また，対数をとることで，さまざまな要因によるオッズの積をモデル化しようとしていると考えることもできる．さらに，対数オッズは $Y = 1$ の確率の代わりに，$Y = 0$ の確率を考えても，モデル (8.5) の右辺の符号を変えるだけですむので，単純で理解しやすいモデルとなる．このようにして得られるモデル

$$\log \frac{p_y}{1 - p_y} = \beta_0 + \beta_1 x_1 + \cdots + \beta_p x_p \quad \text{[22]}$$

[22] $\log \frac{p}{1-p}$ はロジット (logit) と呼ばれる．この関数は p について単調増加である．リンク関数は単調増加関数であったほうが混乱が少ないので，あえてオッズの逆数の対数がリンク関数になっている．

は，一般化線形モデルが登場する前から，**ロジットモデル** (logit model) としてよく知られていたモデルである．

このモデルを脊柱後弯症データ[23] に当てはめてみよう．[24]

[23] 第7章の注からわかるように，このデータフレーム kyphosis はライブラリ gam に含まれているデータ例であるが，読者の便を考え，{DSC} にも含めておいた．

```
> glm.result=glm(Kyphosis ~ . , family=binomial, data=kyphosis)
> glm.result
Call:  glm(formula = Kyphosis~., family = binomial, data = kyphosis)
Coefficients:
(Intercept)          Age        Number         Start
   -2.03693      0.01093       0.41060      -0.20651
Degrees of Freedom: 80 Total (i.e. Null);  77 Residual
Null Deviance:       83.23
Residual Deviance: 61.38        AIC: 69.38
```

[24] glm では，被説明変量が2値のカテゴリカル変量なら，最初の水準を 0，次の水準を 1 とみなしてロジットモデルを当てはめる．水準はアルファベット順なので，この例では，present が 1 となり，p_y は手術後も脊柱後弯症が残る確率となる．

係数の値の大きさに差はあるが，説明変量 Age, Number, Start の中央値はそれぞれ 87.0, 4.0, 13.0 であることを考慮すれば，それぞれの変量の脊柱後弯症が残る確率に対する影響度にそれほどの違いはないものの，Start の影響度が比較的大きく，しかも負である．これは，手術の位置がもっとも重要で，位置が下になればなるほど脊柱後弯症が残る確率は下がることを意味している．

ロジットモデル[25]

ロジットモデル (logit model) には，別の説明も可能である．$Y=0$ のときと $Y=1$ のときで，説明変数 X の分布の仕方が異なってくると設定する．具体的には，$Y=0$ のときは期待値 μ_0，分散 σ^2 の正規分布，$Y=1$ のときは期待値 μ_1，分散 σ^2 の正規分布に従う．つまり，$Y=0$ か $Y=1$ かで X の期待値だけが異なるという設定である．そうすると，対数オッズは

$$\log \frac{P(Y=1|X=x)}{1-P(Y=1|X=x)} = \frac{\mu_1 - \mu_0}{\sigma^2} x - \frac{\mu_1^2 - \mu_0^2}{2\sigma^2} + \log \frac{P(Y=1)}{1-P(Y=1)}$$

と書ける．右辺の最後の項は無条件の対数オッズなので，この式は X が観測されたとき対数オッズがどのように変化するかを表している．しかし，右辺をよく見ると $\beta_0 + \beta_1 x$ の形をしており，まさに $p=1$ のときのロジットモデルになっている．したがってロジットモデルは Y が 3 値以上をとる変量のときにも拡張できる．Y の水準を $c_0, c_1, \ldots, c_k$ として，

$$\log \frac{P(Y=c_j|X=x)}{1-P(Y=c_j|X=x)} = \alpha_j + \beta_j x, \quad j=1,\ldots,k \quad (8.6)$$

がひとつの拡張である．ただし，$\sum_{j=1}^{k} P(Y=c_j|X=x) \leq 1$ を満たすように係数 α_j と β_j は定める必要がある．対数ロジットという意味を離れれば

$$\log \frac{P(Y=c_j|X=x)}{P(Y=c_0|X=x)} = \alpha_j + \beta_j x, \quad j=1,\ldots,k \quad (8.7)$$

の形の拡張も可能であり，**多項ロジットモデル** (multinomial logit model) と呼ばれる．$k=1$ の場合は (8.7) は (8.6) と一致するが，そうでなければ一致しない．

多項ロジットモデルは多項ロジスティック回帰モデルとも呼ばれるが，その名前は，(8.7) の解が次のように**ロジスティック関数** (logistic function) で表現できることからきている．

$$P(Y=c_0|X=x) = \frac{1}{1+\sum_{j=1}^{k} \exp(\alpha_j + \beta_j x)}$$

$$P(Y=c_j|X=x) = \frac{\exp(\alpha_j + \beta_j x)}{1+\sum_{j=1}^{k} \exp(\alpha_j + \beta_j x)}, \quad j=1,2,\ldots,k$$

---

[25] この内容は，第 9 章と第 10 章の内容をある程度前提としているので，とりあえずは読み飛ばしても構わない．後で振り返ってみてほしい．

問題 8.1.2 上の囲み記事の計算を確かめるとともに，どこまで一般化できるか考えてみなさい．

さらに，湿度吸収実験データの場合の分散分析表に相当するものが関数 summary で得られる．

```
> summary(glm.result)
Call:
glm(formula = Kyphosis ~ ., family = binomial, data = kyphosis)
Deviance Residuals:
    Min       1Q   Median       3Q      Max
-2.3124  -0.5484  -0.3632  -0.1659   2.1613
Coefficients:
             Estimate Std. Error z value Pr(>|z|)
(Intercept) -2.036934   1.449575  -1.405  0.15996
Age          0.010930   0.006446   1.696  0.08996 .
Number       0.410601   0.224861   1.826  0.06785 .
Start       -0.206510   0.067699  -3.050  0.00229 **
---
Signif. codes:  0 '***' 0.001 '**' 0.01 '*' 0.05 '.' 0.1 ' ' 1
(Dispersion parameter for binomial family taken to be 1)
    Null deviance: 83.234  on 80  degrees of freedom
Residual deviance: 61.380  on 77  degrees of freedom
AIC: 69.38
Number of Fisher Scoring iterations: 5
```

p 値をみると，Start が圧倒的に有意であるが，残りの二つの説明変量の有意性はそれほどでもない．ここまでの解析をまとめれば，手術位置が手術の成否に大きく関連し，位置が下になればなるほど成功しやすい．年齢や手術する脊椎の数の影響は副次的であることになる．7.3 節での TextilePlot と比較してどうだろうか？ 判断は読者にお任せしたい．

8.1.4 真鯛放流捕獲データ

6.4.2 節でデータ例として取り上げた真鯛放流捕獲データを，もう少し詳しく検討してみよう．この解析では，捕獲枚数を被説明変量 N_t，放流日からの経過日数を説明変量 t とする回帰関係を知るのが一つの目的である．しかし，脊柱後弯症データの場合と同じく，被説明変量は捕獲枚数という非負の整数値しかとらない変量なので，(8.1) のような N_t を直接説明する回帰モデルではなく，$P(N_t = k)$ を説明する必要がある．しかし，放流された N 枚の鯛が t 日目に捕獲される確率を p_t とすれば，

$$P(N_t = k) = \binom{N}{k} p_t^k (1-p_t)^{N-k}$$

のように2項確率[26]で表せるので，$P(N_t = k)$ を回帰モデルで説明する代わりに p_t を説明できればよいことになる．6.4.2 節で平滑曲線によって様子を知ろうと思ったのはこの p_t である．

[26] 2項確率は，よく硬貨投げで表が出る回数の確率として説明される確率モデルである．第 10 章に詳しい説明があるが，この確率モデルのもとで，$E(N_t) = Np_t$ となることは，ここでも用いる．

平滑曲線

平滑曲線 (smooth curve) は滑らかな曲線のことで，数学でいえば，微分可能でその導関数も連続な関数である．データサイエンスでは，平滑曲線を散布図の点の様子をおおざっぱに捉えるために用いる．言い換えれば回帰モデル

$$Y = f(x) + \epsilon$$

の平滑な関数 $f(x)$ を求めるのが**平滑化** (smoothing) である．もし，この関数 f の形さえわかっていれば，最小二乗法で求めることもできるが，そうでなければ，何らかのアルゴリズムつまり平滑化法が必要となる．平滑化法のうち，もっとも単純で，昔から用いられてきた方法が**移動平均** (moving average) 法，つまり各点 x でその近傍での Y の値の平均を求めていく方法である．近傍の大きさえうまく選べば，移動平均法もおおざっぱな関係を求めるには役立つ．

移動平均法ではおおざっぱすぎるという場合には，**局所回帰** (local regression) を用いるとよい．局所回帰では，曲線をその接線から構成する．各点 x の近傍で最小二乗法により直線回帰を行い，x に対する回帰直線の値を平滑値とする．これを，x をずらしながら行うことで平滑曲線を得る方法が局所回帰による平滑化である．R では関数 `lowess` で，局所回帰による平滑曲線が求まる．関数 `loess` を用いれば，変数 x が複数のときでも平滑曲面が求まる．局所回帰の実際問題への適用は [38, 44] などを参照されたい[27]．

ブラウジングの段階では，様子を探るため R の関数 `lowess` で局所回帰曲線を求め p_t のおおざっぱな姿としているのは，すでに述べたとおりである．その結果，さまざまな理由による外れ値があることが判明した．

次のステップは，ハザードレートによる p_t によるモデル化で，ブラウジング段階での平滑曲線には依存しないモデルの当てはめを行う．第 10 章でその詳細を述べる．

8.2 非線形回帰モデル

回帰関数 $f(x)$ の非線形性が線形近似では済まないほど強ければ，平滑曲線などでその概略をつかむことはできても，結論にはまだまだ遠い．そこで，何らかの関数形を導入することになるが，問題によって状況によって，その形はさまざまである．ここでは，特に説明変量が時間あるいはそれに相当するものであるときの，非線形回帰関数の例をいくつか掲げておくに留めさせていただく．い

[27] 平滑化法ではいつも，近傍の大きさ，つまり平滑幅をどう選ぶかに頭を悩ます．経験的には，マーケティングやファイナンスの日次データの場合には，7 日間が一つのよい選択である．このことで曜日効果をある程度は消し去ることができるからである．

ずれも微分方程式の解であるので，その意味は理解しやすい．なお，以下では変数を t とし，そのときの値 $f(t)$ を y で表す．[28]

まずは指数関数 $y(t) = C\exp(\alpha t)$ であるが，これが微分方程式

$$\frac{dy}{dt} = \alpha y \tag{8.8}$$

の解であるのはご存知の通りである．一定の割合 α で増えたり減ったりする物が y だけ集まったときの，y の増減量が満たす微分方程式となっている．

この一つの応用例が

$$\frac{dy}{dt} = \alpha(\kappa - y)$$

の形の微分方程式である．新製品の取扱い店舗数を y とし，最終的に取扱い店舗数は κ で頭打ちといった例を考えるとわかりやすいかもしれない．新製品取り扱い店舗数の増加スピードが「κ 店舗のうちまだ取り扱ってない店舗がどれだけ残っているかに比例して定まる」ことを表しているのが上の微分方程式である．$y(0) = 0$ として，解は $y(t) = \kappa(1 - \exp(-\alpha t))$ となる．

一方，生態学などでよく用いられるのが「限界のある成長」を表すロジスティック方程式

$$\frac{dy}{dt} = \alpha y(\kappa - y)$$

である．これは (8.8) の α を $(\kappa - y)\alpha$ で置き換えた[29] 微分方程式になっている．y は生物の個体数，個々の生物の重量など，なんでもよいが，増加することによる環境の悪化，生存の不利などにより，その成長には自ずから限界があることを表しているのが，この微分方程式である．[30] 解は

$$y(t) = \frac{\kappa}{1 + C\exp(-\alpha\kappa t)}$$

であり，**ロジスティック関数**と呼ばれる．ただし，C は $y(0) = \kappa/(1+C)$ のようにして定まる定数である．

8.3 正準相関分析とコレスポンデンス分析

8.3.1 正準相関分析

主成分分析は，データ行列 X の個体の雲の様子を，個体がなるべく区別しやすい座標軸を新たに選ぶことで，探る方法であった．**正準相関分析** (canonical correlation analysis) では，2種類のデータ行列 X と Y を扱う．X と Y の記録は対応している必要がある．つまり，同一の個体に対する記録が，X の行と対応

[28] 非線形回帰モデルを当てはめるには `nlminb()` を用いるとよい．10.2 節にこの関数の適用例がある．

[29] この形で α が変化するとは限らないが，一次近似としては正しい．

[30] 10.5.6 節で，κ がランダムに変化する場合を紹介する．

する Y の行に分かれている状況である．列数が等しい必要はない．ただし，以下ではいずれのデータ行列もあらかじめ中心化されているものとする．

── 回帰モデル ──

紙幅の都合で，線形回帰モデルの当てはめ結果の検討については，あまり詳しく述べられなかったが，たとえば AIC といった値が表示される．これは**赤池情報量規準** (Akaike's information criterion) と呼ばれる規準の値で，どこまで説明変量を取り入れたらよいかの一つの判断基準になるものである．しかし，この基準はあくまでもモデルの相対的な比較をするための基準であり，AIC で説明変量を選択したからといって，そのモデルが使い物になる保証はまったくない．モデルに取り入れる説明変量について，その意味を含めて様々な考察と試行錯誤を繰り返しながら慎重に選択した上で，もうどれを取り入れても取り入れなくても大して違わないという段階になって初めて，用いるべき規準であることは強調しておきたい．[31]

なお，ここまでは，回帰関数 $f(x_1, x_2, \ldots, x_p)$ が線形関数の線形回帰モデルにおもに焦点を当ててきた．線形モデルとはいいながら，その例からもおわかりのように，実際には変量の対数をとるなどの形で非線形性も導入することで，その守備範囲が広がる．しかし，本質的に非線形な関係が存在することがわかっていても，どのような非線形性が潜んでいるかわからないといった状況にもよく直面する．そのような場合には，説明変量に施すべき非線形変換を見つけてくれる**一般化加法モデル** (generalized additive model) の利用や，階段状の回帰関数で，結果を樹の形で示す**回帰樹** (regression tree) モデルの利用も考えるとよい [9]．もちろん，これは出発点でしかない．説得力のあるモデルにブラッシュアップする作業が待っている．

---

31) よく「このモデルは AIC で選択しましたので最適なモデルです」という報告を目にするが，あまり信ずる気にはなれない．

正準相関分析では，X と Y の共通性を探索する．X の列の線形結合 $X\boldsymbol{a}$ と Y の列の線形結合 $Y\boldsymbol{b}$ を作り，その距離をノルム

$$\|X\boldsymbol{a} - Y\boldsymbol{b}\| \tag{8.9}$$

で測り，これを最小にする重みベクトル $\boldsymbol{a}$, $\boldsymbol{b}$ を求めることで共通性を探る．ただし，主成分分析とは異なり，主役は $\boldsymbol{a}$ や $\boldsymbol{b}$ ではなく $X\boldsymbol{a}$ や $Y\boldsymbol{b}$ である．したがって，$\boldsymbol{a}$ や $\boldsymbol{b}$ に単位ベクトルという制約を課すのではなく，$\|X\boldsymbol{a}\|$ と $\|Y\boldsymbol{b}\|$ が 1 という制約を課す．

この条件のもとで，距離 (8.9) の 2 乗は

$$\|X\boldsymbol{a} - Y\boldsymbol{b}\|^2 = 2\left(1 - (X\boldsymbol{a})^T(Y\boldsymbol{b})\right)$$

のように書き換えられるので，距離 (8.9) の最小化と

$$d = (X\boldsymbol{a})^T (Y\boldsymbol{b}) \tag{8.10}$$

の最大化は同等となる．この d は第 I 部の 5.3 節で紹介した相関係数にほかならない．[32] 正確にいえば，ノルムが 1 のデータベクトル $X\boldsymbol{a}$ と $Y\boldsymbol{b}$ の相関係数である．これが，正準相関分析の名前の謂れになっている．

ただし，Y が 1 列のデータ行列のときには，正準相関分析が 8.1 節の最小二乗法による回帰モデルのあてはめと同等となることからもわかるように，正準相関分析は決して，第 5 章や次の第 9 章で扱うような「相関」を分析しようとしているわけではなく，二つのデータ行列間の「関係」$Y\boldsymbol{b} = X\boldsymbol{a}$ を探ろうとしている点に注意していただきたい．

この最大化問題の解は，

$$\tilde{\boldsymbol{a}} = (X^T X)^{1/2} \boldsymbol{a}, \quad \tilde{\boldsymbol{b}} = (Y^T Y)^{1/2} \boldsymbol{b}$$

と置けば，$\tilde{\boldsymbol{a}}^T Z \tilde{\boldsymbol{b}}$ を最大化する単位ベクトル $\tilde{\boldsymbol{a}}$ と $\tilde{\boldsymbol{b}}$ を求める問題に置き換えられる．[33] ただし

$$Z = \left((X^T X)^{-1/2}\right)^T (X^T Y) \left((Y^T Y)^{-1/2}\right)$$

である．あとは，次の囲み記事のように Z の特異値分解を利用して解を求めればよい．

[32] あらかじめ中心化されていなければ，相関ではなく内積を最大化する方法ということになる．いずれの場合も尺度規準化は必要ない．尺度規準化をおこなっても正準相関係数や正準変量ベクトルは変わらないからである．

[33] 非負定符号行列 A の $A^{1/2}$ には様々な作り方があるが，たとえば，A の対角化 $A = PDP^T$ から $A^{1/2} = PD^{1/2}P^T$ を作れば，$(A^{1/2})(A^{1/2}) = A$ となる．

[34] 本書では，固有ベクトルや特異ベクトルはノルムが 1 となる単位ベクトルである．

― 内積の最大化と特異値分解 ―

Z を間に挟んだ内積

$$\boldsymbol{a}^T Z \boldsymbol{b}$$

を最大化する単位ベクトル $\boldsymbol{a}$ と $\boldsymbol{b}$ を求める問題は，第 7 章の 2 次形式の最大化と同じような問題になる．2 次形式の場合は固有値，固有ベクトルが解を与えたが，この場合は特異値分解したときの特異値，特異ベクトルの組が解を与える．[34] つまり Z を特異値分解

$$Z = UDV^T$$

したときの，対角行列 D の最大の対角要素つまり最大特異値が，上の正規化された内積の最大値を与え，対応する行列 U の各列と V の各列の組つまり左特異ベクトルと右特異ベクトルの組が解 $\boldsymbol{a}, \boldsymbol{b}$ を与える．次に大きな最大特異値と特異ベクトルの組は，今求めた $\boldsymbol{a}$ と $\boldsymbol{b}$ とそれぞれ直交するという条件のもとでの最大化問題の解である．以下，同様である．

最終的に，最大特異値に対応する特異ベクトル $\tilde{\boldsymbol{a}}_1$ と $\tilde{\boldsymbol{b}}_1$ を

$$\boldsymbol{a}_1 = (X^T X)^{-1/2} \tilde{\boldsymbol{a}}_1, \quad \boldsymbol{b}_1 = (Y^T Y)^{-1/2} \tilde{\boldsymbol{b}}_1$$

によってもとへ戻した $\boldsymbol{a}_1$ と $\boldsymbol{b}_1$ が，式 (8.10) を最大にする解となる．このときの最大特異値 d_1 を第1正準相関係数，$\boldsymbol{a}_1$ と $\boldsymbol{b}_1$ の組を第1正準ベクトル，

$$\boldsymbol{z}_{x,1} = X\boldsymbol{a}_1, \quad \boldsymbol{z}_{y,1} = Y\boldsymbol{b}_1$$

の組を第1正準変量ベクトルと呼ぶ．

次に大きな特異値が第2正準相関係数，対応する特異ベクトル $\tilde{\boldsymbol{a}}_2$ と $\tilde{\boldsymbol{b}}_2$ から同じようにして求めた $\boldsymbol{a}_2, \boldsymbol{b}_2$ が第2正準ベクトルの組，

$$\boldsymbol{z}_{x,2} = X\boldsymbol{a}_2, \quad \boldsymbol{z}_{y,2} = Y\boldsymbol{b}_2$$

が第2正準変量ベクトルの組となる．以下同様である．

まとめれば，特異値分解したときの対角行列 D の対角要素を大きな順に並べておけば，それらが順に第1正準相関係数，第2正準相関係数，… となり，

$$A = (X^T X)^{-1/2} U, \quad B = (Y^T Y)^{-1/2} V$$

の各列の組が正準ベクトルを与え，

$$Z_x = XA, \quad Z_y = YB$$

の各列の組が正準変量ベクトルを与える．

さて，ここで，民力の「書籍販売高，新聞部数，テレビ台数」だけを抜き出したデータ行列を X，「電話回線数，郵便通数」だけを抜き出したデータ行列を Y として，正準相関分析をおこなってみよう．[35]

```
> cc=cancor(Ppower[,20:22],Ppower[,23:24])
> cc
$cor
[1] 0.9990177 0.9407873

$xcoef
                  [,1]          [,2]          [,3]
書雑販売高  7.067730e-07  5.994277e-06 -4.707363e-06
新聞部数    4.523737e-08 -2.671456e-07  1.354078e-06
テレビ台数  2.087882e-08 -4.732908e-07 -1.460807e-06

$ycoef
                  [,1]          [,2]
電話回線数  4.111093e-08 -9.391655e-08
郵便通数   -4.164184e-10  3.700963e-07
```

[35] 関数 cancor は，ディフォルトで中心化だけを行う．

```
$xcenter
書雑販売高     新聞部数       テレビ台数
87172.55      1126408.87    812911.85

$ycenter
電話回線数     郵便通数
3091666.1     468801.2
```

第1正準相関係数が約0.999,第2正準相関係数も約0.941とかなり高い. これは, 式 (8.9) の距離の2乗がそれぞれ0.002と0.118まで小さくできることであり, X と Y の共通性はかなり高い. xcoef は X の正準ベクトルを列ベクトルとして並べた行列で3列あるが, Y が2列の行列なので, 最後の1列は正準ベクトルの意味はない.[36] 特異値分解による計算で求まった直交ベクトルにすぎない. このように正準相関係数が高いことは, X と Y の変量は共通性が高く, 片方でかなり代用できることを示している.

X の正準変量と Y の正準変量がどれだけ近いか見るためには, それぞれについての第1正準変量と第2正準変量の散布図を重ね描きしてみるとよい.

> Cancor(Ppower[,20:22],Ppower[,23:24])

関数 Cancor によって描かれた散布図が図 8.10 で, X の正準変量の点は x で, Y の正準変量の点は y で示され, 同じ個体の点が線分で結ばれている. 確かに, 同じ個体記録同士が, かなり近いところに位置していることがわかる.

[36] X, Y それぞれの正準ベクトルは直交しているとは限らないが, 正準変量ベクトルは直交する.

Cancor(){DSC}

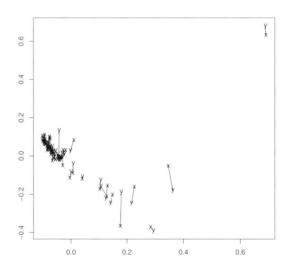

図 8.10 第1正準変量と第2正準変量の散布図

8.3.2 コレスポンデンス分析

コレスポンデンス分析 (correspondence analysis) は対応分析とも呼ばれるが，分割表の列方向のラベルと行方向のラベルの互いの位置関係を探るために考えられた分析法である．正準相関分析の一つの応用と考えられる．

カテゴリカルデータと分割表

分割表 (contingency table) [37] は $p \times q$ 個のセルからなる表で，各セルに度数 $(n_{ij}; i=1,\ldots,p, j=1,\ldots,q)$ が記されている．総度数 $n = \sum_{ij} n_{ij}$ を各セルに分割した表と考えられるので，分割表と呼ばれている．しかし，これは生データではなく，**カテゴリカルデータ** $\boldsymbol{x}$ と $\boldsymbol{y}$ から作られたいわば3次データである．

ここでの $\boldsymbol{x}$ と $\boldsymbol{y}$ はいずれも要素数が n のベクトルで，対応する要素の組が n 個の個体それぞれに関する記録を構成している．各組の出現度数を数え上げて表の形にまとめたのが分割表にほかならない．したがって，分割表の行ラベルと列ラベルは，カテゴリカルデータ $\boldsymbol{x}$ と $\boldsymbol{y}$ の**水準**に付けられたラベルである．言い換えれば，コレスポンデンス分析は，$\boldsymbol{x}$ と $\boldsymbol{y}$ の水準間の関係を探る分析であるといってもよい．

いま，$\boldsymbol{x}$ の水準は p 個の値から成り $\boldsymbol{y}$ の水準は q 個の値から成るとする．[38] カテゴリカルデータは，そのままでは扱いにくいので，何らかの数値化をおこなったほうがよい．一つの方法は何らかの**対比**を用いることであるが，コレスポンデンス分析の場合には **1** との線形従属性は，後から除くことができるので，水準数と同じだけの 0, 1 ベクトルで数値化することにする．たとえば水準の集合が $\{A, B, C\}$ であったとき，A は記録 $(1,0,0)$ に，B は記録 $(0,1,0)$ に，C は記録 $(0,0,1)$ に数値化する．一般的には，カテゴリカルデータ $\boldsymbol{x}$ は $n \times p$ の 0, 1 行列 X に数値化され，$\boldsymbol{y}$ は $n \times q$ の 0, 1 行列 Y に数値化される．

この数値化の利点は，たとえば，$\boldsymbol{x}$ が $(A, A, C, B, C)^T$ のとき，数値化した X の各列の線形結合が

$$X\boldsymbol{a} = (a_1, a_1, a_3, a_2, a_3)^T$$

となり，係数ベクトル $\boldsymbol{a}$ の要素 a_1, a_2, a_3 が直接，各水準 A, B, C に割り当てる数値になっているところにある．[39] したがって，コレスポンデンス分析の目的である，$\boldsymbol{x}$ の水準と $\boldsymbol{y}$ の水準の間の位置関係を探るには，X と Y の間の正準相関分析つまり (8.9) を最小にするようなベクトル $\boldsymbol{a}$ と $\boldsymbol{b}$ を求めればよい [54, 55]．

---

[37] 分割表は，偶然に起きた回数の表なので，英語で偶然を意味する単語 contingency を用いて contingency table と呼ばれている．日本語の分割表も言いえて妙である．分割表は行方向にも列方向にもその並びに意味があり，データテーブルではない．R でデータ行列やデータフレームに戻すには，たとえば Cnt2mat(){DSC} のような計算が必要である．

[38] 日本語では単数形と複数形を区別しないことが多いので，水準といったとき個々の値 (level) であるときも，取りうる値の集合 (levels) であることもあるので，注意が必要である．また，水準はデータに現れる値そのものであるのに対し，ラベルは各水準がわかりやすいように後から付けた名前である．ちょうど，正式名と短縮名の関係に似ている．

[39] このデータ行列 X の各列に対応する変量をダミー変量と呼ぶこともあるが，真偽変量あるいはブール変量と呼んだほうがよいかもしれない．この場合 1 が真に対応し，0 が偽に対応する．

コレスポンデンス分析

$$X^T X = \mathrm{diag}(n_{1\cdot}, n_{2\cdot}, \ldots, n_{p\cdot}), \quad Y^T Y = \mathrm{diag}(n_{\cdot 1}, n_{\cdot 2}, \ldots, n_{\cdot q})$$

は，分割表 $X^T Y$ [40] の行和，列和

$$n_{i\cdot} = \sum_j n_{ij}, i = 1, 2, \ldots, p, \quad n_{\cdot j} = \sum_i n_{ij}, j = 1, 2, \ldots, q$$

を並べた対角行列になっている．したがって，正準相関分析での

$$Z = \left((X^T X)^{-1/2}\right)^T (X^T Y) \left((Y^T Y)^{-1/2}\right)$$

は分割表のセルの値だけから求まる．

問題 8.3.1 Z の (i, j) 要素が

$$Z_{ij} = \frac{n_{ij}}{\sqrt{n_{i\cdot}}\sqrt{n_{\cdot j}}}$$

と表せることを示しなさい．[41]

ただし Z には常に，最大特異値 1 とそれに対応する特異ベクトルの組

$$\boldsymbol{u} = \left(\sqrt{n_{1\cdot}/n}, \sqrt{n_{2\cdot}/n}, \ldots, \sqrt{n_{p\cdot}/n}\right)^T, \boldsymbol{v} = \left(\sqrt{n_{\cdot 1}/n}, \sqrt{n_{\cdot 2}/n}, \ldots, \sqrt{n_{\cdot q}/n}\right)^T$$

が存在する．したがって，

$$\frac{1}{\sqrt{n}}\boldsymbol{1} = (X^T X)^{-1/2}\boldsymbol{u}, \quad \frac{1}{\sqrt{n}}\boldsymbol{1} = (Y^T Y)^{-1/2}\boldsymbol{v}$$

が第 1 正準ベクトルの組ということになる．しかし，これは，カテゴリカルデータを対比ではなく単純な方法で数値化したため，$X\boldsymbol{1} = \boldsymbol{1} = Y\boldsymbol{1}$ が常に成り立ってしまうところに原因がある．つまり，(8.9) を 0 とするような自明な解が得られているにすぎない．

したがって，これ以外の特異ベクトルの組から第 1 正準ベクトルの組を作ることになる．最大特異値 1 が重複度を持たなければ，第 2 特異値に対応する特異ベクトルの組から第 1 正準ベクトルを作ればよいが，重複度がある場合は，$\boldsymbol{u}, \boldsymbol{v}$ と直交する特異値 1 の特異ベクトルの組を探し出す必要がある．

正準ベクトルの組 $\boldsymbol{a}$ と $\boldsymbol{b}$ から正準変量ベクトルの組 $X\boldsymbol{a}$ と $Y\boldsymbol{b}$ が求まる．しかし，X も Y も各行の一か所だけ 1，残りは 0 であるので，このベクトルの組は，重複を除けば，出現順以外は $\boldsymbol{a}$ と $\boldsymbol{b}$ の組と変わらない．したがって，正準変量ベクトルの組で描いた散布図と正準ベクトルの組で描いた散布図と見かけは同じである．

---

[40] 数値化したデータ行列 X と Y から作った $X^T Y$ は分割表そのものになっている．また $X^T X$ と $Y^T Y$ もアンケートなどで複数回答を許した場合には，直接データ行列 X の形でデータをまとめたほうが簡単である．ただし，その場合は X の各行の一箇所だけ 1，その他は 0 という便利な性質は失われる．

[41] X や Y に戻らなくても分割表 $X^T Y$ から $X^T X$ や $Y^T Y$ も求まる．

8.3 正準相関分析とコレスポンデンス分析

コレスポンデンス分析の結果には様々な図示法がある．ここではデータ例として有名な Caithness 地方の人々の**目と髪の色のデータ** を取り上げよう．このデータは R のパッケージ MASS にも含まれているデータ例で，スコットランドの最北部に位置する Caithness 地方の 5387 人の目の色と髪の毛の色を調べ，分割表としてまとめたものである．この地方はその地理的な位置から，ノルディック，ケルティック，アングロサクソンの 3 民族にルーツを持つ人々が多く暮らしていると考えられる．この調査の背景には，目の色と髪の毛の色の組合せと民族性がどのような関係を持っているか知りたいという意図があったようである．

ここでは，わかりやすくするため，パッケージに含まれる分割表 caith の色名を漢字とカタカナに置き換えた Caith [42] を用いる．

[42] Caith{DSC}. R のパッケージに含まれるデータ例を取り出すには関数 data を用いる．

```
> Caith
         ブロンド  レッド  ミディアム  ダーク  ブラック
青色          326      38         241     110        3
淡色          688     116         584     188        4
中間色        343      84         909     412       26
黒色           98      48         403     681       85
```

まずは，第 1 正準変量 $Y\boldsymbol{b}_1$ と $X\boldsymbol{a}_1$ を座標とする散布図である．ただし X は目の色，Y は髪の色を数値化したデータ行列とする．

corresp(){MASS}

```
> library(MASS)
> plot(corresp(Caith))
```

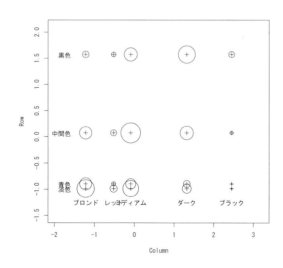

図 8.11　目と髪の色の第 1 正準変量の組での散布図

図 8.11 では，重複数が + を中心とする円の大きさで表されている．この図示は，もとの分割表と同等であるが，水準の順番が並べ替えられ，その位置も等間隔ではない点が異なる．水準をこの順番に，この位置に配置することで，目の色と髪の色の関係が最も近くなる．この図からわかることは，まず目の色の青色と淡色，髪の色のレッドとミディアムはまとめてしまっても大勢には影響なく，ブラックはかなり少ない．

では，この図から目や髪の色とルーツの関係が見えるかであろうか？ 髪の毛がブロンドで目の色が淡色が特徴のノルディックは確かに左下に位置している．しかし，ケルティックとアングロサクソンの髪の毛の色は，子供の頃はブロンドで大人になるとブラックになり，目の色は青色が普通のようであるので，図 8.11 での位置づけはそれほどはっきりしない．どうも，第 1 正準変量の組だけで，ルーツを割り出すのはそう簡単ではなさそうである．

そこで，第 2 正準変量の組も使うことにする．関数 corresp に追加引数 nf=2 を与えれば，第 2 正準変量まで求められる．

```
> c2=corresp(Caith, nf=2)
> c2
First canonical correlation(s): 0.4463684 0.1734554
 Row scores:
                [,1]        [,2]
青色      -0.89679252  0.9536227
淡色      -0.98731818  0.5100045
中間色     0.07530627 -1.4124778
黒色       1.57434710  0.7720361
 Column scores:
                  [,1]        [,2]
ブロンド    -1.21871379  1.0022432
レッド      -0.52257500  0.2783364
ミディアム  -0.09414671 -1.2009094
ダーク       1.31888486  0.5992920
ブラック     2.45176017  1.6513565
```

正準相関係数は順に約 0.446, 0.173 であり，それほど高くはない．Row scores が，目の色のデータ行列 X に関する第 1 正準ベクトル a_1 と第 2 正準ベクトル a_2 からなる 2 列の行列，Column scores が，髪の色のデータ行列 Y に関する第 1 正準ベクトル b_1 と第 2 正準ベクトル b_2 からなる 2 列の行列である．

そこで，正準相関分析のときの図 8.10 のように，

```
> biplot(c2)
```

で正準変量の散布図を重ね描きしてみると図 8.12 のようになる．[43] 図 8.11 より自由度の高い，水準の位置関係を眺められる．図 8.11 は各水準を単一の数値で

[43] ちなみに今の場合，X の構成する個体空間は 5 次元空間，Y の構成する個体空間は 4 次元空間である．雲は 5387 点からなるが，実際に異なる点は，それぞれ 5 点あるいは 4 点しかないので，射影してもこの数の点しか見えない．

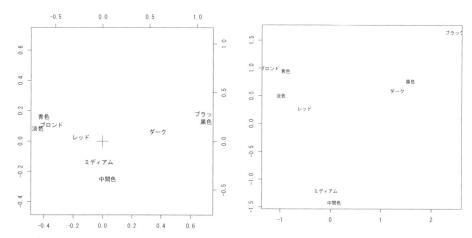

図 8.12 biplot による正準変量散布図　　**図 8.13** Biplot による正準変量散布図

表したときの位置関係を表しているのに対し，図 8.12 は各水準を二つの数値の組で表したときの位置関係を表しているからである．

といっても，その多くは図 8.11 からもわかる関係で，髪の色のブラックと目の色の黒色が近いところに位置することぐらいが新しいが，実は，これは，この表示のマジックである．図 8.10 とまったく同じ，正準変量の散布図の重ね描き

```
> Biplot(c2)
```

をしてみると図 8.13 が得られる．図 8.12 と比べ，水準間の位置関係がずれているのは，図 8.12 では X の正準変量の散布図の縦横の尺度と Y の正準変量の散布図の縦横の尺度を揃えずに重ね描きしているからである．また第 1 正準ベクトルは第 1 正準相関係数倍，第 2 正準ベクトルは第 2 正準相関係数倍された座標が用いられているので見栄えも違う．

正準変量 Xa と Yb がなるべく近くなるような重み a と b を求めるという問題設定からすると，X の正準変量の散布図の尺度と Y の正準変量の散布図の尺度を揃えないのは変であるし，第 1 正準変量と第 2 正準変量の尺度に正準相関係数を反映するのも見栄えだけの問題とはいえ，合理性があるとはいえない．

コレスポンデンス分析はマーケティングなどのほか，**テキストマイニング** (text mining) などの道具としても広く用いられるようになってきたため，場合によっては，このような位置関係に過度な意味づけをして，何か新しい発見ででもあるかのように吹聴する向きもあるが，もう少し冷静にデータに語らせることを考えたほうがよい．

biplot()

Biplot(){DSC}

最後に第7章で紹介したTextilePlotでこのデータがどのように見えるか確かめておこう．図8.11や図8.12からわかるようなことは，すべて図8.14からもすぐ読み取れる．それだけでなく，水準間を結ぶ線分の幅は記録数に比例しているので，黒目の水準と髪がブラックの水準を結ぶ線分が細いことは，該当する記録が比較的少なく，この関係がそれほどあてになるものではないことを示唆している．いずれにしろ，TextilePlotはデータそのままの姿を表示している．いつも，この原点に戻って得られた結果をもう一度検討しなおすことをお勧めする．

図 8.14 目と髪の色データのTextilePlot

第9章　変量間の相関

　本章は，第5章での2変量データの相関をより一般的に扱う．第8章の「変量間の関係」では，変量の間に存在する関数関係，つまり式で明確に表せるような関係を扱ったが，相関は必ずしもそのように明確に表せる関係ではなく，大勢として，一方が変化すると他方もそれにつれて変化するといった関連性，いわば，一つの傾向である．また，回帰の関係のように，説明変数と被説明変数といった区別もなく対称である．したがって，相関が高いとか低いとかいっても，それが確実な関係，ましてや，一つの因果関係を示唆するとは限らない．相関は，あくまでも次の解析に進むための一つの目安と考えておくとよい．

　また，相関係数は変量間の関連性を表す一つの指標であるが，そこには他の変量を介した相関関係も含まれる．それに対し偏相関係数は，そのような間接的な相関を射影によって取り除いた直接的な相関であり，グラフィカル表現の基礎となる概念にも結びつく．

　相関をきちんと理解するには，どうしても確率論のフレームワークが必要となる．そこで，本章の後半では確率論の基本を説明した上で相関を定義し直す．しかし，そこで定義される相関や偏相関はあくまでも概念的なものであり，具体的にデータから計算される相関や偏相関そのものではない．そこで，以下では混乱を避けるため，データから求める相関係数や偏相関係数を，**標本相関係数** (sample correlation coefficient) あるいは**標本偏相関係数**のように頭に「標本」[1]を付けて区別する．第10章で説明するように，大数の法則から，標本相関係数や標本偏相関係数は，記録の数が増えれば次第に相関係数や偏相関係数に近づく．その意味で，これらはデータから推定した値つまり**推定値** (estimate) である．

9.1　相関係数と偏相関係数

　第5章では，5指の長さのデータ Finger のうち，特に親指と人差指の相関だけを調べたが，これを5指すべてについて調べよう．まず図9.1のような**対散布図** (pairwise scatter plot) を描き，その様子を探るのが一つである．対散布図は変量のすべての組合せでの，散布図を並べたもので，右上半分に並んだ散布図と左

---

[1] 統計学では，伝統的にデータのことを「標本」と呼んできた．何かを確かめるための標本という意味からであるが，いまや，データはそのような意図とは無関係に集まり，集積されている．データ相関とかデータ偏相関と呼びたいところであるが，過渡期の今は伝統的な呼び方に従っておくことにする．

下半分に並んだ散布図は転置しているだけで同じである．この対散布図から，隣同士の指の長さについては強い相関があり，親指以外については，隣同士でなくても結構強い相関がありそうなことが見て取れる．

```
pairs(Finger)
```

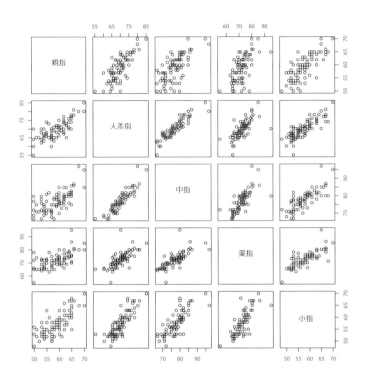

図 9.1 5 指の長さの対散布図

その結果を，数値で調べてみると表 9.1 のようになる．

```
> cor(Finger)
```

これは，第 5 章で求めた相関係数を，すべての変量の組合せについて求め，行列の形にまとめたもので，**標本相関係数行列** (sample correlation coefficient matrix) と呼ばれる．[2] 第 5 章で説明したように，標本相関係数は -1 から 1 の値をとるが，正ならば，二つのデータベクトルの対応する要素間の正の関連性，つまり「平均値を中心に互いに値が同じ方向に動く傾向」を示しており，負ならば，二つのデータベクトルの対応する要素間の負の関連性，つまり「平均値を中心に互いに値が逆の方向に動く傾向」を示していると考えられる．ちょうどこの中間の 0 のときは「どちらでもない」つまり「関連性がはっきりしない」を示していることになる．[3]

---

[2] 共分散，分散を行列の形にまとめたものは**標本分散共分散行列** (sample variance covariance matrix) と呼ばれる．

[3] 標本相関係数が 0 となるのは，中心化した二つのデータベクトルが直交している場合である．

さらに，−1 あるいは 1 といった極端な場合には，二つのデータベクトルの間に $y = a\mathbf{1} + bx$ のような明確な線形関係が存在することになるので，標本相関係数がこれらの値に近い場合は，似たような状況が生じていると考えられる．しかし，その中間の値，たとえば 0.5 とか 0.7 がどのような意味を持っているのかについては，何もはっきりしたことはいえない．ただ，その絶対値が大きければ大きいほど関連性は高そうだというだけである．

標本相関係数の値

標本相関係数の値の成り立ちを理解するには，第 6 章で紹介した，中心化と標準偏差による尺度準規化をおこなったデータベクトル x と y の標本相関係数

$$r = \frac{1}{n} \sum_{i=1}^{n} x_i y_i$$

を考えれば十分である．これは二つのベクトルの内積を記録数 n で割ったものでしかないが，データサイエンスではその値の意味を考えることが重要となる．x_i と y_i の符号が一致すればするほど標本相関係数は大きくなり，しかもその積の値が大きければ大きいほど標本相関係数 r に対する寄与も大きい．つまり，規準化前の二つのデータベクトルの対応する要素が平均値から同じ方向に動けば動くほど，しかも，その積の値が大きければ大きいほど標本相関係数は大きくなることになる．また，0 はデータベクトル x と y が**直交** (orthogonal) している場合であるが，これは，それぞれの要素が平均値からバラバラな方向に動いていることを意味している．

対散布図 9.1 の代わりに，標本相関係数で比較することで，相関の大小が少しは明確になる．相関係数の大きな順に調べてみると，（人差指，中指），（人差指，小指），（中指，小指），（中指，薬指），（薬指，小指）が上位 5 組となる．しかし，これ以外の組合せでも結構相関が高い．そのなかでも，隣接していない指であるにもかかわらず親指と小指の相関が高いのはなぜだろうか？

表 9.1 5 指の長さの標本相関係数行列

	親指	人差指	中指	薬指	小指
親指	1.000	0.735	0.664	0.614	0.746
人差指	0.735	1.000	0.899	0.713	0.812
中指	0.664	0.899	1.000	0.772	0.791
薬指	0.614	0.713	0.772	1.000	0.765
小指	0.746	0.812	0.791	0.765	1.000

実は，相関係数は，二つの変量の間の直接的な関連性だけでなく，他の変量を介した間接的な動きも含めた総合的な関連性の強さを示している．そこで登場するのが，射影によって他の変量の影響を除いた上での相関係数，**標本偏相関係数** (sample partial correlation coefficient) である．

── 標本偏相関係数 [4] ──

中心化されたデータ行列 X の列ベクトルを $x_1, x_2, \ldots, x_p$ としよう．どのデータベクトル間の標本偏相関係数でも，考え方は同じであるので，データベクトル x_1, x_2 の間の標本偏相関係数に注目する．まず，

$$\left\| x_1 - \sum_{i=3}^{p} \alpha_i x_i \right\| \tag{9.1}$$

を $\alpha_3, \alpha_4, \ldots, \alpha_p$ に関して最小化し，x_1 の $x_3, x_4, \ldots, x_p$ の張る空間への射影を求める．その射影と x_1 との差，つまり残差ベクトルを $\hat{\epsilon}_1$ とする．同様に

$$\left\| x_2 - \sum_{i=3}^{p} \alpha_i x_i \right\| \tag{9.2}$$

の最小化によって，x_2 からも射影，つまり他のベクトルで表現できる部分を最大限とり除いた残差ベクトルを $\hat{\epsilon}_2$ とする．このようにして求めた残差ベクトル $\hat{\epsilon}_1$ と $\hat{\epsilon}_2$ の標本相関係数が，x_1 と x_2 の標本偏相関係数である．いいかえれば，注目するデータベクトル以外のデータベクトルの影響を最大限とり除いた後に残る，残差ベクトル同士の標本相関係数が，注目するデータベクトル x_1 と x_2 の間の標本偏相関係数である．

---

[4] ここでの計算は，第 8 章での線形回帰モデルの当てはめを，それぞれ x_1 と x_2 を被説明変量として同じ説明変量に対しておこなっているにすぎない．P.cor(){DSC} はこの定義そのままに標本偏相関行列を求めている．Pcor(){DSC} の関数定義と比較してみるとよい．

すべての変量の組合せについて偏相関係数を求め行列の形にまとめたものは，**標本偏相関係数行列** (sample partial correlation coefficient matrix) と呼ばれる．

```
> Pcor(Finger)
```

これで得られる標本偏相関係数行列[5] を表 9.2 で眺めてみれば，よりはっきりした変量間の相関が浮かび上がってくる．親指，人差指，中指，薬指，小指，そして親指に戻る循環した相関関係が見て取れる．ただし，親指と人差指の間の相関はそれほど高くなく，人差指と小指の間の相関も同程度に高い．したがって，人差指，中指，薬指，小指，そして人差指に戻る循環した相関関係と，親指の有する，人差指と小指との相関関係が重なっていると考えることもできる．

[5] 関数 Pcor(){DSC} は，後の囲み記事で説明するように，標本分散共分散行列の逆行列を利用して標本偏相関行列を求めている．R には標準では標本偏相関行列を求める関数は用意されていないので，ライブラリ ppcor などをインストールする必要がある．しかし標本偏相関行列を求めるだけだったら，この関数で十分であろう．

標本偏相関係数の求め方

標本偏相関係数は，必ずしも定義通り求める必要はない．前の囲み記事に対応して，データ行列 X の第 1 列と第 2 列の間の標本偏相関係数を求めてみよう．まず，あらかじめ中心化されたデータ行列を $X = (X_1, X_2)$ のように $n \times 2$ 行列 X_1 と $n \times (p-2)$ 行列 X_2 に分割する．式 (9.1) と (9.2) をそれぞれを最小化したときの，係数ベクトルを並べて $(p-2) \times 2$ 行列 A とすれば，射影の残差 $X_1 - X_2 A$ が X_2 のどの列ベクトルとも直交することから $X_2^T X_1 = X_2^T X_2 A$ が成立する．さらに X の分割に対応して $S = X^T X$ も

$$S = \begin{pmatrix} S_{11} & S_{12} \\ S_{21} & S_{22} \end{pmatrix}$$

のように分割しておけば $A = S_{22}^{-1} S_{21}$ と表せる．したがって，残差の 2×2 標本分散共分散行列 V は $nV = (X_1 - X_2 A)^T (X_1 - X_2 A) = S_{11} - S_{12} S_{22}^{-1} S_{21}$ となる．一方，ブロック行列の逆行列の公式から，S の逆行列を S と同じように分割したときの $(1,1)$ ブロックが，$(S^{-1})_{11} = (S_{11} - S_{12} S_{22}^{-1} S_{21})^{-1}$ のように表せる．したがって，$nV = (S^{-1})_{11}^{-1}$ となる．あとは 2×2 行列の逆行列の公式に注意すれば，第 1 列と第 2 列の標本偏相関係数は

$$\frac{v_{12}}{\sqrt{v_{11} v_{22}}} = \frac{-s^{12}}{\sqrt{s^{11} s^{22}}}$$

のように逆行列 $S^{-1} = (s^{ij})$ の要素から求まることになる．一般的に，X の第 i 列と第 j の間の標本偏相関係数は，次のように S^{-1} から次のようにして求まる（S の代わりに標本分散共分散行列を用いても結果は同じである）.[6]

$$\frac{-s^{ij}}{\sqrt{s^{ii} s^{jj}}}, \; i \neq j$$

[6] 一般的に，逆行列の要素そのものが意味を持つことはあまりないが，この定理では，標本分散共分散行列の逆行列の非対角要素が 0 かどうかと，標本偏相関係数が 0 かどうかが直接結び付いている点がきわめて興味深い．

問題 9.1.1 ブロック行列の逆行列の公式

$$\begin{pmatrix} A & B \\ C & D \end{pmatrix}^{-1} = \begin{pmatrix} E & -EBD^{-1} \\ -D^{-1}CE & D^{-1} + D^{-1}CEBD^{-1} \end{pmatrix}$$

を確かめなさい．ただし $E = (A - BD^{-1}C)^{-1}$ である．

いずれにしろ，個体発生の段階，つまり胎児の段階では一つにまとまっていた 5 指が分化し独立した 5 本の指になることを思い出せば，その理由がわかってくる．実際，読者には，自分の指先を一つにまとめ，それを上から眺めてみることをお勧めする．

表 9.2 5 指の長さの標本偏相関係数行列

	親指	人差指	中指	薬指	小指
親指	1.000	0.299	−0.103	0.059	0.339
人差指	0.299	1.000	0.696	−0.107	0.240
中指	−0.103	0.696	1.000	0.369	0.089
薬指	0.059	−0.107	0.369	1.000	0.356
小指	0.339	0.240	0.089	0.356	1.000

もちろん，標本偏相関も万能ではない．「他の変量を介した間接的な相関を除く」といっても，関係する変量すべてを把握できるわけではない．この例で言えば，残りの3指以外にも間接的な相関を生み出す要素が存在するかもしれない．たとえば，身長とか，腕の長さ，左手の指の長さなど，きりがない．また，間接的な相関を除くといっても，標本偏相関で除けるのは線形な影響に限られる．標本偏相関も一つのモデルであり，第6章で述べたようにモデルは現象の近似でしかなく，どこかで妥協するしかない．

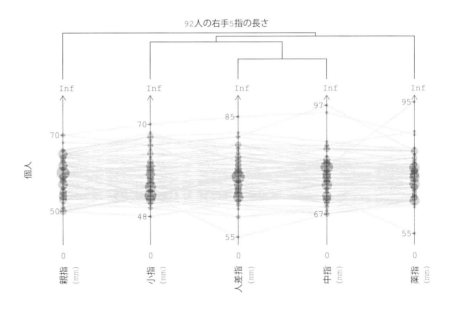

図 9.2 5 指の長さの TextilePlot

さて，第 7 章で紹介した TextilePlot では，このデータがどのように表示されるか見てみよう．図 9.2 が Finger の TextilePlot である．すでに，軸はクラスタリングによって並べ替えられている．標本偏相関でわかった，人差指から始まり人差指に戻る循環的な相関は，小指，人差指，中指，薬指の順の軸の並びで表

されており，親指がこれら4本の指とはすこし独立した存在ではあるものの，ある程度の相関を持っていることも示されている．残念ながら，軸を1列に並べるTextilePlotでは，薬指から小指に戻る相関と，親指が人差指と小指と相関が高いことを同時に示すのは難しいが，それでも4本の指のうち，小指と人差指が親指に近い位置にあるのは，このような関係を暗示している．

いずれにしても，TextilePlotで眺めた変量の関連性は，標本偏相関係数からわかる直接的な変量間の相関に近い．そればかりでなく，TextilePlotなら上や下に外れた数人の学生がいることもすぐ見てとれる．これは，相関や偏相関だけを見ていてはわからないデータの特徴である．さらに，相関が明確な関係ではなく，一種の「傾向」にすぎないことも，このTextilePlotから理解できるに違いない．二つの変量の間の相関が高くても，すべての個体が同じような傾きの線分で示されているわけではない．同じような傾きの線分が大勢を占めるだけである．これが相関の実相である．

--- 頑健な標本相関係数[7] ---

第8章で，データに外れ値や少し背景が異なる値が混じっているようなとき，その影響を受けにくい頑健回帰があることを紹介したが，**頑健な標本相関係数** (robust correlation coefficient) も存在する．ここでの標本相関係数は**ピアソンの相関係数** (Pearson's product-moment correlation coefficient) と呼ばれるものであるが，第3章で紹介した順位にもとづく相関の推定値としてよく知られたものに，**ケンドールの順位相関係数** (Kendall's rank correlation coefficient) や **スピアマンの順位相関係数** (Spearman's rank correlation coefficient) がある．いずれも，順位だけにもとづく係数であるので，値の大きな変動に対しても比較的安定した相関が得られる．Rでは，関数`cor`の追加引数`method`に`"kendall"`や`"spearman"`を与えれば，これら順位相関係数による相関が求まる．ただし，これら順位相関係数は相関係数ρの推定にはなっていない．独立なとき0となる性質が共通なだけである．なお，偏相関に関しても順位にもとづく推定法が存在する．

[7] たとえば，第10章で扱うような株価収益率と**自己資本収益率** (return on equity) の散布図を描いてみると，企業の規模や業態などの違いから，アンバランスな分布状態を示す．このようなとき，頑健な標本相関係数を用いれば，大勢を反映するような相関係数が得られる．

9.2 相関と独立性

ここまで，標本相関や標本偏相関だけにもとづいて議論をしてきたが，このような量だけに頼っていると，同一の変量の間の相関や偏相関でも，記録のたびに，値が微妙に変化するため，何が相関なのかはっきりしなくなりがちである．相関や偏相関をもっとはっきりさせるには，どうしても確率論の枠組みの導入が避けられない．

確率論の枠組みでは，変量のとる値について確率[8]が導入される．たとえば，$P(X \leq x)$ は，変量 X が x 以下の値をとる確率をあらわす．このように確率が導入されたとき，変量 X は**確率変数** (random variable) と呼ばれる．下側確率 $P(X \leq x)$ を x の関数と考え，$F(x) = P(X \leq x)$ と置いたとき，関数 $F(x)$ は**確率分布関数** (probability distribution function) と呼ばれる．$F(x)$ が微分可能で導関数 $f(x)$ を持つとき，$f(x)$ は確率分布関数 $F(x)$ の**確率密度関数** (probability density function) と呼ばれる．

[8] 確率はあくまで仮想的な値であって未知である．しかし，データから近似的に求める，つまり推定することはできる．また，3.4 節のロングテールの例のように，対応する確率変数が明確に存在しなくても，分布の状態を記述するという目的のためだけに確率分布関数が用いられる場合もある．このときは**分布関数** (distribution function) と呼んで区別したほうがよい．

確率分布関数

確率分布関数は，実数値をとる確率変数 X に対して $F(x) = P(X \leq x)$ で定義される関数である．確率の性質から $F(-\infty) = 0, F(\infty) = 1$ であり，単調増加関数である．確率そのものを考えるよりも，確率分布関数の形で考えたほうが確率法則が見やすくなることが多いため，確率論の枠組みでデータ解析する場合には，この確率分布関数が重要な役割を果たす．X が離散値をとる場合には，$F(x)$ はその値で不連続となるが，定義から右連続である．

問題 9.2.1 X が 0 から $x_{\max}$ までの整数値をとり，$p_k = P(X = k), k = 0, 1, .., x_{max}$ としたとき確率分布関数 $F(x)$ はどのような関数となるか，説明しなさい．

また，特定の x に対する（分布の裾の）確率 $P(X \geq x)$ を p **値**と呼ぶことも多い．この p 値に関しては第 10 章で詳しく説明する．逆に特定の値 p に対応する x，つまり $F(x) = p$ で定まる x のことを**パーセント点** (percentile) あるいは**確率点** (quantile) と呼ぶ．

複数の変量を同時に考えるときには，確率も $P(X \leq x, Y \leq y)$ のような同時確率の形で導入される．こうすれば，確率変数 X と Y が**独立** (independent) であることを，任意の x, y について

$$P(X \leq x, Y \leq y) = P(X \leq x)P(Y \leq y)$$

が成り立つこととして定義できる．

この独立性の定義は，上の式の値が 0 でない限り，

$$P(X \leq x | Y \leq y) = P(X \leq x)$$

あるいは

$$P(Y \leq y | X \leq x) = P(Y \leq y)$$

と同等であるので，[9] Y のとる値が X の分布に影響しない，あるいは逆に X のとる値が Y の分布に影響しないこととして理解できる．つまり「変量の間に関連性がない」ことを確率の言葉で表現したのが変量の独立性にほかならない．な

[9] 高校でも習ったように，事象 A, B に対して事象 B を条件とする条件付き確率は $P(A|B) = P(A \cap B)/P(B)$ で定義される．確率を面積と考えれば B のうちで A の占める割合がこの条件付き確率である．

お，独立性はそれぞれの変量をどのように変換しても変わらない．つまり，X と Y が独立なら，どんな関数 g と h に対しても，$g(X)$ と $h(Y)$ も独立である．

確率変数の期待値と分散

第I部で，データの代表値として平均値と分散を紹介し，それがデータの一次元散布図の重心と慣性モーメントでもあると説明した．確率変数に関しても同様な代表値を考えることができる．まず確率変数 X の確率分布関数 $F(x)$ の重心は積分

$$\mu = \int x dF(x)$$

で与えられ，この値を $\mathrm{E}(X)$ で表す．この値は平均値とも呼ばれるが，データの平均値と区別するため，X の**期待値** (expectation) と呼ぶことも多い．記号 E は Expectation の頭文字である．X の具体的な値がわかっていないからこそ，確率分布を考えるわけで，そのとき $\mathrm{E}(X)$ は X の値として**期待できる中心的な値**である．X の**分散** (variance) は

$$\sigma^2 = \int (x-\mu)^2 dF(x)$$

で定義される値で $\mathrm{Var}(X)$ で表す．この平方根が**標準偏差** (standard deviation) である．なお，ここでは期待値と分散を，離散的な値をとる確率変数の場合でも連続的な値をとる確率変数の場合でも統一的に表現できるよう**スティルチェス積分** (Stieltjes integration)

$$\int g(x)dF(x) = \lim_{\Delta \to 0} \sum_{i=1}^n g(x_i)(F(x_i) - F(x_{i-1}))$$

で定義している．ここでの $\Delta \to 0$ は $x_0, x_1, \ldots, x_n$ の分割を極限まで細かくすることを意味している．

この確率論の枠組みで，共分散は $\mathrm{Cov}(X,Y) = \mathrm{E}(X - \mathrm{E}(X))(Y - \mathrm{E}(Y))$ で，相関係数は

$$\mathrm{Cor}(X,Y) = \frac{\mathrm{Cov}(X,Y)}{\sqrt{\mathrm{Cov}(X,X)\mathrm{Cov}(Y,Y)}}$$

で定義され，相関係数はしばしば記号 ρ で表される．

問題 9.2.2 確率変数 X と Y が独立ならば，$\mathrm{E}(XY) = \mathrm{E}(X)\mathrm{E}(Y)$ が成り立つことを確かめなさい．[10]

[10] 自分自身との共分散は分散に他ならない．つまり $\mathrm{Cov}(X,X) = \mathrm{Var}(X)$.

これらの定義は，今までの標本共分散，標本相関係数の定義と無縁のようにも見えるが，第5章で述べたように，標本共分散は二つの偏差ベクトルの内積に，標本相関係数はそれらの成す角度の余弦に相当することを考えれば，概念的には変わりがない．実際，**確率変数 X と Y の内積** (inner product of random variables) $\langle X, Y \rangle$ を $\mathrm{E}(XY)$ で定義し，**確率変数 X のノルム** (norm of random variable) $\|X\|$ を $\sqrt{\mathrm{E}(X^2)}$ で定義すれば，$\mathrm{Cov}(X, Y)$ は期待値からの偏差 $X - \mathrm{E}(X)$ と $Y - \mathrm{E}(Y)$ の内積 $\langle X - \mathrm{E}(X), Y - \mathrm{E}(Y) \rangle$ であり，$\mathrm{Cor}(X, Y)$ は，成す角度の余弦に相当する量

$$\frac{\langle X - \mathrm{E}(X), Y - \mathrm{E}(Y) \rangle}{\|X - \mathrm{E}(X)\| \|Y - \mathrm{E}(Y)\|}$$

である．

問題 9.2.3 $\mathrm{E}(XY)$ が内積の条件を満たすことを示しなさい．

スティルチェス積分

スティルチェス積分 (Stieltjes integration) $\int g(x) dF(x)$ は高校で習う積分 $\int g(x) dx$ の，ちょっとした拡張でしかない．積分を定義するとき，細かい短冊の集まりで面積を近似するが，その短冊の底辺の幅を関数 $F(x)$ の値の差で置き換えるだけである．特に $F(x) = x$ ならば $dF(x) = dx$ であり，普通の積分に帰着する．$F(x)$ の導関数 $f(x)$ が存在すれば $dF(x) = f(x) dx$ となるので，期待値 $\mathrm{E}(X) = \int x dF(x)$ は密度 $f(x)$ の棒の重心，分散 $\mathrm{Var}(X) = \int (x - E(X))^2 dF(x)$ は重心まわりの慣性モーメントになる．$F(x)$ が離散値をとる確率変数の確率分布関数ならば，それらの離散値の箇所でジャンプする関数となるので，離散値を $x_1, x_2, \ldots, x_k$，そのときのジャンプを $p_1, p_2, \ldots, p_k$ とすれば $\mathrm{E}(X) = \sum_{i=1}^{k} x_i p_i$ となり，$\mathrm{Var}(X) = \sum_{i=1}^{k} (x_i - \mathrm{E}(X))^2 p_i$ となる．

また，第10章で紹介する大数の法則によって，標本共分散や標本相関係数は，記録数 n さえ大きくなれば，それぞれ $\mathrm{Cov}(X, Y)$ や $\mathrm{Cor}(X, Y)$ に収束することが保証されている．言い換えれば，標本共分散や標本相関係数が記録のたびに値が変化するのは，変量 X や Y にランダム性がある以上当然であるが，記録数 n さえ大きくなれば安定し，未知の値 $\mathrm{Cov}(X, Y)$ や $\mathrm{Cor}(X, Y)$ に近い値をとることが保証されている．2変量だけでなく多変量，たとえば p 変量を同時に考えたときには，すべての変量の組合せでの共分散，分散を行列の形にまとめたものを**分散共分散行列** (variance covariance matrix) と呼び，記号 Σ で表されること

が多い．同様に相関係数を行列の形にまとめたものは**相関係数行列** (correlation coefficient matrix) と呼ばれる．

さて，話を独立性に戻すと，X と Y が独立であることは，同時確率分布関数が $F(x,y) = F_x(x)F_y(y)$ のように，X の確率分布関数 $F_x(x)$ と Y の確率分布関数 $F_y(y)$ の積に分解できることと同等であるので，

$$\mathrm{Cov}(X,Y) = \mathrm{E}(X - \mathrm{E}(X))\mathrm{E}(Y - \mathrm{E}(Y)) = 0$$

となる．つまり，独立なら共分散や相関もゼロである．しかし，次の説明にあるように，X と Y の同時分布が 2 変量正規分布に従うような場合を除いて，逆は必ずしも成り立たない．

つまり，相関係数 0 と変量の独立性の間にはギャップがあり，標本相関係数が 0 だけで独立性を判断するのは少々乱暴である．では，独立性を直接確かめる方法はないのだろうか？ 一つの簡単な方法は，X のとる値をいくつかの区間に分割し，各区間ごとに，第 4 章で紹介した箱ひげ図を Y について描く方法である．

```
> boxplot(Finger[,2]~cut(Finger[,1], breaks=6))
```

boxplot(), cut()

---
2 変量確率分布と期待値

1 変量のときと同じように，二つの確率変数 X, Y の**同時確率分布** (joint probability distribution) は $F(x,y) = P(X \leq x, Y \leq y)$ のような，2 変数の**同時確率分布関数** (joint probability distribution function) で定義される．このとき，X, Y の関数 $g(X,Y)$ の期待値も

$$\mathrm{E}(g(X,Y)) = \int g(x,y) dF(x,y)$$

のように定義される．したがって

$$\mathrm{Cov}(X,Y) = \int (x - \mu_x)(y - \mu_y) dF(x,y)$$

である．ただし，$\mu_x = \mathrm{E}(X)$, $\mu_y = \mathrm{E}(Y)$.

図 9.3 が，データ Finger の，親指の長さを条件としたときの人差指の長さの箱ひげ図，つまり**条件付き箱ひげ図** (conditional boxplot) である．この図から，明らかに親指の長さと人差指の長さの独立性は否定される．この図は，散布図の横軸をいくつかの区間に分割し，その中での縦軸の値の分布を箱ひげ図で表現しただけであるが，散布図そのままではデータ数の違いや細かな違いに煩わされて

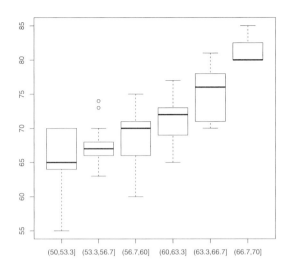

図 9.3 条件付き箱ひげ図

判断の難しい独立性のチェックがより楽に行える．一般的に，このようにして描いた箱ひげ図が似た形状をしていれば，X の値に関係なく Y が分布していることから，X と Y は独立であると判断できる．

9.3 偏相関と条件付き独立性

偏相関は，確率論の枠組みでも，次のようにベクトルを確率変数で置き換え，ノルムも確率変数のノルムに置き換えるだけで，まったく同じように定義できる．一般性を失うことなく，中心化[11]された確率変数 $X_1, X_2, \ldots, X_p$ のうち X_1 と X_2 に注目する．まず

$$\left\| X_1 - \sum_{i=3}^{p} \alpha_i X_i \right\|$$

を $\alpha_3, \alpha_4, \ldots, \alpha_p$ に関して最小化することで，残りの変数の影響を X_1 から除き，同じように

$$\left\| X_2 - \sum_{i=3}^{p} \alpha_i X_i \right\|$$

を $\alpha_3, \alpha_4, \ldots, \alpha_p$ に関して最小化することで，残りの変数の影響を X_2 から除く．そのときの残差の共分散が X_1 と X_2 の間の**偏共分散** (partial covariance) であり，相関係数が X_1 と X_2 の間の**偏相関係数** (partial correlation) である．

[11] データベクトルの中心化と同じように，期待値を引き去ること $X - E(X)$ が確率変数の中心化である．

9.3 偏相関と条件付き独立性

── 正規分布とその特殊性 ──

第 10 章で，なぜ正規分布が広く用いられるのかも含め詳しく述べるので，ここでは，複数の変量を同時に考えたときの**多変量正規分布**の特徴とその特殊性について簡単に述べておく．一般的に，多変量正規分布は期待値と分散共分散行列で一意に定まってしまう．そして，独立性は期待値や分散によらず保たれる．そうすると，共分散が 0 でありさえすれば独立になる．これが，多変量正規分布を仮定したときに，独立性と無相関つまり相関 0 が同等になる理由である．

これと関係したもう一つの特殊性が，多変量正規分布を仮定すると，相関が関係として見えるようになる点である．簡単のために 2 変量 (X, Y) の場合だけ考えると，X と Y の間の相関係数 ρ を用いれば，必ず

$$\frac{Y - \mu_y}{\sigma_y} = \rho \frac{X - \mu_x}{\sigma_x} + \epsilon$$

の形に書き表せ，ϵ は X と独立で平均 0，分散 $1 - \rho^2$ の正規分布に従う変量となる．ただし，(μ_x, σ_x) と (μ_y, σ_y) は，X と Y それぞれの期待値と標準偏差である．この ϵ はノイズの性質を持っており，その大きさは ρ が大きくなればなるほど小さくなる．言い換えれば，X と Y の間に本来存在する $Y = a + bX$ という線形関係を**ノイズ** (noise) [12] ϵ が邪魔しているという構図になる．つまり，相関があるということと関係があることとが同値になる．もちろん，これは多変量正規分布の特殊性で，他の分布の場合にも成り立つとは限らない．

---

[12] ノイズと誤差は似たようなものであるが，ここでは，誤差は事後的に浮かび上がる不一致性，ノイズは食い違いを生むメカニズムとして区別している．

偏相関係数を実際に求めるには，標本偏相関係数を標本分散共分散行列の逆行列から求めるときと同じように，

$$\frac{-\sigma^{ij}}{\sqrt{\sigma^{ii}\sigma^{jj}}}, \quad i \neq j$$

と表せることを利用すればよい．ただし，σ^{ij} は分散共分散行列 Σ の逆行列 Σ^{-1} の (i, j) 要素である．

偏相関に対応する一般的な概念は，条件付き独立性である．確率変数 $X_1, X_2, \ldots, X_p$ を考えたとき，X_1, X_2 が残りの確率変数を条件として**条件付き独立**とは

$$P(X_1 \leq x_1, X_2 \leq x_2 \mid X_3 \leq x_3, \ldots, X_p \leq x_p)$$
$$= P(X_1 \leq x_1 \mid X_3 \leq x_3, \ldots, X_p \leq x_p) P(X_2 \leq x_2 \mid X_3 \leq x_3, \ldots, X_p \leq x_p)$$

が常に成り立つときをいう．

問題 9.3.1 上の条件付き独立性は

$$P(X_1 \le x_1 \mid X_2 \le x_2, X_3 \le x_3, \ldots, X_p \le x_p) = P(X_1 \le x_1 \mid X_3 \le x_3, \ldots, X_p \le x_p)$$

と同等であることを示しなさい．

> **── 条件付き相関 ──**
>
> 偏相関を一般化したものに**条件付き相関** (conditional correlation) がある．偏相関では，残りの変量の影響を線形結合の形で取り除いたのに対し，条件付き相関では任意の関数の形で取り除くので，より一般的である．実際
>
> $$\|X_1 - g(X_3, X_4, \ldots, X_p)\|$$
>
> を任意の関数 g に関して最小化することによって，X_1 から X_2 以外の変量の影響を取り除くことができる．この解 g は，不等式
>
> $$\begin{aligned}
> &\|X_1 - g(X_3, X_4, \ldots, X_p)\|^2 \\
> &= \mathrm{E}(X_1 - g(X_3, X_4, \ldots, X_p))^2 \\
> &= \mathrm{E}\left(\mathrm{E}\left((X_1 - g(X_3, X_4, \ldots, X_p))^2 \mid X_3, X_4, \ldots, X_p\right)\right) \\
> &\ge \mathrm{E}\left(\mathrm{E}\left((X_1 - \mathrm{E}(X_1 \mid X_3, X_4, \ldots, X_p))^2 \mid X_3, X_4, \ldots, X_p\right)\right) \\
> &= \|X_1 - \mathrm{E}(X_1 \mid X_3, X_4, \ldots, X_p)\|^2
> \end{aligned}$$
>
> からわかるように X_1 の**条件付き期待値** $\mathrm{E}(X_1 \mid X_3, X_4, \ldots, X_p)$ で与えられるので，偏共分散を一般化した条件付き分散共分散が，$i, j = 1, 2$ に対して
>
> $$v_{ij} = \mathrm{E}((X_i - \mathrm{E}(X_i \mid X_3, X_4, \ldots, X_p))(X_j - \mathrm{E}(X_j \mid X_3, X_4, \ldots, X_p)))$$
>
> で定義され，これを用いて**条件付き相関係数** (conditional correlation coefficient) が
>
> $$\frac{v_{12}}{\sqrt{v_{11} v_{22}}}$$
>
> のように定義される．条件付き相関係数は，$X_1, X_2, \ldots, X_p$ が**多変量正規分布**に従えば偏相関係数と一致するが，一般的には一致しない．条件付き相関係数と偏相関係数のより詳しい関係については [4] を参照されたい．

問題 9.3.2

$$\|X - m\|$$

を最小化する定数 m は $\mathrm{E}(X)$ で与えられることを示しなさい．この事実は，上の囲み記事で用いられている．また，第 1 章の問題 1.3.1 と比較しなさい．

9.3 偏相関と条件付き独立性

条件付き確率分布関数と条件付き期待値

条件付き確率に対応して**条件付き確率分布関数** (conditional probability distribution function) が定義される．前の囲み記事に対応して説明すれば

$$F(x_1|x_3,\ldots,x_p) = \lim_{\delta \to 0} P(X_1 \leq x_1 | x_3 < X_3 \leq x_3+\delta_3, \ldots, x_p < X_p \leq x_p+\delta_p)$$

である．ただし，$\delta \to 0$ は，$\delta_3,\ldots,\delta_p$ すべてを 0 に近づけることを意味している．このとき，X_1 の**条件付き期待値** (conditional expectation) は

$$\mathrm{E}(X_1|x_3,\ldots,x_p) = \int x_1 dF(x_1|x_3,\ldots,x_p)$$

である．この条件付き期待値の $x_3,\ldots,x_p$ を確率変数 $X_3,\ldots,X_p$ で置き換えた $\mathrm{E}(X_1|X_3,\ldots,X_p)$ も（確率変数としての）条件付き期待値と呼ばれる．この条件付き期待値は $X_3,\ldots,X_p$ の関数ではあるが，一般的には簡単な形に書けるとは限らない．しかし，第 10 章で説明するように，多変量正規分布を仮定すれば，$\mathrm{E}(X_1|X_3,\ldots,X_p) = \alpha_0 + \alpha_3 X_3 + \cdots + \alpha_p X_p$ のように $X_3,\ldots,X_p$ の線形関数となる．これが，多変量正規分布の仮定のもとでは，条件付き相関と偏相関が等しくなる理由である．

条件付き独立性にもとづいて変量の関連性を視覚表現する方法に，**グラフィカル表現** (graphical representation) がある [31, 34]．この表現では変量を頂点に取り，それら頂点を辺で結んだグラフで変量間の関連性を表現する．ただし，2 頂点を結ぶかどうかを，条件付き独立性かどうかで定めている．つまり，条件付き独立な変量同士は辺で結ばず，それ以外は結んでできるグラフである．

実際には，変量の値がすべて連続値の場合には，条件付き独立性を標本偏相関係数が 0 に近いかどうかで判断していることが多い．たとえば，5 指の長さのデータをグラフィカル表現すると，図 9.4 のようになる．[13]

```
> library(bnlearn)
> plot(gs(Finger))
```

図 9.4 を見ると，確かに偏相関が小さい変量同士は結ばれず，偏相関が高い変量同士だけが結ばれており，変量間の関連性がわかりやすく表示されている．

問題 9.3.3 図 9.4 の辺の太さを，偏相関の大きさに比例するように描いてみるとよい．関連性が，よりはっきり見えてくるに違いない．

このグラフィカル表現は，条件付き独立性を辺に向きがない**無向グラフ** (undirected graph) によって表現したものであるが，辺に向きがある**有向グラフ** (directed graph) [14] による表現もある．この場合は，頂点を矢印（有向辺）で結

[13] gs(){bnlearn}
ただし，データ型が整数だとエラーとなるので，そのようなときは numeric 型に直しておく必要がある．

[14] 有向グラフでは，ある頂点の祖先は，その頂点に矢印で結ばれているすべての頂点，親は直接その頂点に矢印で結ばれているすべての頂点を指す．

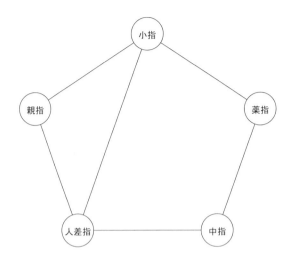

図 9.4 5 指の長さのグラフィカル表現

ぶかどうかを条件付き独立性で定めるのではなく，各頂点（変量）について，祖先の値を条件とする条件付き確率が親の値だけで定まる，いわゆる**マルコフ性** (Markov property) を持つ有向グラフになるように結ばれる．特に非循環型の有向グラフの場合は**ベイジアンネットワーク** (Bayesian network) [15] と呼ばれ，特に離散値をとる変量の場合によく利用されるグラフィカル表現である．

[15] ベイジアンネットワークと呼ばれる理由は，このネットワークでの様々な条件付き確率を求めるのに，**ベイズの公式** (Bayes formula) が役立つからである．ちなみに，ベイズの公式をベイズの定理と呼ぶ人もいるが，これは定理というほどのものではなく簡単な公式にすぎないので，名前に惑わされないようにしてほしい．

ベイズの公式

ベイズの公式は，条件付き確率の「条件と結果の役割を交換」する公式で，高校での事象の確率の形で書けば，事象 A と B に関する条件付き確率の

$$P(A|B) = \frac{P(B|A)P(A)}{P(B)}$$

のような書き換えにすぎない．さらに $A_i, i = 1, 2, \ldots, m,$ が排反で和が全事象となるなら，

$$P(A_i|B) = \frac{P(B|A_i)P(A_i)}{\sum_{j=1}^{m} P(B|A_j)P(A_j)}$$

のように，条件付き確率は事象 B を条件から結果に移した条件付き確率と，事象 $A_i, i = 1, 2, \ldots, m,$ に関する確率だけで書き表せる．

第10章 確率モデル

　本章では，確率というレンズを通してデータを眺め，現象をモデル化するのに，**確率モデル** (stochastic model)[1] がどのように役立つか，地震データと株価データを主な例として，その役割を説明する．この2種類のデータは，まったく異なる性格のデータでありながら，同じようなアプローチで，その裏に潜む現象を記述できる．これが確率モデルの持つ汎用性である．さらに，第6章で紹介した，真鯛放流捕獲データの確率モデルのさらなる高度化，呼吸量心拍データの心拍間隔の分布の検討なども行う．

[1] ここでいう確率モデルは，確率が本質的な役割を果たすような現象に対するモデルである．第8章の回帰モデルの誤差項に対する，正規分布のような便宜的な確率モデルとは意味も役割も異なる．

10.1 地震データ

　日本は地震国であり，いつ大きな地震に襲われるかわからない．いつ起きるか

図 10.1　2011年12月3日気仙沼にて（著者撮影）

予測できたらどんなに助かるか，国民すべてに共通な願いであろう．残念ながら天気予報に匹敵するような精度での予測はまだできないが，それでも気象庁や大学，研究所を中心として精力的な観測と研究が続けられている．ここでは，デー

タを確率というレンズを通して眺める一つの例として，気象庁の Web ページから，2011 年 3 月 11 日に起きた東北地方太平洋沖地震の前後の，地震データをダウンロードして解析してみよう．

地震データといっても多種多様であり，各地の震度の記録から震源から地震波が広がっていく様子を微分方程式モデルで表すためのデータまである．ここで扱うのは，その中でも最も基本的な，地震の発生時刻，位置，深さ，マグニチュードなどからなるデータである．しかし，地震発生直後は容易に入手できたデータも，時が立つにつれ，まとまった形では入手しにくくなっている．[2]

```
http://www.data.jma.go.jp/svd/eqdb/data/shindo/
```

そこで，すでに R のデータフレームとして保存されているデータを用いて解析する．

```
> names(Quake.d)
 [1] "Year"      "Month"     "Day"       "Hour"      "Minute"
 [6] "Second"    "Latitude"  "Longitude" "Depth"     "Magnitude"
```

まず，年月日時分秒を通日に直す必要がある．関数 attach で，データフレーム Quake.d を検索リストにのせ，各要素に自由にアクセスできるようにすれば，次のようにして（小数点以下もある）通日が簡単に求まる．

```
> attach(Quake.d)
> day=((Second/60+Minute)/60+Hour)/24+Day+(Month==4)*31
```

ただし，この記録が 3 月と 4 月だけの記録であることを利用した，2011 年 3 月 1 日 0:00 を原点とする通日の簡単な計算である．

起きた地震の**マグニチュード** (magnitude) の時間的な推移を眺めてみると，

```
> plot(day, Magnitude)
```

図 10.2 が得られる．この図は横軸に通算日，縦軸にマグニチュードをとった散布図である．3 月 11 日の大地震がどれであるかは，すぐおわかりになることであろう．また，この記録が 3 月 10 日から 4 月 30 日までの地震に限られていることもわかる．しかし，3 月 10 日にはそれほど頻発していなかった地震が，この地震を境にかなり頻発するようになったことも窺われる．

10.1.1 マグニチュードの分布

Gutenberg と Richter が 1941 年に発表した **Gutenberg-Richter 則** (Gutenberg-Richter law) と呼ばれる法則がある．ある期間に発生した地震のうち，ある程度大きなマグニチュード $x \geq x_0$ に関しては

$$\log_{10} \#(X > x) = a - bx \tag{10.1}$$

---

[2] この Web ページからは，まとまった形のファイルとしては，ダウンロードできない．表示画面を表計算ソフトなどにコピーし，内容を整えるといった地道な作業が必要になる．ここで用いるデータは，熊坂秋彦君が 2012 年にこのような作業で作成した CSV ファイルをもとにしている．その時は，今よりさらに手間のかかる形式だった．

Quake.d{DSC}

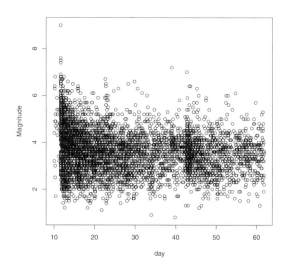

図 10.2 2011 年 3 月 10 日から 4 月にかけて日本全国で起きた地震のマグニチュード

が成り立つというものである.ただし,X はマグニチュードを表す変量,$\#(X > x)$ は記録されたマグニチュードが x より大きな地震の数である.

もちろん,この法則は経験的に導かれた法則であるが,これを確率論の言葉で抽象化すれば次のようになる.

$$\log_{10} P(X > x) = b(x_0 - x), \quad x \geq x_0. \tag{10.2}$$

分布関数 $F(x) = P(X \leq x)$ を用いれば,式 (10.2) は

$$\log(1 - F(x)) = \lambda(x_0 - x)$$

と書き換えられる.ただし $\lambda = b\log 10$ と置いている.したがって,確率密度関数は

$$f(x) = \lambda e^{-\lambda(x - x_0)}, \quad x \geq x_0 \tag{10.3}$$

のように指数関数となる.

この Gutenberg-Richter 則は発見的に導かれた法則であるが,その後,さまざまな形での説明も行われている.その代表的なものが確率的フラクタルとしての説明であり,脆性破壊としての説明である.

ユリウス日

ある日を起点として数えた日数を通日(cumulative days) というが，**ユリウス日** (Julian day) はその一つで，天文学などで標準的に用いられている通日である [29, 52]．1583 年に Joseph Scaliger によって考え出され，西暦紀元前 4713 年 1 月 1 日正午 (世界時, Universal Time) を 0 として起算した日数と定義されている．なお，ユリウスという名前は Scaliger の父の名前にちなんだもので，ユリウス暦の Julius Caesar とは関係がないとされている．

ユリウス日と西暦の間の変換はそう簡単ではない．1 年が 365.24219878... 日であることをどう処理するかについての歴史的な不整合と，西暦 0 年が存在しないことによる．1 年を 365 日としたのでは余りが生じることは古くから認識され，エジプト暦ではすでに紀元前 238 年に 4 年に 1 回のうるう年を導入したが定着せず，ローマ暦ではようやく紀元前 46 年になって 4 年に 1 回のうるう年を導入した．しかしこれでも長年の間には暦の 1 年と地球の公転周期の間にずれが生じ，「復活祭は春分の日以降の満月の次の日曜日に行う」という原則を維持することが困難になったため，ローマ法王グレゴリウス 13 世は 1582 年 2 月 24 日の教書で 10 月 4 日の翌日を 15 日とし，それ以降 400 年に 3 回うるう年を省く，つまり 400 で割り切れる年はうるう年とするがそれ以外で 100 で割り切れる年はうるう年としないことにした．すでにこの時点で 10 日のずれが生じていた．[3]

この方式のグレゴリオ暦がいまでも用いられている西暦であるが，西暦とユリウス日の間の変換を行うときにはこの 10 日のギャップを考慮する必要がある．もう一つの問題は，歴史的に紀元 0 年が存在せず，紀元前 1 年の次は紀元 1 年である．さらに，0 年はうるう年の対象年であることも考慮する必要がある．

[3) グレゴリウス 13 世の威光はイギリスまでは届かず 1752 年まで実施されなかった．そこでイギリスの暦ではこの年に 9 月 2 日の翌日を 14 日にしてずれを解消している．結局さらに 1 日余分にずらす必要が生じた．「グリニッチ標準時」も世界時の通称としていまでも用いられることがある．]

問題 10.1.1 指数分布の期待値 $E(X)$ と分散 $Var(X)$ を定義に従って求めなさい．

確率的フラクタルとフラクタル次元

フラクタル (fractal) は自己相似性のことであり，微視化しても巨視化しても同じように見える形状をいう．地震は地中のある部分が破壊することによって起きる現象であるが，その破壊された部分を表す基本的な量の確率密度関数 $f(x)$ の形状がフラクタルであると仮定すれば，(10.2) は説明できる．

> **── 確率的フラクタル ──**
>
> **確率的フラクタル** (stochastic fractal) は，確率密度関数 $f(x)$, $x \geq x_0$ が
> $$f(cx) = g(c)f(x)$$
> を任意の正数 $c > 0$ について満たすときをいう．つまり，尺度を変換しても確率密度関数の形状が変化しない場合に確率的フラクタルと呼ばれる．これは
> $$\frac{f(cx) - f(x)}{f(x)(c-1)x} = \frac{g(c)-1}{c-1}\frac{1}{x}$$
> が成立することと同等で，さらに $f(x)$ も $g(c)$ も微分可能で導関数 $f'(x)$, $g'(c)$ を持つと仮定し，c を 1 に近づければ
> $$\frac{f'(x)}{f(x)} = \frac{g'(1)}{x}$$
> を得るが，この微分方程式の解は
> $$f(x) = \alpha x^{g'(1)}$$
> の形の関数，つまりベキ乗関数になる．また，$f(x)$ が確率密度関数になる，つまり
> $$\int_{x_0}^{\infty} f(x)dx = 1$$
> を満たすためには，$g'(1) < -1$ でなければならないこともわかる．この確率密度関数から，確率変数 X の上側確率がある $d > 0$ で
> $$\mathrm{P}(X > x) = \left(\frac{x}{x_0}\right)^{-d}, \quad x \geq x_0$$
> と表現できるとき，確率的フラクタル性を持つことになる．このとき d は**フラクタル次元** (fractal dimension) と呼ばれる．

まず，地震が放出するエネルギー E(ジュール) とマグニチュード M [4] との関係を確認しておく．
$$\log_{10} E = 4.8 + 1.5M \tag{10.4}$$
このような関係を持つ理由は，マグニチュードが地震計の針の振れ幅にもとづいて定義されたものであったため，地震の放出するエネルギーが正確に算出できるようになってからマグニチュードとの関係を割り出したため，半端な係数と

[4] ここではマグニチュードを M で表している．記号の使い方はいつも悩ましい．一般性をとれば X であろうが，具体性をとれば M である．

なっている．

いま話を簡単にするため，破壊現象が半径 L の球であり，放出されるエネルギー E はこの球の体積 L^3 に比例するとしよう．すると，(10.4) より

$$M = \frac{2\log L}{\log 10} + c$$

の関係が得られる．ただし c はある定数である．ここで，M の確率密度関数が (10.3) のような指数関数であることを用いれば

$$\mathrm{P}(L > l) = \left(\frac{l}{l_0}\right)^{-2\lambda/\log 10} \tag{10.5}$$

となる．つまり，L はフラクタル次元 $d = 2\lambda/\log 10$ の確率的フラクタルであることになる．ただし，l_0 はマグニチュード x_0 に対応する L の値である．

問題 10.1.2 式 (10.5) を計算で導きなさい．

ちなみに，多くの地震で d の値は 2 近辺で，たとえば南カリフォルニアの地震では平均 1.76，日本での 60km より浅い地震は 1963 年から 1974 年の平均で 1.872 である．また，火山性の地震の場合は 3 から 4 といった高いフラクタル次元であるのに対し，伊豆半島周辺では 1.374 といった低いフラクタル次元となる [53]．d が大きくなれば (10.5) の確率は l とともに急速に減少するようになるので，火山性の地震ならばマグニチュードの大きな地震はあまり多くなく，逆に伊豆半島周辺の群発地震のようなプレートの沈み込みで引き起こされると考えられるような地震では，大きなマグニチュードの地震も小さなマグニチュードの地震に混じっていることを示唆している．

脆性破壊 [5]

もう一つ別の立場からのアプローチとして，J.J.Gilvarry(1961) の脆性破壊の理論にもとづく説明がある [48]．この理論では，物質が脆性破壊したとき，長さ L，表面積 S，体積 V の破片ができる同時確率密度関数[6] は

$$f(l,s,v) = C\frac{1}{v}\exp\left(-(c_1 l + c_2 s + c_3 s)\right)$$

で与えられる．ただし，C, c_1, c_2, c_3 は定数である．

破壊が起きたとき，ごく小さな破片に分かれるなら，指数の肩はほとんど 0 で

$$f(l,s,v) \approx C\frac{1}{v}$$

---

[5] 物体が目にみえる変形をほとんど伴わずに突然破断することを脆性破壊と呼んでいる．

[6] 同時確率密度関数 $f(l,s,v)$ は L,S,V の同時確率分布関数 $F(l,s,v)$ の導関数 $\frac{\partial^3}{\partial l \partial s \partial v}F(l,s,v)$ である．

のような近似が成立する．このようなごく小さな破片なら，その体積 v は l^3 に比例すると考えられるので，長さ L の破片が生まれる確率は確率密度関数

$$f(l) = Cl^{-3}$$

でモデル化される．これから

$$P(L > l) = \int_l^\infty Cl^{-3} dl = \frac{C}{2} l^{-2}$$

が得られる．つまり L がフラクタル次元 2 の確率的フラクタルであることになる．近似の精度次第で，このフラクタル次元も 2 を上下すると考えられる．

マグニチュードの分布の検証

さて，実際にこの法則が成り立っているかどうか確かめるにはどうしたらよいだろうか．2.2 節で紹介したヒストグラムを用いるのが一つの方法であるが，ヒストグラムでは細かい凹凸に邪魔され微妙な判断を強いられることになる．そこで，すでに分布として想定されるものが存在するならば，分布関数をベースにしてデータと照合することが考えられる．つまりモデルとして想定された分布関数と，データから導かれる分布関数である経験分布関数を比較する方法である．

── 経験分布関数 ──

経験分布関数 (empirical distribution function)[7] はデータから導かれる確率分布関数で，データ $X_1, X_2, \ldots, X_n$ に対し

$$F_n(x) = \frac{1}{n} \sum_{i=1}^n I_{(X_i \leq x)}$$

で定義される．ただし $I_{(X_i \leq x)}$ は X_i が x 以下ならば 1，そうでなければ 0 をとる x の指示関数である．なお

$$F_n(x) = \#(X_i \leq x)/n$$

と書き換えれば，$F_n(x)$ は x 以下の観測値の相対度数（累積相対度数）と理解することもできる．次に述べる大数の法則で，$X_1, X_2, \ldots, X_n$ が独立で，同分布 $F(x)$ に従えば，n が増加するにつれ $F_n(x)$ は関数として $F(x)$ に収束することが保証されている．

---

[7] 英語の empirical には「科学的方法や理論を用いず経験・観察だけに頼る，やぶ医者的な」という意味もある（小学館『ランダムハウス英和大辞典』）が，「経験・観察をおろそかにして，科学的方法や理論を振り回す，頭でっかちな医者」も困りものである．

`ecdf()`

> **― 大数の法則 ―**
>
> 硬貨投げを繰り返せば，表の出る割合は一定値に近づくに違いないという直観を定式化し一般化したのが**大数の法則** (law of large numbers) である．数式を用いて述べるなら，独立な確率変数 $X_1, X_2, \ldots, X_n$ が同一の分布 $F(x)$ に従うならば，算術平均
>
> $$\bar{X} = \frac{1}{n} \sum_{i=1}^{n} X_i$$
>
> は，n が増大するとともに期待値 $\mathrm{E}(X)$ に収束する，ことを保証するのが大数の法則である．経験分布関数の場合，$\mathrm{I}_{(X_i \leq x)}$, $i = 1, 2, \ldots, n$, が独立同一分布に従うので，この大数の法則から，経験分布関数 $F_n(x)$ は分布関数 $\mathrm{E}(\mathrm{I}_{(X_i \leq x)}) = F(x)$ に収束することがわかる．

ただし，確率分布関数と経験分布関数を直接比較するのは容易でない．たとえば，いまのマグニチュードの分布の場合でいえば，曲線とジャンプばかりの階段関数の比較になるからである．そこで，もうすこし目で簡単に比較できるように，変換した上で比較する方法が P-P プロットあるいは Q-Q プロットと呼ばれる視覚表現である．

P-P プロット (probability-probability plot) は座標が

$$(F(X_i), F_n(X_i)), \quad i = 1, 2, \ldots, n$$

の n 点を，単位平面の上に置いたプロットであり，$X_1, X_2, \ldots, X_n$ を大きさの順に並べたものを $X_{(1)} \leq X_{(2)} \leq \cdots \leq X_{(n)}$ で表せば，n 点

$$(F(X_{(i)}), i/n), \quad i = 1, 2, \ldots, n$$

のプロットといってもよい．

先に述べたように，n が増加するにつれ $F_n(x)$ は $F(x)$ に収束するので，P-P プロットの n 点は原点を通る 45 度の直線上に乗ってくるはずである．このことを利用すれば，P-P プロットで点が原点を通る 45 度の直線に近いところに集まっているかどうかで，理論分布 $F(x)$ をデータに照らし合わせて検証することができる．P-P プロットは同分布でない場合にも拡張できる．

一方，発想を変えて n 個の確率 $0 < p_1 < p_2 < \cdots < p_n < 1$ を選び，経験分布と理論分布の**確率点**のペアで定まる座標

$$(F^{-1}(p_i), F_n^{-1}(p_i)), \quad i = 1, 2, \ldots, n$$

を持つ n 点を平面上にプロットしたものが **Q-Q プロット** (quantile-quantile plot) である．ただし，ここで確率 p に対する確率点は $F^{-1}(p) = \inf\{x \mid F(x) \geq p\}$ で定まる値である．[8)]

8) 値 $F^{-1}(1/2)$ は**中央値**と呼ばれる．

P-P プロットと同じように，$F_n(x)$ が $F(x)$ に収束することに注意すれば，n 個の点が 45 度の直線に近いところに集まっているかどうかで理論分布 $F(x)$ の検証ができる．ただし，n 個の確率 $0 < p_1 < p_2 < \cdots < p_n < 1$ の選び方には自由度がある．たとえば R の関数 ppoints で得られるのは

$$p_i = \frac{i-a}{n+1-2a}, \quad i = 1, 2, \ldots, n$$

である．

ppoints()

― p 値[9)] ―

p 値 (p-value) は「注目する変量がある値（閾値）以上の値をとる確率」つまり，x を閾値としたとき，上側確率 $p = \mathrm{P}(X \geq x)$ が p 値である．[10)] 変量の値の大小を，確率の大小で置き換えて判断するための一つの方法である．P-P プロットでは，上側確率ではなく下側確率で理論分布と経験分布の比較をしているが考え方は同じである．p 値が小さければ x は比較的出現しにくい値，つまり想定している分布のもとでは大きすぎる値と考えらえるので，**統計的仮設検定** (statistical hypothesis testing) では，この p 値を目安に，たとえば p 値が 0.05 より小さければ仮設を棄却するといった判断がなされる．いきなり棄却か採択かといった判断をするより，p 値のほうが判断の自由度は高いが，それでも統計的仮設検定の危うさは逃れられない．品質管理や薬効検定といった場面で，一つの制度として統計的仮設検定を用いる有用性は否定しないが，6.5 節の囲み記事「統計学とデータサイエンス」でも述べたように，形式的に p 値に頼りすぎるのは，むしろ弊害のほうが大きい [35]．p 値さえ求めればよいとなると，「データから新たな価値を創出する」という本来の目的とは無関係な形式的な処理で終わってしまう恐れ大だからである．実際このような隘路に陥ってしまっている学術論文は至る所に存在する．読者には，ぜひ，これを反面教師としていただきたい．

9) 目に余る p 値至上主義（パラノイア）に一石を投じるため，p 値や仮設検定が含まれるような論文は掲載しないという決定をした学術雑誌もある [49]．このような動きがあることは，2015 年度の統計関連学会連合大会での柴田義貞氏の講演で初めて知った．また，ここであえて「仮説」ではなく「仮設」としているのも，仮設検定で確かめられるのは「仮説が正しいか」といった大げさなことではなく，あくまでも「仮に設定したことがデータと矛盾しないかどうか」を確かめる程度のことであるからである．ちなみに，河田龍夫・国沢清典著『現代統計学』（廣川書店）では一貫して「仮設」を用いている．

10) 場合によっては，$p = \mathrm{P}(X \leq x)$ あるいは $p = \mathrm{P}(|X| \geq x)$ を p 値と呼ぶこともある．

ただし，a の省略時の値は $n \leq 10$ なら $3/8$，$n > 10$ なら $1/2$ である．$0 \leq a \leq 1/2$ である限り

$$\frac{i-1}{n} < p_i \leq \frac{i}{n}, \quad i = 1, 2, \ldots, n \tag{10.6}$$

となるので，分布関数の右連続性から $X_{(i)} = F_n^{-1}(p_i), i = 1, 2 \ldots, n,$ である．

> **― 実現幅と信頼区間 ―**
>
> 第 6 章での真鯛放流捕獲実験データで外れ値かどうか判断するために用いた，確率変数 X の確率 p の**実現幅** (realizable band) は，X の値がその区間に入る確率が p になるように定めた区間のことである．たとえば，区間の左に外れる確率と右に外れる確率を等しく取るならば，確率 $(1-p)/2$ の確率点から確率 $(1+p)/2$ の確率点までの区間が実現幅となる．これに対し，**信頼区間** (confidence interval) は，パラメータの推定量[11]の実現幅を，未知パラメータの値を中心とする区間に書き換えたもので，パラメータの値がどの程度の範囲に収まるかを示している．

[11] データから推定値を求める関数のことを推定量と呼んでいる．

P-P プロットと Q-Q プロットは，確率軸の単位平面上にプロットするか，変量の値の非線形軸を持つ平面上にプロットするかだけの違いに見えるが，Q-Q プロットの利点の一つは，分布に位置，尺度の違いがあっても直線性に変わりがないことにある．つまり，理論分布 F がある確率分布関数 G から，$F(x) = G\left(\frac{x-\mu}{\sigma}\right)$ のように定まっているとき，Q-Q プロットは

$$\left(\sigma G^{-1}(p_i) + \mu,\ F_n^{-1}(p_i)\right),\quad i = 1, 2, \ldots, n$$

の n 点であるが，ある μ, σ に関して直線性が成り立てば任意の μ, σ に関しても直線性が成り立つ．したがって，たとえば $\mu = 0, \sigma = 1$ の場合をチェックすれば済むことになる．パラメータ μ, σ の値が未知であっても一向に構わない．

このように，Q-Q プロットのほうがデータの様子を直接確かめることができるので便利である．ただし，軸の取り方を逆にしたプロットの場合もあるので，その点は注意が必要である．[12]

[12] 昔は正規分布に従うかどうかを判断するための正規確率紙と呼ばれるグラフ用紙が売られていたが，これは Q-Q プロットを描くための用紙に他ならない．

> **― 成績の比較 ―**
>
> Q-Q プロットは，二つのクラスのどちらの成績が上かを調べるのにも用いられる．簡単のためクラスの生徒数は等しいとし，$X_i, i = 1, 2, \ldots, n$, と $Y_i, i = 1, 2, \ldots, n$, をそれぞれクラス 1，クラス 2 の生徒の成績とすれば，確率を (10.6) のように選んだとき Q-Q プロットは点 $(X_{(i)}, Y_{(i)}), i = 1, 2, \ldots, n$, の散布図となるが，これらの点が原点を通る 45°の直線より上にあれば，全体的にクラス 2 のほうが成績が良く，逆に下にあれば，全体的にクラス 1 のほうが成績が良いことになる．

Q-Q プロットによる分布の検証

さて，マグニチュードの分布に戻り，2011 年 3 月から 4 月にかけて起きた地震のマグニチュードについて Gutenberg-Richter 則がどれだけ成立するのか確かめてみよう．式 (10.3) のような確率密度関数を持つ分布は，**指数分布** (exponential distribution) と呼ばれ，$\mathrm{Ex}(1/\lambda)$ で表されることが多い．確率分布関数は $F(x) = 1 - \exp(-\lambda(x-x_0))$ となるので，Q-Q プロットは

pexp()

$$\left(-\log(1-p_i)/\lambda + x_0, X_{(i)}\right), \quad i = 1, 2, \ldots, n$$

で定まる n 点の散布図である．

$F_0(x) = 1 - \exp(-x)$ とすれば，いま考えている確率分布関数は

$$F(x) = F_0\left(\lambda(x-x_0)\right)$$

のように位置 x_0 と尺度 $1/\lambda$ のパラメータで定まる分布であるので，パラメータの値が未知でも，$x_0 = 0, \lambda = 1$ の $F_0(x)$ に対する直線性を確かめるだけよい．つまり，

$$\left(-\log(1-p_i), X_{(i)}\right), \quad i = 1, 2, \ldots, n$$

の散布図を描けばよい．[13] とりあえず，

```
> QQexp(Magnitude)
```

によって，指数分布を対照分布とする，指数 Q-Q プロットを描いてみると図 10.3 のようになる．

[13] これはちょうど Gutenberg と Richter が法則を発見するのに用いた方法 (10.1) の現代版になっている．
QQexp(){DSC}

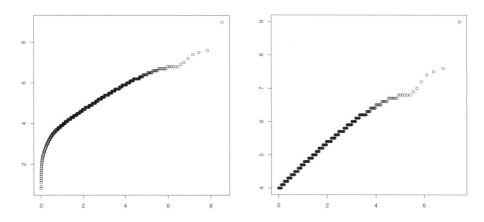

図 10.3 マグニチュードの指数 Q-Q プロット

図 10.4 マグニチュード 4 以上に限ったときの指数 Q-Q プロット

困ったことに，まったく直線の上には乗っていない．これは，「Gutenberg-Richter 則は，マグニチュードがある程度大きな地震に関してなりたつ」という注意を無視したのが一つの原因である．[14] したがって，この法則を確かめるには，x_0 をうまく選ぶ必要がある．言い換えれば，ある値より小さなマグニチュードの地震は無視することになる．幸いにして，このような**切断** (truncation) の操作をしても，指数分布であることに変わりがない．

[14) なぜ，小さな地震には Gutenberg-Richter 則がなりたたないのか，さまざまな理由があるが，一つは小さな地震は地表近くで起きることが多く，メカニズムが異なるからであり，もう一つは小さな地震のマグニチュードのすべてが正確に記録されているわけではないからである．]

問題 10.1.3 一般的に，確率分布を x_0 から x_1 の範囲に切断しても，確率密度関数の形は変わらない．切断後の確率密度関数は

$$\frac{f(x)}{F(x_1) - F(x_0)}, \quad x_0 < x \leq x_1$$

となることを確かめなさい．

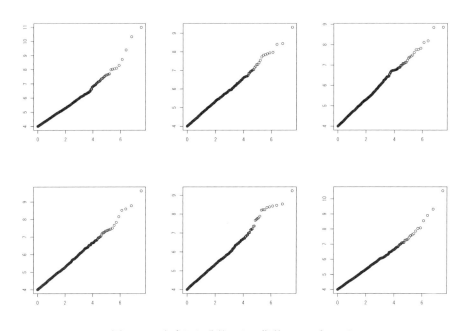

図 10.5 生成した乱数による指数 Q-Q プロット

このマグニチュードデータについて切断の操作をして，指数分布に従っているかどうかを確かめてみたのが，図 10.4 である．[15]

[15) マグニチュードを 4 で切断したのは，単に図 10.3 の縦軸の 4 で切断すれば直線性が期待できそうだからである．]

```
> x=Magnitude[Magnitude>=4]
> QQexp(x)
```

確かに，図 10.3 よりも直線性はずいぶん改善されたが，こんどはマグニチュード 6.5 ぐらいから外れる点が気になってくる．そこで，このデータと同じ個数の**乱数** (random number) の生成実験を 6 回おこなってみると，

```
> m=mean(x)
> par(mfrow=c(2,3))
> for(i in 1:6)
+ QQexp((rexp(length(x), 1/(m-4))+4 ))
```

図 10.5 のようになり，図 10.4 と同じようなことが，この 6 回のほとんどで起きている．ただし，パラメータ λ は式 (10.3) のような確率密度関数を持つ指数分布の期待値が $1/\lambda + x_0$ であることを利用してデータの平均値から求めている．なお，図 10.4 と少し見かけが違うのは，もとのデータが 0.1 刻みであったのに対し，乱数は連続的な値をとるからでもある．

図 10.4 のように，Q-Q プロットの直線性が右のほうで崩れ，下へ落ち込んでいれば，理論分布に照らし合わせたとき，そのあたりで値が小さめに出現したことにはなるが，この乱数実験からもわかるように，値が疎な部分では，すぐこのような結論を出すわけにはいかない．そこには，分布の裾の重さが絡んでくる．

囲み記事からもわかるように，指数分布は裾が軽い分布と裾が重い分布の境に位置する．したがって，正規分布のように裾の軽い分布なら，裾の確率が急速に減少するので，Q-Q プロットの裾で点が少なくなっても，直線性からのずれも目立たないが，指数分布の場合は，裾の確率はそれほど急に減少しないので，Q-Q プロットの裾を十分ではない数の点で表現することになり，直線性からのずれも大きく見える．もちろん，これは Q-Q プロットが確率点の比較をしているためであり，P-P プロットで確率分布関数と経験分布関数の比較をするなら，このような微妙な問題からは自由になる．ただし，今度はマグニチュードが 0.1 間隔であることが目立ってくるので，指数分布を離散化して比較することが必要になる．

PPexp{DSC}

問題 10.1.4 期間や地域を限って，マグニチュードの Q-Q プロットがどのように変化するか調べてみなさい．

さて，フラクタル次元も求めておこう．

```
> 2/(log(10)*(m-4))
[1] 1.312278
```

フラクタル次元約 1.312 は，先に述べた，数年間にわたる日本全国の平均よりも低く，伊豆半島周辺の地震のフラクタル次元 1.374 に近い．東北地方太平洋沖地震の起きた後の 2 か月間であることを考えれば当然であろう．

―― 分布の裾 ――

分布の**裾** (tail) に関しては，すでに第 I 部の 3.4.2 節で取り上げたが，確率の言葉で述べれば，ある値 x より大きな値が出現する確率 $\mathrm{P}(X>x)$ が，分布の裾の確率である．これが x とともにどのように変化するかで，裾の重さを区分することができる．極値理論と関連した，裾の重さの区分として次のようなものがある．

$$\text{任意の } \alpha > 0 \text{ について} \quad \lim_{x\to\infty} \mathrm{e}^{\alpha x}\mathrm{P}(X>x) = \infty$$

のとき**裾が重い** (heavy tail) という．指数分布が，ちょうど重いか軽いかの境目に位置している．パラメータ λ の指数分布に対し，$\alpha > \lambda$ ならば上の式の左辺は発散するが，$\alpha < \lambda$ ならば 0 に収束するからである．指数分布の裾は重いとまでは言えないが，軽いとも言えないといった位置づけになる．裾が重い分布のうちでも

$$\text{任意の } \alpha > 0 \text{ について} \quad \lim_{x\to\infty} x^{\alpha}\mathrm{P}(X>x) = \infty$$

が成り立つとき，**裾が厚い** (fat tail) 分布という．正規分布はいずれにも該当せず，裾が軽く薄い分布である．裾が長いかどうかは

$$\text{任意の } t > 0 \text{ に対して} \quad \lim_{x\to\infty} \frac{\mathrm{P}(X > x+t)}{\mathrm{P}(X>x)} = 1$$

で判断される．これが成り立つときが，**裾が長い** (long tail) 分布である．注目する値を x から $x+t$ に移しても確率がほとんど変化しない，つまり，いくら大きい x を考えても，ほぼ同じような大きさの確率が残っているので，裾が長い分布と呼ぶ．この意味では，正規分布や指数分布は裾の長い分布ではない．確率分布関数 $F(x)$ の密度 $f(x)$ が存在すれば，ロピタルの定理から，裾が長い条件は

$$\text{任意の } t > 0 \text{ に対して} \quad \lim_{x\to\infty} \frac{f(x+t)}{f(x)} = 1$$

と書きかえられるので，判定は容易である．コーシー分布は，裾が重いが厚くはなく，裾の長い分布の典型である．

10.1.2 地震の発生間隔の分布

地震の発生間隔の分布は,基本的には,いわゆるポアソン現象の生起間隔の確率分布として説明できる.ポアソン現象での発生時間間隔を確率変数 T で表せば,時間のずらしに関して確率法則は不変つまり**斉次性**(homogeneity)より,時間の原点はどこにとっても同じで,$N(s,t]$ を時間 s から t までの間に起きた回数とすれば,これはどんな非負整数の値もとりうる確率変数であるが,その確率は

$$P(N(s,t] = k) = \frac{(\lambda(t-s))^k}{k!} e^{-\lambda(t-s)}, \quad k = 0, 1, 2, \ldots \quad (10.7)$$

で与えられ,$N(s, s+1]$ はポアソン分布 $\mathsf{Po}(\lambda)$ に従うという.[16] したがって,

$$
\begin{aligned}
P(t < T \leq t + \Delta t) &= P(N(0,t] = 0, N(t, t+\Delta t] = 1) \\
&= P(N(0,t] = 0) P(N(t, t+\Delta t] = 1) \\
&= e^{-\lambda t} \, \lambda \Delta t \, e^{-\lambda \Delta t}
\end{aligned}
$$

が従い,両辺を Δt で割れば

$$\frac{F(t + \Delta t) - F(t)}{\Delta t} = \lambda e^{-\lambda t} e^{-\lambda \Delta t}$$

となり,Δt を 0 に近づければ T の確率密度関数 $f(t) = \lambda e^{-\lambda t}$, $t \geq 0$ が得られる.この確率密度関数は,マグニチュードの場合とまったく同じ指数分布の確率密度関数である.唯一の違いは,マグニチュードの場合は $x \geq x_0$ の範囲であったのに対し,発生間隔の場合には $t \geq 0$ の範囲であることだけである.マグニチュードと発生間隔というまったく異なる変量を考えながら,同じ分布になるのは不思議といえば不思議である.さらに,その原因も異なることも考えれば,指数分布という確率モデルのカバーする範囲の広さも窺える.

では,実際に発生間隔が指数分布に従うのかどうか確かめてみよう.**差分**をとる関数 diff を用いれば,発生時間の間隔が求まるので,その Q-Q プロットを描く.

```
> dd=diff(day)
> QQexp(dd)
```

図 10.6 がその結果で,とても指数分布するとはいえない.

[16] 式 (10.7) の確率を**ポアソン確率**(Poisson probability)と呼び,このようなポアソン現象に対する確率過程を**ポアソン過程**(Poisson process)と呼ぶ.

ポアソン現象

ポアソン現象 (Poisson phenomenon) とは，時間の流れに沿って，互いに独立に生起する確率現象で，時間の推移にかかわらず生起する確率は一定，つまり時間に関して斉次性を持つ現象である．一つの機械の故障や事故をはじめとして，いわゆるランダムに継続して起きる現象ならポアソン現象とみなせることが多い．

式 (10.7) は一見すると難しそうに見えるが，実は高校の確率の授業で必ず持ち出される硬貨投げ実験の延長上にある．時間区間 $(s, t]$ を n 等分して各小区間で 1 回硬貨投げをしたと考え，最終的に表の出た回数を確率変数 N で表せば，その確率は

$$P(N = k) = \binom{n}{k} p^k (1-p)^{n-k}$$

のように **2 項確率** (binomial probability) で表せることは，よくご存じのとおりである．ただし，

$$\binom{n}{k} = \frac{n!}{k!(n-k)!}$$

は **2 項係数** [17] である．ポアソン現象は，時間区間を限りなく細分化していったときの，硬貨投げ実験の極限と考えればよい．

ポアソン現象のもう一つの重要な仮定が，微小な時間区間では高々 1 回しか生起しないである．この仮定から，時間区間をさらに細分したとき，そのうちのいずれかの区間でしか起きない．したがって，細分した各区間での生起する確率の和は，もとの微小区間で生起する確率と一致しなければならない．このことから，上の硬貨投げでの表の出る確率 p は一定ではなく，ある比例定数 λ で $p = \lambda(t-s)/n$ と書ける関係を保ちながら変化させる必要があることになる．あとは，n を無限大に持っていけば，式 (10.7) が得られる．なお，パラメータ λ はこのポアソン現象の**強度** (intensity) と呼ばれる．

このポアソン現象のモデルは，先に説明した大数の法則に対して**小数法則** (law of small numbers) と呼ばれることが多い．硬貨投げの各回の試行に対し，表が出たら 1，裏が出たら 0 となる確率変数を $N_i, i = 1, 2, \ldots, n$，とすれば，N は，大数の法則と同じように，独立で同分布する確率変数の和

$$N = N_1 + N_2 + \cdots + N_n$$

である．大数の法則では，和を構成する各確率変数の分布は変化しないため，n で割らない限り，N は一定の値に収束しないが，このモデルでは，各 N_i が 1 を取る確率が n とともに減少するので，N の値はそのままで一定の分布に留まる．これが小数法則の名前の由来である．

---

[17] 高校では 2 項係数を $_nC_k$ で表すことが多いが，n や k が複雑な式になった場合には書ききれなかったり混乱することが多いのでこの記号を用いないほうがよい．ちなみにロシアでは同じ値を $_kC_n$ で表すといった混乱も起きている．

問題 10.1.5 硬貨投げ実験での，表の出る確率 p を $p = \lambda(t-s)/n$ の関係で変化させながら，n を極限に発散させれば

$$\lim_{n\to\infty} P(N = k) = \frac{(\lambda(t-s))^k}{k!} e^{-\lambda(t-s)}, \quad k = 0, 1, 2, \ldots$$

が得られることを示しなさい．

```
dpois()
dexp()
```

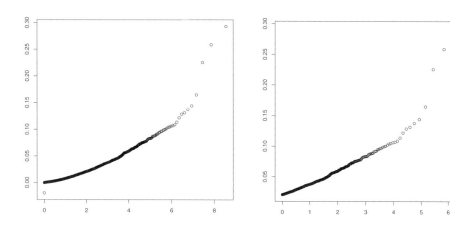

図 10.6 地震の発生間隔の指数 Q-Q プロット　**図 10.7** 地震の発生間隔 30 分以上の指数 Q-Q プロット

しかし，この図をよく見ると，時間間隔が負の場合があることがわかる．調べてみると，もとの記録の順序が時間の順序になっていない箇所が 2 箇所ほどあることが判明する．そこで，その順序をただすとともに，30 分以下の時間間隔を無視すれば，

```
> ddd=diff(sort(day))
> QQexp(ddd)
> QQexp(ddd[ddd>=1/48])
```

から，図 10.7 が得られる．これで，ずいぶん直線性は改善されたが，さらに，間隔の極端に長い 3 ケースを除外すれば

```
> QQexp( ddd[ddd>=1/48 & ddd< 5/24] )
```

図 10.8 のようにほぼ完ぺきに指数分布に従うことが確かめられる．

ちなみに，これら極端に長い沈黙期間は 3 月 10 日から 3 月 11 日に集中している．具体的には，3 月 10 日の 10:20 から 16:32 まで，3 月 10 日の 20:29 から 3 月 11 日の 01:54 までの沈黙，そして，3 月 11 日の 07:44 からの長い沈黙である．それを破ったのが，例の 14:46 のマグニチュード 9 の 3.11 大地震である．[18]

[18] 長い沈黙期間が何を意味するのか，簡単には判断できない．単に，3.11 地震が起きる前は，この程度の間隔であったのかもしれない．読者自身で確かめていただきたい．地震直後は記録の整理が間に合わず，すべての地震が記録に残されているとは限らないという気象庁の注釈も考慮する必要がある．

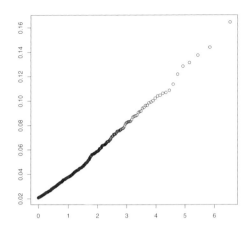

図 10.8 地震の発生間隔の最終的な指数 Q-Q プロット

━━ 非斉次ポアソン現象 ━━

ポアソン現象の斉次性が成り立たないときには，
$$\lambda(t) = \lim_{\Delta t \to 0} \frac{P(N(t, t+\Delta t] = 1)}{\Delta t}$$
のように，強度 $\lambda(t)$ が時間とともに変化する**非斉次ポアソン過程** (inhomogeneous Poisson process) をモデルとするのが一つである．$\lambda(t)$ としては様々な関数形が考えられるが，$\lambda(t) = \alpha \exp(\beta t)$ の形が使いやすい．

問題 10.1.6 非斉次ポアソン過程に対しては，
$$P(N(s,t] = 0) = \exp\left(-\int_s^t \lambda(s)ds\right)$$
となることを示しなさい．

ヒント：時間区間 $(s,t]$ を n 等分したとき，ここで一度も生起しない確率は
$$\prod_{i=1}^{n}\left(1 - \frac{t-s}{n}\lambda\left(s + \frac{(t-s)i}{n}\right)\right)$$
で近似できる．

10.2 真鯛放流捕獲データ

同じように**生起時刻** (occurrence time) のデータであっても，ポアソン現象でなければ，生起間隔が指数分布するとは限らない．[19] また，同時に使い始めた複

[19] 本章の最後の心拍データの例を参照されたい．

数の機械が壊れた時刻を観測したような場合は，同じ生起時刻のデータであっても，その時間間隔を考えるのは，あまり意味がない．

ここでは，第6章で取り上げた真鯛放流捕獲データのモデリングを目指して，まず，確率変数 X が人間の死亡時刻で，その確率分布関数が $F(x)$ である場合を考える．もちろん X は，必ずしも人間の死亡時刻である必要はなく，機械の故障，事故などの発生時刻でも同じである．ただし，時刻の原点を 0 にとり，$X \geq 0$ と仮定する．そうすると，x まで生きた人が，さらに t 時間を超えて生き延びる確率は

$$P(X > x+t | X > x) = \frac{1 - F(x+t)}{1 - F(x)}, \quad t \geq 0$$

である．[20] この確率を t を変数とする関数とみなしたとき，**余命分布** (life expectancy distribution) [21] と呼ばれる．

また，$t = 0$ の近傍で考えた

$$P(x < X \leq x + \Delta x | X > x)$$

は，x まで生存した直後に亡くなる確率であり，**瞬間死亡率** (instantaneous mortality rate) と呼ばれる．この Δx を 0 に近づけた極限が**ハザードレート** (hazard rate)

$$\lambda(x) = \lim_{\Delta x \to 0} \frac{P(x < X \leq x + \Delta x | X > x)}{\Delta x} = \frac{f(x)}{1 - F(x)}$$

である．[22]

このハザードレートを用いて，確率密度関数は

$$f(x) = \lambda(x) \exp\left(-\int_0^x \lambda(u) du\right)$$

のように，**生存確率** (survival probability) は

$$1 - F(x) = \exp\left(-\int_0^x \lambda(u) du\right)$$

のように表せる．[23]

したがって，$\lambda(x) \geq 0$ を定めるのと，確率分布関数 $F(x)$ を与えるのは同等であるが，$\lambda(x)$ のほうが時点 x で瞬間死亡率の極限として理解できるので，使いやすいことが多い．ちなみに，指数分布の場合はハザードレート一定 $\lambda(x) \equiv \lambda$ となる．

問題 10.2.1

$$f(x) = \lambda(x) \exp\left(-\int_0^x \lambda(u) du\right)$$

の関係を確かめなさい．

[20] この条件付き確率は，すでに分布の裾の長さの定義で現れている．

[21] 余命分布は，t の増加に伴って 1 から 0 へ単調減少する関数で，確率分布とは逆向きの定義になっている．

[22] ハザードレートは確率でも確率密度でもなく，単なる率にすぎない．

[23] $\bar{F}(x) = 1 - F(x)$ のことを生存関数 (survival function) と呼ぶこともあるが少々紛らわしい．生存分布関数 (survival distribution function) のほうがわかりやすいだろう．

信頼性工学 (reliability engineering) では，ハザードレートつまり故障率が時間とともに増加する場合を IFR (increasing failure rate)，減少する場合を DFR (decreasing failure rate) と呼んで区別している．定数つまり指数分布の場合は CFR (constant failure rate) である．

さて，真鯛の放流捕獲データに戻ろう．それぞれの真鯛が実際に捕獲されるためには，それまでその海域に留まり，生存していなければならない．そこで捕獲が起きる時点を確率変数 T_1 で，自然死や海域からの離脱が起きる時点を T_2 で表せば，時点 t から $t+dt$ の間に実際に捕獲される確率は

$$P(t < T_1 \leq t + dt, T_2 > t + dt) \tag{10.8}$$

と書ける．さらに，T_1 の確率密度関数を $f(t)$，ハザードレートを $\lambda(t)$，T_2 の確率密度関数を $g(t)$，ハザードレートを $\mu(t)$ とし，T_1 と T_2 は独立と仮定すれば，(10.8) は

$$f(t)dt \exp\left(-\int_0^{t+dt} \mu(u)du\right) = \exp\left(-\int_0^t (\lambda(u)+\mu(u))du\right)\lambda(t)dt \tag{10.9}$$

と書き換えられる．[24] したがって，8.1.4 節での，第 t 日に捕獲される確率 p_t は

$$p_t = \int_{t-1}^t \exp\left(-\int_0^s (\lambda(u)+\mu(u))du\right)\lambda(s)ds \tag{10.10}$$

となる．

ここで，第 6 章の**ケチの原理**を思い出せば，ハザードレートをもう少し限定しないと，高々 30 日の記録だけに対するモデルとしては複雑すぎることがわかる．そこで，ここではハザードレートが一定 $\lambda(t) = \lambda$，$\mu(t) = \mu$ と仮定することにする．言い換えれば，捕獲されることによるハザードレート一定，自然死や海域からの離脱のハザードレート一定を仮定することになるが，そう仮定しても決して不自然ではないだろう．こうすることで (10.10) は

$$p_t = \frac{\lambda(1-\exp(-(\lambda+\mu)))}{\lambda+\mu} \exp(-(\lambda+\mu)(t-1)) \tag{10.11}$$

のような λ と μ だけで定まる簡単な形にできる．

あとは，捕獲枚数についての確率が「表がでる確率」p_t の 2 項確率で表せることから，**対数尤度** (log likelihood) が，パラメータに依存しない定数の違いを除いて

$$l(p_1, p_2, \ldots, p_k) = \sum_{t=1}^k (n_t \log p_t + (N-n_t)\log(1-p_t))$$

---

[24] 記号 dt は無限小を表す．あえて 0 ではなく dt と表すのは，各項がどの程度の速さで極限へ収束するのか相対的評価が必要であるからである．したがって，dt より速く 0 に収束する項，たとえば dt^2 などは随時無視して構わない．式 (10.9) ではこれを使っている．

10.2 真鯛放流捕獲データ **235**

と書けるので，(10.11) と合わせることで，パラメータ λ, μ の**最尤推定** (maximum likelihood estimate) が行える．

尤度

尤度はもっともらしさの度合であるが，具体的には，データの値が出現する確率あるいは確率密度をパラメータの関数とみなしたものである．これを最大化するようなパラメータを推定値とする方法が最尤推定と呼ばれる．記録が独立に生まれると仮定すれば尤度は積の形になるので，対数をとった尤度である対数尤度のほうが扱いやすい．ちなみに，捕獲枚数はそれより以前の捕獲枚数の影響を受けるので厳密には独立ではないが，その影響はそれほど大きくないので，再びケチの原理で独立と仮定した尤度を用いている．

ただし，いまの場合，記録日数 k は 30，放流枚数 N は 40,000 である．実際に最尤推定を非線形最小化関数 nlminb を用いて求めれば次のようになる．[25]

```
> nlminb(c(0.1, 0.03), Nlkhd, n=Seabream, N=40000, lower=0)
$par
[1] 0.10035823 0.01392893
$objective
[1] 29032.53
$convergence
[1] 0
$iterations
[1] 10
$evaluations
function gradient
      20       25
$message
[1] "relative convergence (4)"
```

[25] nlminb() はパラメータの値の範囲に制限を付けられる非線形最小化関数である．また，Nlkhd(){DSC} は負号を付けた目的の対数尤度を求める関数である．

ここで，$par で表示されているのが λ, μ の推定値である．さらに，第 6 章でわかった外れ値を除いて，パラメータ推定をやり直してみると，

```
> Seabream2=Seabream[ -c(1,4,7:11, 14:15, 19, 21:22, 28:29)]
> nlminb(c(0.1, 0.03),Nlkhd, n=Seabream2, N=40000, lower=0)
$par
[1] 0.18097506 0.01320285
$objective
[1] 16055.54
$convergence
[1] 0
$iterations
[1] 14
$evaluations
```

```
      function gradient
           28        36
      $message
      [1] "relative convergence (4)"
```

のように，μ はほとんど変わらないが，λ は 1.8 倍ぐらいになる．これは，土曜日曜などの効果が捕獲によるハザードレートには大きく影響するが，自然死や海域からの離脱などによるハザードレートにはほとんど影響しないという，当然の結果である．水産資源の確保という目的には，後者のハザードレートが問題であるので，幸いにして外れ値を除去しなくても大きな影響がないことがわかる．もちろん，これは結果的にであって，過分散であるからといって 2 項分布モデルをあきらめてしまえば，このようなことすらわからなくなる恐れ大である．

10.3　株価収益率データ

時刻 t での株価を $X(t)$ としたとき，この値の変動は経済動向など大きな動きに左右される部分が多いが，その**収益率** (return rate)

$$R(t, \Delta t) = \frac{X(t+\Delta t) - X(t)}{X(t)}$$

あるいは**対数収益率** (log return rate)

$$R_L(t, \Delta t) = \log X(t+\Delta t) - \log X(t)$$

は一つの安定した分布を示すことが多い[26]．

株式に代表される金融商品は市場で頻繁に取引されており，さまざまな思惑や見通しが交錯し，その結果として価格が定まっている．したがって，10.5.2 節で説明するような中心極限定理が成り立つ状況であることは十分考えられる．そこで，まず対数収益率が正規分布に従うかどうか，4.2 節で取り上げた日経平均の終値でチェックしてみよう．

```
> qqnorm(diff(log(Nikkei2012[,5])))
```

図 10.9 が，正規分布を対照分布とする Q-Q プロットである．分布の両裾を除いて，ほぼ直線に乗っている．

[26] 収益率と対数収益率は，値が小さければ，ほとんど同じになる．これは近似 $\log(1+x) \approx x$ が小さな x について成立するからである．ただし，長期国債の収益率のようにある程度大きくなると，近似誤差が無視できなくなるので注意が必要である．

qqnorm()

10.3 株価収益率データ **237**

―― 日経平均 ――

日経平均 (Nikkei 225) は，東京証券取引所第一部に上場する約 1700 銘柄のうち 225 銘柄の株価の重み付平均であり，**東証株価指数** (Tokyo stock price index) 略して TOPIX は，同じ取引所に上場されている株式の時価総額を 1968 年 4 月 1 日の時価総額を 100 として指数化した値であり，すこし性格は異なるものの，いずれも市場全体の動きを示すものとして広く用いられている．

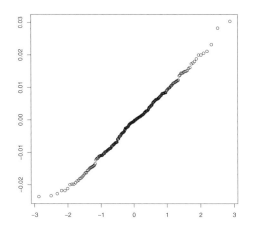

図 10.9 対数収益率の正規 Q-Q プロット

しかし，さらに両裾もよく説明できる可能性のある分布族として，確率論では**安定分布**がよく知られている．そこで，安定分布に従うかどうかもチェックしておこう．

```
> library(stabledist)
> par(mfrow=c(2,3))
> for(i in c(1.94, 1.95, 1.96, 1.97, 1.98, 1.99))
+ QQstable(diff(log(Nikkei2012[,5])), alpha=i)
```

qstable(){stabledist},
QQstable(){DSC}

> **安定分布**
>
> 正規分布がよく現れる理由の一つである，中心極限定理 (10.5.2 節) は次のように一般化される．ある適当な条件のもとで，数列 $\{c_n\}$ と $\{\gamma_n\}$ が存在して，
>
> $$\frac{1}{c_n}\sum_{i=1}^{n}(X_i - \gamma_n) \qquad (10.12)$$
>
> の分布は n とともに一定の分布に収束する．この収束先となる分布の集まりが**安定分布** (stable distribution) である．式 (10.12) から推測されるように，$X_1, X_2, \ldots, X_n$ が初めから安定分布に従うなら $X_1 + X_2 + \cdots + X_n$ の分布と $c_n X_1 + \gamma_n$ の分布は等しくなるはずである．ただし X_1 を代表としてとっている．このように，和の分布が再び位置と尺度の違いを除いて再び同じ分布に従うため，安定分布という名前で呼ばれている．なお c_n は $c_n = n^{1/\alpha}$ の形になることが証明されており，$0 < \alpha \leq 2$ は安定分布の特性指数と呼ばれるパラメータである．$\alpha = 2$ ならば正規分布，$\alpha = 1$ ならばコーシー分布である．$0 < \alpha \leq 1$ のとき安定分布の平均は存在せず，$1 < \alpha < 2$ のときは平均は存在するものの，分散は無限大であり，α が小さくなるにつれ，より大きな値をとりやすくなる．安定分布は α 以外に歪度（非対称性）$-1 \leq \beta \leq 1$, 尺度 $\gamma > 0$, 位置 δ のパラメータを持つ．

図 10.10 は，安定分布の指数 α を 1.94 から 1.99 まで 0.01 刻みで動かしたときの Q-Q プロットで，それほど大きな違いは見られないが，あえて総合的に判断すれば，下段の真ん中 $\alpha = 1.98$ が裾の近似もよさそうである．$\alpha = 2$ が正規分布であることを考えれば，正規分布からそれほど離れた安定分布ではないが，それでも裾は正規分布より重く，しかもある程度非対称性もある分布をしていることになる．

問題 10.3.1 各時点 t で

$$R_i(t) = \alpha_i + \beta_i R_M(t) + \epsilon_i(t), \quad i = 1, 2, \ldots, k$$

が成立するというモデルが，ファイナンス分野においては，**CAPM**(capital asset pricing model)[27] と呼ばれている．ただし，$R_i(t)$ は第 i 銘柄の収益率，$R_M(t)$ は日経平均あるいは TOPIX などの市場全体の指数の収益率である．必要なデータを Web から取得し，このモデルを検証してみなさい．

---

[27] CAPM はキャップエムと読む．ファイナンス関係ではこのような独特な読み方が結構多い．たとえば LIBOR はなんと読むのだろうか？CAPM は 8.1 節で用いた簡単な回帰モデルにすぎない．

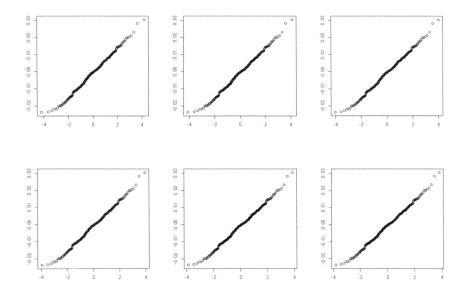

図 10.10 対数収益率の安定分布 Q-Q プロット

10.4 心拍データ

6.4.1 節で取り上げた**呼吸量心拍データ**の心拍時点を考えてみよう．これは時点系列ではあるが，どう見てもポアソン現象ではないし，かといってハザードレートでモデル化されるような死亡や故障に類する時点系列でもない．心臓には基本的なリズムがあるはずだからである．その時間間隔の様子を見てみると，

```
> plot(diff(BR1.dat))
```

図 10.11 のようになる．ただし，「健康状態は悪いが負荷をかける前」という実験条件のときである．この図からすぐわかるように，斉次性が崩れている．最初の 200 秒と，800 秒から 1000 秒までぐらいが他とは違う動きをしている．そこで，200 秒から 800 秒の間の心拍間隔の正規 Q-Q プロットを描いてみると

```
> qqnorm(diff(BR1.dat[200:800]))
> mean(diff(BR1.dat[200:800]))
[1] 0.7906233
> sd(diff(BR1.dat[200:800]))
[1] 0.03340296
```

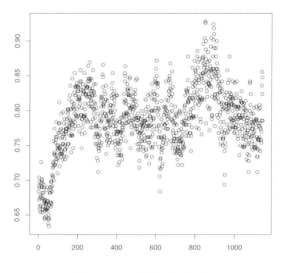

図 10.11 心拍間隔の推移

図 10.12 のようになり，この期間では，期待値 0.79 秒，標準偏差 0.0334 秒程度の正規分布しているといってもよい．あとは，残る問題は，この前後で上下にずれる原因はなにかを探ることになるが，本書ではここまでに留めておく．

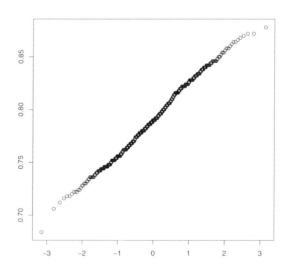

図 10.12 心拍間隔の正規 Q-Q プロット

10.5 ひとこと，ふたこと

すでに紙幅も尽きつつあるので，本書の内容をより深く理解する上で欠かせないと思われることをいくつか付け加えておきたい．

10.5.1 連続収益率と複利

10.3 節で説明した，対数収益率から定義される

$$r(t) = \lim_{\Delta t \to 0} \frac{R_L(t, \Delta t)}{\Delta t}$$

を**連続収益率** (continuous return rate) という．もちろん，直接

$$r(t) = \frac{d}{dt} \log X(t)$$

で定義することもできる．ファイナンス理論で中心的な役割を果たす金利[27]もリスクレス金融商品の収益率であり，理論の展開上では連続時間のほうが微積分を駆使でき便利なので，連続収益率[29] つまり連続金利が用いられることが多い．

近似 $\log(1+x) \approx x$ に注意すれば，その値が小さい限り，収益率と対数収益率の間に大きな違いはない．したがって，連続収益率は収益率から

$$r(t) = \lim_{\Delta t \to 0} \frac{R(t, \Delta t)}{\Delta t}$$

と定義しても理論的には同じである．この連続収益率を用いれば

$$X(t) = X(t_0) \exp\left(\int_{t_0}^{t} r(s) ds\right), \quad t \geq t_0 \tag{10.13}$$

のようにきれいな形で時刻 t_0 の価格 $X(t_0)$ と時刻 t のときの価格 $X(t)$ の間の関係を表すことができる．

式 (10.13) が，計算の基本期間を無限に小さくした時の複利計算に他ならないことを示しておこう．[30] 実際，複利計算の時点を $t_0 < t_1 < \cdots < t_n = t$ とすれば複利計算は

$$X(t) = X(t_0) \prod_{i=0}^{n-1} (1 + r(t_i)(t_{i+1} - t_i))$$

であるが，

$$\log \prod_{i=0}^{n-1} (1 + r(t_i)(t_{i+1} - t_i)) = \sum_{i=0}^{n-1} \log (1 + r(t_i)(t_{i+1} - t_i))$$
$$\approx \sum_{i=0}^{n-1} r(t_i)(t_{i+1} - t_i) \approx \int_{t_0}^{t} r(s) ds$$

[27] 金利といっても，公定歩合から銀行間の貸し出し金利までさまざまなものがあり，実際には一意に定まらない．国債価格などから割り出したスポットレートを用いることが多い．

[29] 連続収益率は瞬間収益率 (instantaneous return) と呼ばれることもある．

[30] 問題 10.1.6 の，非斉次ポアソン過程に対する確率計算とまったく同じ計算になっている．

より，時点間隔を無限に細かくとったときの複利計算が，(10.13) の連続収益率による計算と一致することがわかる．

10.5.2　正規分布

確率分布のなかで**正規分布** (normal distribution, Gaussian distribution) ほど，よく現れる分布はない．ポアソン分布と並んで代表的な分布の一つであるが，ポアソン分布が非負整数値をとる確率変数の分布であるのに対し，正規分布は任意の実数値をとる確率変数の分布で，必ずしもポアソン現象のように特定の現象が対応しているわけではない．

それでも，この分布がよく現れる理由はいくつかある．もっとも代表的な理由が，斉次性のある値を平均化すると，値の個数が増加するにつれ，正規分布するようになるという**中心極限定理** (central limit theorem) [31] である．

もっとも簡単な中心極限定理は，独立で同一分布する確率変数 $X_1, X_2, \ldots, X_n$ に対して

$$\frac{1}{\sqrt{n}} \sum_{i=1}^{n} (X_i - \mu)$$

の分布は，n が増大するとともに，平均 0，分散 σ^2 の正規分布に収束することを保証する定理である．ただし，μ, σ は $X_1, X_2, \ldots, X_n$ に共通な分布の平均，標準偏差である．すでに述べた大数の法則から，$\frac{1}{n} \sum_{i=1}^{n} (X_i - \mu)$ は 0 に収束するが，それを $\sqrt{n}$ 倍だけ拡大して眺めると正規分布するようになることを保証しているのが中心極限定理である．その意味で「誤差の分布」と呼ばれることも多い．

もう一つの理由は，正規分布の確率密度関数がさまざまな確率密度関数を極値付近でよく近似するという事実である．いま，確率密度関数 $f(x)$ が x_0 で極値をもつ，つまり $f'(x_0) = 0$ であるとすると，$\log f(x)$ を x_0 のまわりでテイラー展開すれば

$$\log f(x) \approx \log f(x_0) + \frac{(x - x_0)^2}{2} (\log f)''(x_0)$$

となる．これは

$$f(x) \sim f(x_0) \exp\left(\frac{(x - x_0)^2}{2} (\log f)''(x_0) \right) \tag{10.14}$$

と同等である．

この近似が，近傍に限らずどの x についても成立し，(10.14) の右辺の積分が存在するためには $(\log f)''(x_0) < 0$ が必要である．この条件さえ満たしていれ

---

[31] 中心極限定理の名前の由来には「中心に集まる様子の極限定理」という説と「確率論の中心的な定理」という説の二つがある．

ば，$\mu = x_0$, $\sigma^2 = -1/(\log f)''(x_0)$ と置くことで，正規分布の確率密度

$$\phi(x;\mu,\sigma) = \frac{1}{\sqrt{2\pi}\sigma}\exp\left(-\frac{(x-\mu)^2}{2\sigma^2}\right)$$

が従う．なお，正規分布はパラメータ μ, σ だけで定まるので，記号 $\mathsf{N}(\mu,\sigma^2)$ で表すことが多い．

dnorm()

近似の記号

本書でも，近似の記号 $\approx$ と $\sim$ を用いているが，その違いは，右辺と左辺の差が小さくなるか，右辺と左辺の比が 1 に近づくかの違いである．ランダウの記号を使えば二つの数列 $\{a_n\}$ と $\{b_n\}$ に関して $a_n \approx b_n$ は $a_n - b_n = o(1)$, $a_n \sim b_n$ は $a_n/b_n = 1 + o(1)$ である．ちなみに**ランダウの記号** (Landau symbol) の $a_n = O(b_n)$ は $|a_n/b_n|$ が有界，$a_n = o(b_n)$ は a_n/b_n が 0 に収束することを意味している．

10.5.3 ブラウン運動

ブラウン運動 (Brownian motion) は植物学者 R. Brown が 1827 年に発見した現象で，花粉を水の上に落としたとき花粉から流れ出した微粒子が示す細かい運動に注目したことがきっかけである．[32] のちに，これは水の熱運動が微粒子に作用するためであることが判明し，必ずしも花粉の微粒子に限らず水に浮くような軽い粒子ならばどんなものでも同じような動きを示すことがわかった．

話を簡単にするため，微粒子の位置をある軸方向についてだけ考え，その座標を $B(t)$ で表せば，自由粒子の速度分布は正規分布になるというマックスウェルの法則から，微粒子の微小変位 $\Delta B(t) = B(t+\Delta t) - B(t)$ は正規分布に従い，異なる時間での微小変位は独立であると考えられる．また，時間に関する斉次性も成り立つと考えるのが自然である．

これらを踏まえれば，標準ブラウン運動 $\{B(t), -\infty < t < \infty\}$ は次のように定式化される．

$\Delta B(s)$ と $\Delta B(t)$ は区間 $(s, s+\Delta s)$ と $(t, t+\Delta t)$ が重複しない限り独立で，それぞれ正規分布 $N(0, \Delta s)$ と $N(0, \Delta t)$ に従う．

株価の収益率の例からもわかるように，ブラウン運動はファイナンス分野で商品価格の変動を表す基本的な道具として用いられているだけでなく，地震の予測などにも広く用いられている．

[32] 花粉そのものの動きではない．

10.5.4 地震の予測

地震の発生をポアソン現象としてモデリングし，予測することには限界がある．ポアソン現象は，背後に特別な発生メカニズムを想定していないからである．現在，主に予測に用いられているモデルは **BPT モデル** (Brownian passage time model) [28] である．これは，プレートに蓄積したひずみがある限界に達するとそのエネルギーが地震として放出されるという考えにもとづいている．

時刻 t におけるひずみの蓄積 $X(t)$ を

$$X(t) = at + \sigma B(t), \quad t \geq 0, \quad B(0) = 0$$

でモデル化すれば，$X(t)$ が初めてあるレベル x を超えた時点 $T = \inf\{t \mid X(t) \geq x\}$ が地震の発生時点になる．このモデルでは，ひずみは基本的には時間の経過とともに a の率で蓄積するが，それだけでは説明しきれない部分がブラウン運動でモデリングされている．

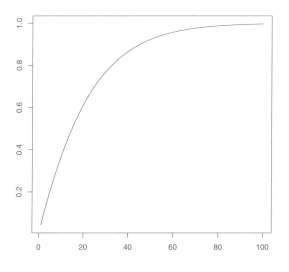

図 10.13 東海地震の発生確率

歴史的には，T の分布は古くから**逆ガウス分布** (inverse Gaussian distribution) あるいは**逆正規分布** (inverse normal distribution) として知られてきた．[33] この名前は，増分が正規分布つまりガウス分布に従って動いているブラウン運動の値が，レベル x に最初に達する時点の分布であることに由来しており，その確率密度は

$$f(t) = \frac{|x|}{\sqrt{2\pi\sigma^2 t^3}} \exp\left\{-\frac{(x-at)^2}{2\sigma^2 t}\right\}, \quad t \geq 0 \tag{10.15}$$

[33] 地震学分野では，逆ガウス分布は BPT 分布と呼ばれている．

で与えられる．

このモデルは単純ではあるが，パラメータ a, σ, x だけで定まるので，限られた過去の地震の記録から推測せざるをえないような状況では，その可用性は高い．このモデルは，一度地震が起きればひずみは 0 に戻る，と考えているので，時間の原点は地震が最後に起きた時点に設定される．したがって，現時点を t_0 とすれば，s 時間後までに地震が起きる確率は

$$\mathrm{P}(T \leq t_0 + s | T > t_0) = \frac{\int_{t_0}^{t_0+s} f(u)du}{\int_{t_0}^{\infty} f(u)du} \tag{10.16}$$

として求まる．

――― あと 30 年以内に東海地震が起きる確率は 87%? ―――

あと 30 年以内に東海地震が起きる確率が 87% と 2002 年に発表されている [33]．これから 1 年当り 2.9%，1 か月当り 0.2% と考えるのは早計である．もちろん，各年で一定の確率で独立に起きるとして，$1 - (1-p)^{30} = 0.87$ を解いて，1 年に起きる確率は $p = 0.066$ つまり 6.6% とするのも正しくない．きちんとモデルにもとづいて求める必要がある．確率密度関数 (10.15) は，期待値 x/a を μ，形状パラメータ $\lambda = x^2/\sigma^2$ と置けば，逆ガウス分布 $\mathrm{IG}(\mu, \lambda)$ の標準形

$$f(t) = \sqrt{\frac{\lambda}{2\pi t^3}} \exp\left\{-\frac{\lambda(t-\mu)^2}{2\mu^2 t}\right\}, \quad t \geq 0$$

に書き換えられる．報告 [33] では，過去の記録から $\alpha = \sqrt{\mu/\lambda} = 0.24$，平均活動間隔 μ を 118.8（年）として 2002 年 1 月 1 日時点での次に大地震の起きる確率を求めている．前回の東海地震は 1854 年 12 月 23 日だったので $t_0 = 147.02$（年）である．これらの条件で求めた地震の発生確率 (10.16) を，横軸を年，縦軸をその時までの発生確率に取ってプロットしたのが図 10.13 である．

```
> library(statmod)
> Bpt()
```

ただ，この計算だと 2002 年 1 月 1 日から 30 年以内に地震が起きる確率は 76.96% であり，報告書 [33] に掲載されている図から割り出した 87% と一致しない．実際に計算に用いた α が，報告書にある 0.24 ではなくもう少し低い値なのかもしれない．

pinvgauss(){statmod},
Bpt{DSC}

10.5.5 多変量正規分布

一つの変量だけに注目したときの正規分布についてはすでに紹介したが，複数の変量を同時に考えたときの正規分布，つまり**多変量正規分布** (multivariate normal distribution) も紹介しておこう．一つの変量に関する正規分布の確率密度関数は

$$\phi(x;\mu,\sigma) = \frac{1}{\sqrt{2\pi}\sigma}\exp\left(-\frac{(x-\mu)^2}{2\sigma^2}\right) \tag{10.17}$$

の形をしていたが，p 変量の場合には x を p 次元ベクトル $\boldsymbol{x}$ で置き換える必要がある．それに伴って，μ もベクトル $\boldsymbol{\mu}$ で置き換え，σ^2 も $p\times p$ 行列 $\Sigma = (\sigma_{ij})$ で置き換えることになる．すると指数の肩の

$$\frac{(x-\mu)^2}{\sigma^2}$$

は，ベクトルの場合にも通用する 2 乗の一般形である，2 次形式

$$(\boldsymbol{x}-\boldsymbol{\mu})^T \Sigma^{-1} (\boldsymbol{x}-\boldsymbol{\mu})$$

で置き換えることになる．このとき，確率密度関数を全領域で積分すれば 1 とならなければならないという条件から，規格化乗数 $\sqrt{2\pi}\sigma$ は $(2\pi)^{p/2}|\Sigma|^{1/2}$ に置き換わる．その結果，(10.17) は p 変量の正規分布の確率密度関数

$$\phi(\boldsymbol{x};\boldsymbol{\mu},\Sigma) = \frac{1}{(2\pi)^{p/2}|\Sigma|^{1/2}}\exp\left(-\frac{1}{2}(\boldsymbol{x}-\boldsymbol{\mu})^T\Sigma^{-1}(\boldsymbol{x}-\boldsymbol{\mu})\right) \tag{10.18}$$

に自然な形で拡張される．もちろん，$p=1$ ならば (10.18) は (10.17) と一致する．

また，確率変数 $X_1, X_2, \ldots, X_p$ の確率密度関数が (10.18) で与えられたとき，$\mu_i = \mathrm{E}(X_i)$, $i=1,2,\ldots,p$, で $\sigma_{ij} = \mathrm{Cov}(X_i, X_j)$, $i,j=1,2,\ldots,p$, となることは簡単な計算で確かめられる．つまり多変量正規分布は期待値ベクトル $\boldsymbol{\mu}$ と分散共分散行列 Σ だけで定まる分布である．

分散共分散行列の非対角要素が 0 ならば，2 次形式は $\sum_{i=1}^p \sigma_{ii}^{-1}(x_i-\mu_i)^2$ の形になり，行列式も $|\Sigma| = \prod_{i=1}^p \sigma_{ii}$ の形になるので，(10.18) は一変量の正規分布の確率密度関数の積の形になる．これは第 9 章で述べた正規分布の場合には独立性と相関係数 0 が同等になることの簡単な証明である．

また，多変量正規分布に従う確率変数の条件付き確率分布は，再び多変量正規分布となる．実際，$\boldsymbol{X} = (X_1,\ldots,X_r)$ を条件とする $(X_{r+1},\ldots,X_p)$ の条件付き確率分布は，期待値が $\boldsymbol{\mu}_2 + \Sigma_{21}\Sigma_{11}^{-1}(\boldsymbol{X}-\boldsymbol{\mu}_1)$，分散共分散行列が $\Sigma_{22} - \Sigma_{21}\Sigma_{11}^{-1}\Sigma_{12}$ の多変量正規分布となる．ただし，$\boldsymbol{\mu}_1 = (\mu_1,\ldots,\mu_r)^T$, $\boldsymbol{\mu}_2 = (\mu_{r+1},\ldots,\mu_p)^T$ であり，

分散共分散行列 Σ は確率変数ベクトルの分割 $(X_1, X_2, \ldots, X_r)$ と $(X_{r+1}, \ldots, X_p)$ に合わせて次のように分割されているとする.

$$\Sigma = \begin{pmatrix} \Sigma_{11} & \Sigma_{12} \\ \Sigma_{21} & \Sigma_{22} \end{pmatrix}$$

証明は，9.1 節の問題としたブロック行列の逆行列の公式を用いればよい．また，9.3 節で用いた「条件付き平均値が条件となる値の線形結合となること」も，すでに上記で示されている．

10.5.6　ガンマ分布

ここまで連続値に対する分布として指数分布と正規分布を紹介したが，もう一つ重要な分布としてガンマ分布がある．**ガンマ分布** (gamma distribution) は，非負の値だけをとる確率変数に対する分布で，その確率密度は

$$f(x) = \frac{1}{\alpha^\nu \Gamma(\nu)} x^{\nu-1} \exp\left(-\frac{x}{\alpha}\right), \quad x \geq 0$$

で与えられる[33]．ただし $\nu > 0$ は形状 (shape) パラメータと呼ばれるパラメータ，$\alpha > 0$ は尺度 (scale) パラメータであり，このガンマ分布は GA(ν, α) と記されることが多い．このように書くと，なにやら遠い世界の話のように聞こえるかもしれないが，実は正規分布とも指数分布とも密接に関連し，生物の重さや，個体数，大きさの分布を説明するモデルにもなっている.

まず，$\nu = 1$ なら指数分布である．つまりガンマ分布は指数分布を一部として含む，より広い範囲をカバーする分布族となっている．それだけでなく，同一の指数分布に従う独立な確率変数の和の分布はガンマ分布となる．つまり，指数分布をガンマ分布の一部と考えることにより，和の演算で閉じた世界になる.

正確に言えば，$X_1, X_2, \ldots, X_\nu$ が独立で指数分布 Ex(α) に従えば，$X_1 + X_2 + \cdots + X_\nu$ はガンマ分布 GA(ν, α) に従う．このことは，もし，間隔が指数分布に従うような地震であっても，記録しそこなった地震があれば，見かけ上，地震の間隔は指数分布ではなくガンマ分布に従うことになる．10.1.2 節で 30 分以上の間隔は指数分布に従うものの，それ以下ではそうならない原因の一つは，このような記録の欠損にあるかもしれない[35]．

ガンマ分布は正規分布とも密接な関係がある．確率変数 X が正規分布 N$(0, 1)$ に従うとき，X^2 はガンマ分布 GA$(1/2, 2)$ に従う．さらに，正規分布 N$(0, 1)$ に従う独立な確率変数 X_1, X_2 の 2 乗和 $X_1^2 + X_2^2$ は GA$(1, 2)$ つまり指数分布に従う．このようにして，ガンマ分布は正規分布や指数分布ともつながってくる．たとえば，平面の一点（原点）をめがけて上から針を落としたときの，原点からそ

dgamma()

[34] $\Gamma(\nu)$ は積分

$$\int_0^\infty x^{\nu-1} \exp(-x) dx$$

で定義される関数で，ガンマ関数と呼ばれる．ν が正整数ならば $\Gamma(\nu) = (\nu - 1)!$ であり，階乗の拡張になっている.

[35] 地震の位置やマグニチュードの割り出しは結構手間のかかる仕事で，小さな地震も含めたすべての地震を記録するのは困難であるのが現状のようである.

の位置までの距離の 2 乗は指数分布するはずである．というのも，平面上に座標軸を設定したとき，針の落ちた位置の x 座標と y 座標は，原点を中心とする正規分布に従う誤差で，互いに独立と考えられるからである．[36]

[36] $\mathsf{G}_\mathsf{A}(k/2,2)$ は自由度 k のカイ 2 乗分布とも呼ばれる．

さらに，8.2 節の限界のある成長モデル

$$dX_t = \rho X_t(\kappa - X_t)dt, \ \ t \geq 0$$

で，成長の限界を表す κ が

$$(\kappa - k)dt = \sigma dB_t$$

のようにブラウン運動 $\{B_t\}$ で表せるような変動をするならば，$\{X_t\}$ は

$$dX_t = (\rho k)X_t\left(1 - \frac{X_t}{k}\right)dt + (\rho\sigma)X_t dB_t$$

のような確率微分方程式に従うことになる．このとき，X_t は $t \to \infty$ の極限としてガンマ分布に従うことがわかっている．つまり，成長の限界がランダムに変動するような環境では，生物の重さがガンマ分布に従うというモデリングがそれなりの説得力をもつ [32]．

ひとこと，ふたことのつもりが，つい長くなってしまった．もう，ここで筆を置くことにする．

Bon Voyage!

参考文献

[1] クリス・アンダーソン 著，篠森ゆりこ 訳，ロングテール −「売れない商品」を宝の山に変える新戦略−，早川書房，2006．

[2] E. Anderson, The irises of the Gaspe Peninsula, *Bulletin of the American Iris Society*, 59, 2-5, 1935.

[3] 朝日新聞社，民力 *CD-ROM 2005*，朝日新聞社，2005．

[4] K. Baba, R. Shibata and M. Sibuya Partial correlation and conditional correlation as measures of conditional independence, *Australian & New Zealand Journal of Statistics*, 46, 657-664, 2004.

[5] R.A. ベッカーほか 著，渋谷政昭・柴田里程 訳，S システム *I* 概説編・*II* 詳説編，共立出版，1987．

[6] R.A. ベッカーほか 著，渋谷政昭・柴田里程 訳，S 言語 *I*・*II*，共立出版，1991．

[7] I. Borg et al., *Modern Multidimensional Scaling: Theory and Applications, 2nd Edition*, Springer-Verlag, 2005.

[8] D. Brillinger et al., *The Practice of Data Analysis*, Princeton Univ. Press, 1998.

[9] J.M. チェンバースほか 編，柴田里程 訳，S と統計モデル，共立出版，1994．

[10] P.P. Chen, The entity-relationship model – toward a unified view of data, *ACM Transactions on Database Systems*, 1, 9-36, 1970.

[11] W.S. Cleveland, Data science: an action plan for expanding the technical areas of the field of statistics, *International Statistical Review*, 69, 21-26, 2001.

[12] E.F. Codd, A relational model of data for large shared data banks, *Communications of the ACM*, 13, 377-387, 1970.

[13] C.J. Date, *An Introduction to Data Base Systems, 7th Edition*, Addison-Wesley, 2000.

[14] T.H. Davenport and D.J. Patil, Data scientist: the sexiest job of the 21st century, *Harvard Business Review*, Oct. 2012, 70-76, 2012.

[15] 樋口知之 編著，データ同化入門，朝倉書店，2011．

[16] W. フェラー 著，河田龍夫 監訳，確率論とその応用 *I* 上，下，紀伊國屋書店，1960．

[17] W. フェラー 著，国沢清典 監訳，確率論とその応用 *II* 上，下，紀伊國屋書店，1969．

[18] 長谷川孝志ほか, 高等学校 数学 I, 第一学習社, 2012.

[19] 早野順一郎ほか, 心拍変動と自律神経機能, 生物物理, 28, 198-202, 1988.

[20] A. Inselberg, *Parallel Coordinates*, Springer, 2009.

[21] A. コルモゴロフ, C. フォミーン 著, 山崎三郎・柴岡泰光訳, 函数解析の基礎 上, 下, 原書第 4 版, 岩波書店, 1979.

[22] S. Kamitsuji and R. Shibata, Effectiveness of stochastic neural network for prediction of fall or rise of TOPIX, *Asia-Pacific Financial Markets*, 10, 187-204, 2003.

[23] 小山透, 科学技術系のライティング技法, 慶應義塾大学出版会, 2011.

[24] N. Kumasaka and R. Shibata, Implementation of textile plot, *Proceedings in Computational Statistics 2006*, Ed. Alfredo Rizzi and Maurizio Vichi, 581-589, Physica-Verlag, Heidelberg, 2006.

[25] 熊坂夏彦・柴田里程, Textile Plot 環境, 統計数理, 55, 47-68, 2007.

[26] N. Kumasaka and R. Shibata, High dimensional data visualisation: the Textile Plot, *Computational Statistics and Data Analysis*, 52, 3616-3644, 2008.

[27] N. Kumasaka et al., The Textile Plot: a new linkage disequilibrium display of multiple-single nucleotide polymorphism genotype data, *PLoS ONE*, 5, e10207, 2010.

[28] M.V. Marthews et al., A Brownian model for recurrent earthquakes, *Bulletin of the Seismological Society of America*, 92, 2233-2250, 2002.

[29] O. Montenbruck, *Practical Ephemeris Calculations*, Springer, 1987.

[30] 増永良文, リレーショナルデータベース入門 [新訂版], サイエンス社, 2003.

[31] 宮川雅巳, グラフィカルモデリング, 朝倉書店, 1997.

[32] M. Naka, R. Shibata and R. Darnell, Detection of ecological disturbances to seabed fauna through change of weight distribution, *Journal of the Japan Statistical Society*, 42, 185-206, 2012.

[33] 中尾吉弘ほか, 確率論的な地震ハザードマップの作成手法, 国総研研究報告, 16, 2003.

[34] 日本品質管理学会テクノメトリックス研究会, グラフィカルモデリングの実際, 日科技連出版社, 1999.

[35] R. Nuzzo, Scientific method: statistical errors, *Nature*, 506, 150-152, 2014.

[36] Y. Okada et al., Construction of a population-specific HLA imputation reference panel and its application to Graves' disease risk in Japanese, *Nature Genetics*, doi:10.1038/ng.3310, 2015.

[37] 齋藤正彦, 線型代数入門, 東京大学出版会, 1966.

[38] R. Shibata and R. Miura, Decomposition of Japanese Yen interest rate data through local regression, *Financial Engineering and the Japanese Markets*, 4, 125-146, 1997.

[39] 柴田里程, データリテラシー, 共立出版, 2001.

[40] 柴田里程・竹本昂, データサイエンスの基礎：関係の関係, 統計関連学会連合大会予稿集, 於 東京大学本郷キャンパス, 2014.

[41] R. Shibata, InterDatabase and DandD, *Proceedings in Computational Statistics 2004*, Ed. J. Antoch, 465-475, Physica-Verlag, Heidelberg, 2004.

[42] 柴田武ほか, 新明解国語辞典, 第7版, 三省堂, 2012.

[43] 渋谷政昭・柴田里程, *S* によるデータ解析, 共立出版, 1997.

[44] 島津秀康・柴田里程, 局所回帰による時系列の分解から明らかになった野鳥羽数の環境要因変化との関連性, 日本統計学会誌, 34, 187-207, 2005.

[45] 塩野七生, ローマ亡き後の地中海世界 *1*, 新潮社, 2014.

[46] H.A. Sturges, The choice of a class interval, *Journal of the American Statistical Association*, 21, 65-66, 1926.

[47] 高木貞治, 定本解析概論, 岩波書店, 2010.

[48] 竹内均・水谷仁, 地震発生と脆性破壊との関係, 科学, 38, 622-624, 1968.

[49] D. Trafimow and M. Marks, Editorial, *Basic and Applied Social Psychology*, 37, 1-2, 2015.

[50] J.W. Tukey, *Explanatory Data Analysis*, Addison-Wesley, 1977.

[51] J.W. Tukey, The future of data analysis, In *Breakthroughs in Statistics Volume II*, pp. 408-452, Eds. S. Kotz and N.L. Johnson, Springer, 1993.

[52] 内田正男, 理科年表読本『こよみと天文・今昔』, 丸善, 1981.

[53] 宇津徳治, 地震学, 第2版, 共立出版, 1984.

[54] W.N. Venables and B.D. Ripley, *Modern Applied Statistics with S-PLUS*, Springer, 1994.

[55] W.N. Venables and B.D. Ripley, *Modern Applied Statistics with S, Fourth Edition*, Springer, 2002.

[56] W. Wu et al., The kernel PCA algorithms for wide data part I: theory and algorithms, *Chemometrics and Intelligent Laboratory Systems*, 36, 165-172, 1997.

[57] 横内大介・柴田里程, インターデータベース –DandD インスタンスのエージェント化–, 統計数理, 49, 317-331, 2001.

[58] D. Yokouchi and R. Shibata, DandD client server system, *Proceedings in Computational Statistics 2004*, Ed. J. Antoch, 2011-2018, Physica-Verlag, Heidelberg, 2004.

索 引

あ

R 121
RSA (respiratory sinus arrhythmia) 80
RNA シークエンス (RNA sequence) 133
RDBMS(relational database management system) **8**, 102, 115
ICD(international classification of diseases) 109
ICT(information and communication technology) 78
ID (identification) 4, 84, **103**
ID 型 (id) 12
赤池情報量規準 (Akaike's information criterion) 189
値空間 (range space, image space) 155
値の制約 (value restriction) 114
値の表記 (value representation) 113
アナリティックス (analytics) 77, **120**
アライメント (alignment) 134
安定分布 (stable distribution) **237**, 238

い

ER モデル (entity-relationship model) ... 104
EDA(exploratory data analysis) 57, **77**
位置 (location) 23
　　—移動 (shift) 20
　　—不変 (invariant) **23**, 146
1 次元散布図 (one dimensional scatter plot) 28
1 次データ (primary data) 48, **80**
位置尺度共変性 (location-scale equivariant) 20

一般化加法モデル (generalized additive model) 189
一般化線形モデル (generalized linear model) 163, **183**
遺伝的アルゴリズム (genetic algorithm) .. 76
移動平均 (moving average) 187
意味 (semantic) 107
因子データ (factor data) 12
インスタンス (instance) 104
インターデータベース (InterDatabase) .. 116

う

Web ページ (web page) 100

え

AI (artificial intelligence) 78
HTML (hyper text markup language) 99
エージェント (agent) 116
S 121
SQL 102
SPSS 120
S-PLUS 121
XML(extensible markup language) 100
NA (not available) 85
NCBI(National Center for Biotechnology Information) 133
演繹 (reduction) 7
円グラフ (pie chart) 89
エンティティー (entity) **103**, 104

お

オッカムの剃刀 (Ockham's razor) 73
オッズ (odds) 184
オブジェクト (object) 104
オブジェクト指向言語 (object oriented language) 85

か

回帰 (regression)
　　頑健 (robust)— 172
　　—関数 (function) 167
　　—直線 (line) 169
　　—モデル (model) 167
回帰樹 (regression tree) 189
階級 (class, bin) 29
　　—値 (value) 30
　　—幅 (size) 30
階数 (rank) 155
解析学 (analysis) **69**, 77
階層的クラスタリング (hierarchical clustering) 131
外部キー (foreign key) 112
核空間 (kernel space) 155
拡張ドメイン (extended domain) 113
核補空間 (kernel complementary space) 154, **155**
確率的フラクタル (stochastic fractal) ... 219
確率点 (quantile) **206**, 222
確率分布関数 (probability distribution function) 206
確率変数 (random variable) 206
　　—の内積 (inner product) 208
　　—のノルム (norm) 208
確率密度関数 (probability density function) 206
確率モデル (stochastic model) 215

貸方 (credit) 13
加速度 (acceleration) 27
カテゴリ型 (category) 12
カテゴリカルデータ (categorical data) **12**, 193
カテゴリ変量 (category variate) 12
過分散 (over dispersion) 91
可変長フィールド形式 (variable length field format) 99
カラム (column) **9**, 81, 98, 101, 102
借方 (debit) 13
刈込平均値 (trimmed mean) 39
刈込率 (trimming proportion) 39
関係 (relation) **9**, 167
関係グラフ (relation graph) 9
関係形式データベース (relational database) 8, **101**
頑健回帰 (robust regression) 172
慣性モーメント (moment of inertia) 41
ガンマ分布 (gamma distribution) 247

き

キー (key) 103
　　自明な (trivial)— 103
　　—の既約性 (irreducibility) 103
機械学習 (machine learning) 76
刻み (tick marks) 87
擬似距離 (pseudo distance) 131
記述統計 (descriptive statistics) 77
基数系 (radix system) 114
期待値 (expectation) 207
輝度 (brightness) **45**, 47
帰納 (induction) 7
逆ガウス分布 (inverse Gaussian distribution) 244
逆正規分布 (inverse normal distribution) 244
CAPM(capital asset pricing model) 238
Q-Q プロット (quantile-quantile plot) ... 223

強度 (intensity) 230
共分散 (covariance)................. 64
共変性 (equivariant) 40
行列のノルム (matrix norm) **127**, 146
局所回帰 (local regression) 187
距離 (distance)
　　一致 (coincidence)— 130
　　街区 (cityblock, Manhattan)— 130
　　最大 (maximum)— 130
　　集合間の— 131
　　絶対和 (absolute sum)— 130
　　ユークリッド (Euclidean)— 130
寄与率 (contribution)................. 145
記録 (record) **8**, 98
記録数 (the number of records) 18
近代統計学 (modern statistics) 77

く

空間放射線量率 (air radiation dose rate) 173
Gutenberg-Richter 則 (Gutenberg-Richter law)
　　　　　　　　　　　　　216
区切り記号 (separator) 99
くびれ (notch) 53
組換え (recombination)............... 132
クラスタ (cluster) **83**, **130**
クラスタ樹 (cluster tree) **135**, 160
クラスタリング (clustering) 129
グラフィカル表現 (graphical representation)
　　　　　　　　　　　　　213
クリーニング (cleaning) 72
クリッピング (clipping) 48
クレンジング (cleansing) 72

け

計画行列 (design matrix) 168
経験分布関数 (empirical distribution function)
　　　　　　　　　　　　　221

k-means 法 (k-means clustering) 131
ケチの原理 (principle of parsimony) **73**, 234
欠損値 (missing value) 18, 85, 113, **114**
現象 (phenomenon) 69
　　—のモデル化 83
ケンドールの順位相関係数 (Kendall's rank correlation coefficient) 205

こ

公差 (tolerance) 18
降順 (descending order) 37
後進差分 (backward difference) 59
誤差項 (error) 167
五数要約 (five number summary) 44
個体 (individual) 123
　　—の雲 (cloud) 129
個体空間 (individual space) ... **123**, 124, 144
固定欄形式 (fixed field format) 98
固有属性 (native attribute) 106
固有値 (eigenvalue) 145
固有ベクトル (eigenvector) 145
コレスポンデンス分析 (correspondence analysis) 193
コントラスト (contrast) 47

さ

座位 (locus) 140
最小二乗法 (least squares) 169
最尤推定 (maximum likelihood estimate) 235
SAS 120
座標軸 (coordinate axes) 142
　　—のクラスタリング (clustering) 160
差分 (difference)................ **59**, 229
サポートベクターマシン (support vector machine) 160
残差ベクトル (residual vector) 169
3 次データ (thirdly data) 112

算術平均 (arithmetic mean) 18
散布図 (scatter plot) 17, **88**
サンプリング (sampling) 71, **111**

し

CSV (comma separated values)........... 99
視覚表現 (visualization) 28
時間 (time).............................. 85
時系列 (time series) 83
時系列図 (time series plot) 89
自己資本収益率 (return on equity) 205
指示関数 (indicator function)........... 131
指数分布 (exponential distribution)..... 225
実験計画 (design of experiments) 111
実現幅 (realizable band) **91**, **224**
実体 (instance)......................... 103
時点系列 (time points) 82
四分位数 (quartile) 43
四分位範囲幅 (interquartile range) 43
四分位偏差 (interquartile deviation) 43
射影 (projection)....................... 102
射影行列 (projection matrix) 125
尺度 (scale)................... 6, **23**, 87
　　　—共変 (equivariant) 23
　　　—不変 (invariant) 147
　　　—変換 (transformation)............ 20
尺度規準化 (scaling) **126**, 147
収益率 (return rate) 236
重心 (barycenter)........................ 35
自由欄形式 (free field format)........... 99
主キー (primary key) 103
縮約値 (aggregated value) **44**, 109
主成分 (principal component) 144
　　　—行列 (matrix) 144
　　　—軸 (axes) 144
　　　—分析 (analysis) 142
順位 (rank)............................. 38

瞬間死亡率 (instantaneous mortality rate)233
順序 (order)............................. 38
順序カテゴリ (ordered category)........ 162
順序集合 (ordered set) 9
順序統計量 (order statistics)............. 38
条件付き (conditional)
　　　—確率分布関数 (probability distribution
　　　　function) 213
　　　—期待値 (expectation) 212, **213**
　　　—相関 (correlation) 212
　　　—相関係数 (correlation coefficient)..212
　　　—独立 (independent) 211
　　　—箱ひげ図 (conditional boxplot) ... 209
昇順 (ascending order).................. 37
小数法則 (law of small numbers) 230
情報公開法 (freedom of information act).119
処理対比 (treatment contrast) 180
仕訳表 (journal) 14
深層学習 (deep learning) 76
信頼区間 (confidence interval) 224
信頼性工学 (reliability engineering) 234

す

図 (figure) 16
水準 (level) **12**, 193
　　　—の集まり (levels) 12
垂線プロット (vertical line plot)......**18**, 88
推定値 (estimate) 199
水平性規準 (horizontality criterion)
　　　　　　　　　　　157, 158, 159
数学的帰納法 (mathematical induction)....7
数理統計学 (mathematical statistics) 77
裾 (tail)............................... 228
　　　—が厚い (fat) 228
　　　—が重い (heavy).............**50**, 228
　　　—が長い (long)...................228

スティルチェス積分 (Stieltjes integration) **207**, 208
ストラテジー (strategy) 70
スピアマンの順位相関係数 (Spearman's rank correlation coefficient) 205

せ

生起時刻 (occurrence time) 232
正規分布 (normal distribution) 242
斉次性 (homogeneity) 229
正射影 (orthogonal projection) 125
正準相関分析 (canonical correlation analysis) 188
生存確率 (survival probability) 233
脊柱後弯症 (kyphosis) 161
セグメント (segment) 83
切断 (truncation) 226
説明変数行列 (explanatory variable matrix) 168
説明変量 (explanatory variate) **104**, 167
0次データ (source data) 79
線形回帰モデル (linear regression model) 168
線形性 (linearity) 19
線形変換 (linear transformation) 20
前進差分 (forward difference) 59
線プロット (line plot) 88

そ

層 (stratum) 111
相加平均 (arithmetic mean) 20
層化無作為抽出 (stratified random sampling) 111
相関 (correlation) **61**, 199
　　—係数 (coefficient) **65**, 199
　　—係数行列 (coefficient matrix) 209
　　—表 (table) 63
相乗平均 (geometric mean) 20

相対度数 (relative frequency) 33
属性 (attribute) 5, 7, **9**, 101, 102

た

タイ (tie) 37
対数オッズ (logarithmic odds) 183
対数収益率 (log return rate) 236
大数の法則 (law of large numbers) 222
対数尤度 (log likelihood) 234
ダイナミックレンジ (dynamic range) 44
対比 (contrast) 158, **181**, 193
　　—行列 (matrix) 181
代表値 (summary) 17
タグ (tag) 99
多項ロジットモデル (multinomial logit model) 185
多次元尺度構成法 (MDS) 131
多変量正規分布 (multivariate normal distribution) 211, 212, **246**
探索的データ解析 (EDA) 57, **77**
短縮名 (short name) **11**, 84

ち

中央値 (median) **37**, 223
　　度数分布表から求めた— 40
中心化 (centering) **124**, 146
中心極限定理 (central limit theorem) 242
中心差分 (central difference) 60
直交行列 (orthogonal matrix) 145

つ

対散布図 (pairwise scatter plot) 157, **199**
通日 (cumulative days) 85, **218**
通秒 (cumulative seconds) 86

て

DandD(data and description) 100, 114, **115**, 116

　　　　—インスタンス (instance) 115
TSV(tab separated values) 99
DK (don't know) 85
DNA シークエンス (DNA sequence) 132
データ
　　　　アイリス— **105**, 158
　　　　ウイルス RNA 変異— 132
　　　　患者調査— 108
　　　　呼吸量心拍— **80**, 117, 239
　　　　地震— 215
　　　　湿度吸収実験— **10**, 179
　　　　脊柱後弯症— **161**, 183
　　　　株価収益率— **56**, 236
　　　　ネットワーク応答速度— 51
　　　　ピクセル輝度— 45
　　　　複式簿記— 13
　　　　放射性物質拡散— 173
　　　　ボール投げの実験— **6**, 16, 33
　　　　真鯛放流捕獲— **89**, 186, 232
　　　　民力— **148**, 164
　　　　目と髪の色の— 195
　　　　指の長さ— 61
　　　　ランキング— 48
データ (data) **5**, 9, 102
　　　　きたない (disorganized)— 72
　　　　きれいな (organized)— 72
　　　　—の拡張 (extension) 115
　　　　—の規準化 (normalization) 25
　　　　—の雲 (cloud) **123**, **129**
　　　　—の質 (quality) 74
　　　　—の縮約 (aggregation) 115
　　　　—の商品化 (commercialization) ... 119
　　　　—の代表値 (data summary) 16
　　　　—の広がり (dispersion) **21**, 145
データエンジニアリング (data engineering)76
データ型 (data type) 107

データ行列 (data matrix) 123
データ行列の分散 (variance of data matrix)
　　　　　　　　　　　　　　　　　127, **146**
データサイエンス (data science) **75**, 77
データサイエンティスト (data scientist)
　　　　　　　　　　　　　　　　　70, **95**
データテーブル (data table) **9**, **102**
データ同化 (data assimilation) 77
データフレーム (data frame) .. **102**, 123, 135
データブローカー (data broker) 119
データ分析 (data assay) 7
データ分布 (data distribution) 27
　　　　—の位置 (location) 35
　　　　—の代表値 (summary) 35
　　　　—の中心 (center) 35
　　　　—の広がり (dispersion) 35
データベクトル (data vector) **102**, 124
　　　　—が直交 (orthogonal) 201
データベンダー (data vender) 119
データマイニング (data mining) 78
データリテラシー (data literacy) 89, 96
テーブル (table) **8**
　　　　—の結合 (join) 102
　　　　—の差分 (difference) 101
　　　　—の射影 (projection) 102
　　　　—の選択 (selection) 102
　　　　—の直積 (direct product) 101
　　　　—の併合 (union) 101
TextilePlot 157
テキストファイル (text file) 98
テキストマイニング (text mining) 197
デシベル (decibel) 45
天井関数 (ceiling function) 38
転置 (transpose) 101
転置ベクトル (transposed vector) 124
デンドログラム (dendrogram) 135

と

統計的仮説検定 (statistical hypothesis testing) 223
同時確率分布 (joint probability distribution) 209
同時確率分布関数 (joint probability distribution function) 209
等質 (homogeneous) 5
等質性 (homogeneity) 83
同時分布 (joint distribution) 64
東証株価指数 (Tokyo stock price index) .. 237
淘汰 (selection) 132
同定 (identify) 103
特異値 (singular value) 154
特異値分解 (singular value decomposition) 153
特異ベクトル (singular vector)
    左— 155
    右— 155
独立 (independent) 206
度数 (frequency) 29
度数分布多角形 (frequency polygon) 32
度数分布表 (frequency table) 29
ドメイン (domain) **9**, **107**
トレース (trace) 127

な

生データ (raw data) 11, 48, **79**

に

2 元度数分布表 (two way frequency table) . 63
2 項確率 (binomial probability) 230
2 項係数 (binomial coefficient) 230
2 項分布 (binomial distribution) 91
2 次形式 (quadratic form) 145
2 次元散布図 (two dimensional scatter plot) 16
2 次データ (secondary data) **48**, 83, **108**
日経平均 (Nikkei 225) **56**, 237

ニューラルネットワーク (neural network) 78

の

ノイズ (noise) 211
ノット (knot) 162

は

パーセント点 (percentile) 206
バイナリーファイル (binary file) 100
バイプロット (biplot) 156
配列 (array) **105**, **123**
箱型図 (boxplot) 51
箱ひげ図 (box whisker plot) **51**, **89**
ハザードレート (hazard rate) 233
外れ値 (outlier) **44**, 53, 93
バラツキ (variability) 145
パラメータ (parameter) 6
範囲 (range) 21
範囲幅 (spread) 20
判別分析 (discriminant analysis) 160
凡例 (legend) 87

ひ

ピアソンの相関係数 (Pearson's product-moment correlation coefficient) 205
BI (business intelligence) 77, **120**
PCA (principal component analysis) 142
p 値 (p-value) 97, 183, 206, **223**
BPT モデル (Brownian passage time model) 244
P-P プロット (probability-probability plot) 222
ピクセル (pixel) 45
ヒストグラム (histogram) **29**, 88
ヒストリカルデータ (historical data) .. 118
非斉次ポアソン過程 (inhomogeneous Poisson process) 232
被説明変量 (explained variate) **104**, 167

ピタゴラスの定理 (Pythagorean theorem)
　　　　　　　　　　　　　　24, 127
ビッグデータ (big data) 3, **70**, 71, 121
秘匿 (conceal) 36
標準偏差 (standard deviation) .. **21**, **41**, **207**
　　度数分布表から求めた— 42
標本相関係数 (sample correlation coefficient)
　　　　　　　　　　　　　　　199
　　頑健な (robust)— 205
標本相関係数行列 (sample correlation coefficient matrix) 200
標本調査 (sampling survey) 111
標本分散共分散行列 (sample variance covariance matrix) 200
標本偏相関係数 (sample partial correlation coefficient) 199, **202**
標本偏相関係数行列 (sample partial correlation coefficient matrix) 202

ふ

複式簿記 (double-entry bookkeeping) 13
符号関数 (sign function) 40
不偏分散 (unbiased variance) 23
付与属性 (given attribute) 106
ブラウザー (browser) 100
ブラウジング (browsing) **71**, 80
ブラウン運動 (Brownian motion) 243
フラクタル (fractal) 218
フラクタル次元 (fractal dimension) 219
フラットファイル (flat file) 98
プレゼンテーション (presentation) 87
分割表 (contingency table) 193
分散 (variance) **21**, **207**
　　度数分布表から求めた— 42
分散共分散行列 (variance covariance matrix)
　　　　　　　　　　　　　　127, **208**
分散分析 (analysis of variance) 182

分布 (distribution) 27
分布関数 (distribution function) 206
分類変量 (classification variate) 104

へ

平滑化 (smoothing) 187
平滑曲線 (smooth curve) 90, **187**
平均絶対偏差 (mean absolute deviance) ... 42
平均値 (mean, average) **18**, **35**
　　度数分布表から求めた— 36
並行座標軸プロット (parallel coordinate plot)
　　　　　　　　　　　　　　　157
ベイジアンネットワーク (Bayesian network)
　　　　　　　　　　　　　　78, **214**
ベイズ統計学 (Bayesian statistics) 77
ベイズの公式 (Bayes formula) 214
ヘッダー (header) 99
別名 (alias) 84
ヘビーテール (heavy tail) 50
変異 (mutation) 132
偏共分散 (partial covariance) 210
偏差 (deviation) **21**, 41
偏差値 (standard score) 24
偏差ベクトル (deviance vector) 125
変数 (variable) 5
偏相関係数 (partial correlation) 210
変動係数 (coefficient of variation) 44
変容 (transfiguration) 20
変量 (variate) **4**, 101
　　—の型 (type) 12
変量重み行列 (variate weight matrix) 145
変量空間 (variate space) **123**, 125, 144

ほ

ポアソン確率 (Poisson probability) 229
ポアソン過程 (Poisson process) 229
ポアソン現象 (Poisson phenomenon) 230

棒グラフ (bar plot) **30**, **88**
ポートフォリオ (portfolio) 122
ボックスプロット (boxplot) 51
ボラティリティ (volatility) 23
ポリモルフィズム (polymorphism) 85
本来の名前 (generic name) 84

ま
マークアップ言語 (markup language) 99
マークアップファイル (markup file) 99
マグニチュード (magnitude) 216
マルコフ性 (Markov property) 214
マルチセット (multiset) 9

み
幹葉表示 (stem and leaf display) 57

む
無向グラフ (undirected graph) 213
無名数 (dimensionless quantity) 45

め
メジアン (median) 37
メタデータ (metadata) **107**, 114

も
目的変数 (objective variate) 104
文字型 (character) 12
文字表記 (literal) 85
モデリング (modeling) 74
モデル (model) 72

ゆ
有向グラフ (directed graph) 213
床関数 (floor function) 38
ユリウス日 (Julian day) 218

よ
要約値 (summary) 44

余命分布 (life expectancy distribution) .. 233

ら
欄 (field) 98
乱数 (random number) 227
ランダウの記号 (Landau symbol) 60, **243**
ランダム (random) 111

り
離散型 (discrete) 12
リスク理論 (risk theory) 94
リスト (list) 135
粒度 (granularity) 84
リンク関数 (link function) 183

る
類似度 (similarity) 131
類別データ (classification) 12

れ
列直交行列 (column orthogonal matrix) . 145
連続型 (continuous) 12
連続収益率 (continuous return rate) 241

ろ
ロウソク足 (candlestick chart) 54
ロジスティック関数 (logistic function)
    .... **185**, 188
ロジット (logit) 184
ロジットモデル (logit model) **184**, 185
ロバスト回帰 (robust regression) 172
ロバスト推測 (robust inference) 94
ロングテール (long tail) 49

著者紹介

柴田里程 （シバタ　リテイ）

慶應義塾大学　名誉教授
(株)データサイエンスコンソーシアム　代表取締役

URL: datascience.jp, ltd.datascience.jp

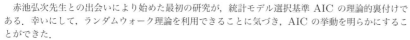

1973 年　東京工業大学大学院理工学研究科修士課程修了
1974 年　東京工業大学理学部数学科助手
1981 年　理学博士（東京工業大学）取得
1984 年　慶應義塾大学理工学部助教授
1997 年〜2014 年　同教授
2013 年　(株)データサイエンスコンソーシアム設立
2006 年　日本統計学会賞受賞

　赤池弘次先生との出会いにより始めた最初の研究が，統計モデル選択基準 AIC の理論的裏付けである．幸いにして，ランダムウォーク理論を利用できることに気づき，AIC の挙動を明らかにすることができた．

　1984 年に渋谷政昭先生のお誘いにより慶應義塾大学に転職．その後，時系列解析の専門家であるカリフォルニア大学バークレー校の David Brillinger 教授から，米国のベル研究所で，これまでとまったく違った発想でデータ解析専用のソフトウェアを開発しているとの話を聞き，データ解析ソフトウェア S の開発チームに加わった．その普及を助けるため，S に関する数々の訳書，著書を執筆するとともに，慶應義塾大学で実践的なデータ解析の教育にあたってきた．また，S の商業版である S-PLUS の日本への導入もおこなった．

　しかし，このような先進的なソフトウェアの必要性は，なかなか認識されない状況が長らく続いた．それを変えるにはどうしてもパラダイムの移行が必要と考え提案し始めたのが「データサイエンス」である．1996 年ごろから，さまざまな学会活動や論文の執筆，「データサイエンス」シリーズ（共立出版）の刊行などを通じて，新しいパラダイムの啓蒙にあたっている．

データ分析とデータサイエンス

Ⓒ 2015 Ritei Shibata
Printed in Japan

2015 年 12 月 31 日　初版第 1 刷発行
2019 年 2 月 28 日　初版第 2 刷発行

著　者　　柴田里程
発行者　　井芹昌信
発行所　　株式会社 近代科学社

〒162-0843　東京都新宿区市谷田町 2-7-15
電話 03-3260-6161　振替 00160-5-7625
http://www.kindaikagaku.co.jp

藤原印刷　　　ISBN978-4-7649-0498-9
定価はカバーに表示してあります．

近代科学社の好評既刊書

研究者の省察

黒須正明 著
A5変型判・228頁・2200円＋税

本書は，HCD（人間中心設計）で知られる著者が，自らの体験を基に研究者としてのあり方・生き方を指し示した一冊である．第1部は著者の生い立ちから大学進学，企業への就職を経るなかで，著者がどのようにして研究者としての思想や姿勢を身に付けるに至ったかが語られる．第2部では，様々な環境における研究者の位置づけや研究のあり方など，経験豊かな著者だからこそ知り得た貴重な情報が披露される．第3部では，企業の研究所・大学・政府機関等に属した著者の経験を通して，研究者はどのように生きていくべきかという深遠なテーマが具体的に語られる．

観光情報学入門

観光情報学会 編
松原 仁・山本雅人・深田秀実・鈴木昭二・川嶋稔夫・木村健一・伊藤直哉・川村秀憲・倉田陽平・原 辰徳・内田純一・鈴木恵二・大薮多可志・阿部昭博・長尾光悦・大内 東・小野哲雄 共著
A5判・240頁・2700円＋税

観光はいま「個」を中心とするサービスに大きくシフトしている．この流れを促したのが，インターネットを中心とする「情報」の利用である．つまり，ホテルやチケットを個人が手配するのはもちろんのこと，観光地の情報自体もインターネットや現地の生の情報がうまく活用されているのである．我が国は現在，観光を産業資源ととらえており，外国人観光客の呼込みに必至だ．こうした状況では，観光を情報の観点からとらえなおし，実学に結び付ける必要がある．本書はこのような視点から，観光情報学という新たな領域を具体的事例を数多く示しながら解説する．

データサイエンティスト・ハンドブック

丸山 宏・山田 敦・神谷直樹 著
A5判・168頁・2500円＋税

「データサイエンティストほど素敵な仕事はない」（ビジネス誌『Harvard Business Review』の2012年10月号）と言われるほど，この職種は世界的に注目されている．しかし，実際にこの職種に就こうとしたり，組織としてこの職種を活用していこうと考えたときに，どのように進めればよいのか，新しいがゆえに指標となるものが少ないという問題がある．本書は，著者らが培ってきた知見をもとに，この仕事を目指す人・育成する人に必要な情報や組織としていかに活用するかといったことを，分かりやすい事例と整理された内容で理解しやすいように解説する．